帝国的科学

现代日本的科学民族主义

Scientific Nationalism
in Modern Japan

Science for the Empire

[日]

水野宏美

Hiromi Mizuno

著

薛雅婷

译

江苏人民出版社

图书在版编目（CIP）数据

帝国的科学：现代日本的科学民族主义／（日）水
野宏美著；薛雅婷译. — 南京：江苏人民出版社，
2024.7

（西方日本研究丛书）

ISBN 978 - 7 - 214 - 28433 - 4

Ⅰ．①帝… Ⅱ．①水… ②薛… Ⅲ．①科学史－日本
Ⅳ．①G331.3

中国国家版本馆 CIP 数据核字（2023）第 205444 号

书　　　　名	帝国的科学：现代日本的科学民族主义	
著　　　者	[日]水野宏美	
译　　　者	薛雅婷	
责 任 编 辑	李晓爽	
封 面 设 计	许晋维	
责 任 监 制	王　娟	
出 版 发 行	江苏人民出版社	
地　　　址	南京市湖南路 1 号 A 楼，邮编：210009	
照　　　排	江苏凤凰制版有限公司	
印　　　刷	苏州市越洋印刷有限公司	
开　　　本	890 毫米×1240 毫米　1/32	
印　　　张	12.375　插页 4	
字　　　数	243 千字	
版　　　次	2024 年 7 月第 1 版	
印　　　次	2024 年 7 月第 1 次印刷	
标 准 书 号	ISBN 978 - 7 - 214 - 28433 - 4	
定　　　价	78.00 元	

（江苏人民出版社图书凡印装错误可向承印厂调换）

总　序

　　这又会是一个卷帙浩繁的移译工程！而且，从知识生产的脉络上讲，它也正是上一个浩大工程——"海外中国研究丛书"的姊妹篇，也就是说，它们都集中反映了海外学府（特别是美国大学）研究东亚某一国别的成果。

　　然而，虽说两套书"本是同根生"，却又完全可以预料，若就汉语世界的阅读心理而言，这后一套丛书的内容，会让读者更感生疏和隔膜。如果对于前者，人们还因为禀有自家的经验和传统，以及相对雄厚的学术积累，经常有可能去挑挑刺、较较劲，那么对于后者，恐怕大多数情况下都会难以置喙。

　　或许有人要争辩说，这样的阅读经验也没有多少不正常。毕竟，以往那套中国研究丛书所讲述的，乃是自己耳濡目染的家常事，缘此大家在开卷的过程中，自会调动原有的知识储备，去进行挑剔、补正、辩难与对话。而相形之下，眼下这套日本研究丛书所涉及的，却是一个外在文明的异样情节，人们对此当然只会浮光掠影和一知半解。

不过，设若考虑到这个文明距离我们如此之近，考虑到它在当今国际的权重如此之大，考虑到它跟传统中华的瓜葛如此之深，考虑到它对中国的现代化历程产生过如此严重的路径干扰与路径互动，那我们至少应当醒悟到，无论如何都不该对它如此陌生——尤其不该的是，又仅仅基于一种基本无知的状态，就对这个邻近的文明抱定了先入为主的态度。

还是从知识生产的脉络来分析，我们在这方面的盲点与被动，至少在相当大的程度上，是由长期政治挂帅的部颁教育内容所引起的。正如20世纪50年代的外语教学，曾经一边倒地拥抱"老大哥"一样，自60年代中苏分裂以来，它又不假思索地倒向了据说代表着全球化的英语，认定了这才是"走遍天下都不怕"的"国际普通话"。由此，国内从事日本研究的学者，以及从事所有其他非英语国家研究的学者，就基本上只能来自被称作"小语种"的相对冷门的专业，从而只属于某些学外语出身的小圈子，其经费不是来自国内政府，就是来自被研究国度的官方或财团。

正因此才能想象，何以同远在天边的美国相比，我们反而对一个近在眼前的强邻，了解得如此不成正比。甚至，就连不少在其他方面很有素养的学者和文化人，一旦谈起东邻日本来，也往往只在跟从通俗的异国形象——不是去蔑视小日本，就是在惧怕大日本。而更加荒唐的是，他们如此不假思索地厌恶日本人，似乎完全无意了解他们的文化，却又如此无条件地喜欢日本的产品，忽略了这些器物玩好的产生过程……凡此种种，若就文化教养的原意而言，都还不能算是完整齐备的教养。

与此同时，又正因此才能想象，如此复杂而微妙的中日关系，如此需要强大平衡感的困难课题，一旦到了媒体的专家访谈那里，往往竟如此令人失望，要么一味宣扬一衣带水，要么一味指斥靖国神社。很少见到这样的专门家，能够基于自己的专门知识和专业立场，并非先意承旨地去演绎某些话语，而是去启迪和引导一种正确的阅读。

那么，除了那两种漫画式的前景，更广阔的正态分布究竟是怎样的？总不至于这两个重要邻邦，除了百年好合的这一极端，就只有你死我活的另一极端吧？——由此真让人担心，这种对于外来文明的无知，特别是当它还是极其重要的近邻时，说不定到了哪一天，就会引发代价惨重的、原本并非不可避免的灾祸。确实，要是在人们的心理中，并不存在一个广阔的理解空间，还只像个无知娃娃那样奉行简单的善恶二元论，那就很容易从一个极端走向另一个极端。

作为一介书生，所能想出的期望有所改善的手段，也就只有号召进行针对性的阅读了，并且，还必须为此做出艰苦的努力，预先提供足够的相关读物；此外，鉴于我们国家的大政方针，终将越来越走向民主化，所以这种阅读的范围，也就不应仅限于少数精英。正是诸如此类的焦虑，构成了这套丛书的立项理由——正如在上一套丛书中，我们曾集中引进了西方自费正清以降的、有关中国研究的主要学术成果，眼下我们在新的

4

丛书中，也将集中引进西方自赖肖尔以降的、有关日本研究的主要研究成果。

我们当然并不指望，甫一入手就获得广泛的反响和认同。回想起来，对于大体上类似的疑问——为什么满足理解中国的精神冲动，反要借助于西方学界的最新成果？我们几乎花去了二十年的不倦译介，才较为充分地向公众解释清楚。因而，我们现在也同样意识到，恐怕还要再费至少十年的心血，才能让读者不再存疑：为什么加强理解日本的途径，也要取道大洋彼岸的学术界。不过我却相信，大家终将从这些作者笔下，再次体会到怎样才算作一个文化大国——那是在广谱的意义上，喻指学术的精细、博大与原创，而并非只是照猫画虎地去统计专著和论文数量，而完全不计较它们的内在质量。

我还相信，由于这套丛书的基本作者队伍，来自我们二战时期的盟国，所以这些著作对国内读者而言，无形中还会有一定的免疫力，即使不见得全信其客观公正性，至少也不会激起或唤醒惯性的反感。此外，由于这些著作的写作初衷，原是针对西方读者——也即针对日本文化的外乡人——所以它们一旦被转译成中文，无意中也就有一种顺带的便利：每当涉及日本特有的细节和掌故时，作者往往会为了读者的方便，而不厌其烦地做出解释和给出注释；而相形之下，如果换由日本本土学者来处理，他们就不大会意识到这些障碍，差不多肯定要一带而过。

不待言，这面来自其他他者的学术镜子，尽管可以帮助我们清洗视野和拓宽视角，却不能用来覆盖我们自身的日本经验，不能用来取代我们基于日文材料的第一手研究——尤其重要的是，不能用来置换中日双边的亲历对话，以及在此对话中升华出来的独自思考。而最理想的情况应当是，一旦经由这种阅读而引起了兴趣和建立了通识，大家就会追根究底地上溯到原初语境去，到那里以更亲切的经验，来验证、磨勘与增益它们。

无论如何，最令人欣慰的是，随着国力的上升和自信的增强，中华民族终于成长到了这样一个时刻，它在整个国际格局中所享有的内外条件，使之已经不仅可以向其国民提供更为多元和广角的图书内容，还更可以向他们提供足以沉着阅读和平心思考这些图书的语境。而这样一来，这个曾在激烈生存竞争中为我国造成了极大祸害的强邻，究竟在其充满曲折与陷阱的发展道路上，经历了哪些契机与选择、成功与失败、苦痛与狂喜、收益与教训，也已足以被平心静气地纳入我们自己的知识储备。而借助于这样的知识，我们当然也就有可能既升入更开阔的历史长时段，又潜回充满变幻偶因的具体历史关口，去逐渐建立起全面、平衡、合理与弹性的日本观，从而在今后同样充满类似机遇的发展道路上，既不惮于提示和防范它曾有的失足，也不耻于承认和效仿它已有的成功。

我经常这样来发出畅想：一方面，由于西方生活方式和意识形态的剧烈冲击，也许在当今的世界上，再没有哪一个区域，能比我们东亚更像个巨大的火药桶了；然而另一方面，又因为长期同被儒家文化所化育熏陶，在当今的世界上，你也找不出另一块土地，能如这方热土那样高速地崛起，就像改变着整个地貌的喜马拉雅造山运动一样——能和中日韩三国比试权重的另一个角落，究竟在地球的什么地方呢？只怕就连曾经长期引领世界潮流的英法德，都要让我们一马了！由此可知，我们脚下原是一个极有前途的人类文化圈，只要圈中的所有灵长类动物，都能有足够的智慧和雅量，来处理和弥合在后发现代化进程中曾经难免出现的应力与裂痕。

此外还要提请注意，随着这套丛书的逐步面世，大家才能更真切地体会到，早先那套连续出版了一百多种，而且越来越有读者缘的"海外中国研究丛书"，在其知识创化的原生态中，实则是跟这套"西方日本研究丛书"相伴而生的。作为同一个区域研究的对象，它们往往享有共通的框架与范式，也往往相互构成了对话基础和学术背景。而由此也就不难联想到，尽管西方的区域研究也在面临种种自身的问题，但它至少会在同一个地区谱系中，或在同一个参考框架下，把中日当作两个密不可分的文明，来进行更为宏观的对比研究——这就注定要启发我们：即使只打算把中国当作研究对象，也必须蔚成一种比对日本来观察中国的宽广学风，因为确有不少曾经百思不得其解的难题，只要拿到中日对比的大框架下，就会昭然若揭，迎刃而解。

最后，由于翻译此套丛书的任务特别艰巨，既要求译者通晓英文，又要求他们了解日本，也由于现行的学术验收体制，不太看重哪怕是最严肃的翻译工作，给这类唯此为大的学术工作平添了障碍，所以，对于所有热心参赞此项工程的同侪，我既要预先恳请他们随时睁大眼睛，也要预先向他们表达崇高的敬意；并且——请原谅我斗胆这样说——也为他们万一有什么"老虎打盹"的地方，预先从读者那里祈求谅解。当然，这绝不是一个"预先免责"的声明，好像从此就可以放开手脚去犯任何错误了。可无论如何，我们想要透过这套书提供的，绝不是又有哪位译者在哪个细节上犯下了哪类错误的新闻，而是许多译者经由十分艰苦的还原，总算呈现在图书中的有关日本文明的基本事实——无论知我罪我，我还是把这句老实话讲出来，以使大家的目力得以穿透细枝末节，而抵达更加宏大、久远和深层的问题！

刘　东

2009 年 8 月 16 日

于静之湖·沐暄堂

目　录

致 谢

像其他任何书一样，这本书的诞生是一个漫长的旅程。把一路走来所有帮助过我的人都——列出是很难做到的。我最先要向米里亚姆·西尔弗伯格（Miriam Silverberg）、赫尔曼·奥姆斯（Herman Ooms）、莎伦·特拉维克（Sharon Traweek）和桑德拉·哈丁（Sandra Harding）表示感谢，他们在加州大学洛杉矶分校时鼓励了我。同时十分感谢读了很多版手稿的人：詹姆斯·巴塞洛缪（James Bartholomew），埃伦·盖茨（Ellen Gerdts），劳拉·海因（Laura Hein），克里斯·伊赛特（Chris Isett），克里斯汀·马兰（Christine Marran），M. J. 梅恩斯（M. J. Maynes），格雷斯·刘（Grace Ryu），J. B. 尚克（J. B. Shank），安·沃尔特（Ann Walter）和托马斯·沃尔夫（Thomas Wolf）。十分感激詹妮弗·罗伯森（Jennifer Robertson），大淀升一（Ōyodo Shōichi），子安宣邦（Koyasu Nobukuni），宫城公子（Miyagi Kimiko）和松本三和夫（Matsumoto Miwao），他们支持我的工作并和我讨论我的作品。特别感谢三轮昭子（Akiko Miwa）和三轮弘（Hiroshi Miwa），马库斯·蒂埃博（Marcus Thiebaux）和我在日本的朋友给了我各种帮助，我的技术编辑辛西娅·林德勒夫（Cynthia Lindlof）和穆里尔·贝尔（Muriel Bell）以及斯坦福大学出版社的卡罗琳·布朗（Carolyn Brown），他们使这本书出版成为可能。我也对加州大学洛杉矶分校研究院和明尼苏达大学表示感谢，感谢他们提供了研究支持。没有我的家人，这本书不可能问世，他们是水野美智代（Michiyo Mizuno）和水野隆（Takashi Mizuno），考特尼·奥德里齐（Courtney Aldrich）和我漂亮的孩子们久美（Kumi）和凯（Kai），他们俩的出生和成长都伴随着这本书。感谢以上所有人和许多其他的同事和朋友，我的成绩归功于他们，受到了他们的恩惠。于我自己而言，唯有不断反省自己的不足而已。

2008 年 6 月 10 日

于明尼阿波利斯

关于音译的说明

本书中的日本名字按照日语顺序排列，姓氏在前。英文著作中使用的日文名称，则按照原文中的顺序引用。东京等常见名称则省略了长音符号。

序　言

在 1942 年 7 月的两个潮湿闷热的日子里，一小群日本知识分子受到了日本袭击珍珠港事件的触动，聚集起来参加了一个名为"近代的超克"的座谈会。他们讨论了文艺复兴、民主、个人主义、美国化和其他的一些话题。然而，最令他们感到困惑的是一个话题：科学。

按主要组织者的话来讲，这场座谈会是为了"加强学者之间的合作"，举办的目的在于解决一个"折磨了日本学者"很久的问题——如何使"日本血统与西洋智识"相调和。¹ 在 13 个与会者中，大多数的人都是文学作家和学者，他们来自日本浪漫派①和京都学派，这两个学派在战时都以阐述唯心主义、唯美主义以及对理性和客观性的批判而闻名。座谈会没有能够在"近代的超克"的问题上做出任何结论，更不用说"近代的超克"究竟意味着什么这个议题了。但是，他们就日本古典诗

---

① 日本浪漫派，20 世纪 30 年代后半期开始，以保田与重郎为中心、以近代批判和古代赞歌为支柱，提倡"向日本的传统回归"的文学思想流派。其同名机关杂志于 1935 年 3 月创刊，1938 年 3 月终刊。——译者注

歌、日本传统音乐、唯心主义还有神祇等进行了讨论。

然而，当话题进行到科学的时候，回避和沉默占据了上风。从一开始，座谈会对于科学这个话题的不适感就很明显。座谈会的第一天从讨论文艺复兴开始，文艺复兴被大家视为西方现代化的精髓所在。最终，铃木成高①（Suzuki Shigetaka）——京都帝国大学的一位历史学家——打断了这段研讨，他宣称："我们在探讨的是近代的超克，显然这个议题里不可避免地包含着'怎样解决科学问题'这个难题。我们一直在说，对近代的超克意味着对文艺复兴的超克，这无疑是正确的……但是除却这个方面，我们还要面对科学的问题。我认为科学会让近代的超克变得更困难和复杂。"²铃木关于科学与近代之间关系的问题意识并没有被继续探讨下去，因为其他与会者接下来去探讨了欧洲前近代的科学、巫术和宗教之间的关系。当与会者中唯一的自然科学家——一直保持沉默的物理学家菊池正士②被要求发言时，他愧疚地说道："我确实感到科学需要被超克，但我不知道该怎么做。"³

围绕着科学话语的不安和局促实际上刻画出了帝国日本（1868—1945 年）的近代性。帝国日本的历史在某种程度上是由两个潜在对立的构想塑造而成的：一个是被西方世界认为是一个近代的、文明开化的国家，正如西方列强所表现出的那

①　铃木成高（1907—1988 年），日本西洋史学者、京都学派哲学家。——译者注
②　菊池正士（1902—1974 年），日本核物理学家，他最早发现了电子显微学中出现的菊池线，并给出了正确的理论解释。——译者注

样；另一个是颂扬本国的独特性，以此来构建民族认同。座谈会无法解决科学的问题，但这并不是因为大多数与会者不是自然科学家。恰恰相反，这个问题无法得到解决是因为，构想出一个近代化但非西方化的科学是极度棘手的。这不仅仅是因为，科学是以西方科学的面貌传入日本的；更是因为，即使我们忽视掉科学的西方起源，近代科学是凭借其所谓的普遍性而获得其合理性及权威性的。因为呈现出一种普遍的可证实性和适用性，近代科学知识使得本土文化逻辑变得无关紧要。对于那些近代民族认同建立在本土文化逻辑和神话基础上的非西方国家而言，将科学吸收进这些本土思维方式和神话之中会给这个国家带来难题，甚至是造成威胁。对于帝国日本来说，皇国神话构成了其民族认同的绝对核心，正因如此，日本的本土文化和神话才不能被近代科学从这片土地上剥离。

帝国意识形态建立在神道的产物——神话的基础上，根据神道所言，日本天皇是太阳女神天照大神的直系后裔。推翻了德川幕府（1603—1868 年）统治的低级武士为了使他们自己的明治政府（1868—1912 年）合法化，在日本皇室和贵族自 14 世纪被排除出政治中心之后，又将天皇推上了国家政治舞台的中心。为了巩固国家权威，也为了灌输国家共同体的意识，明治政府精心构造了一套帝国意识形态，在其中强调了日本民族的独特性；不像其他经历过改朝换代的国家，日本是一个特殊的国家——日本国家是在 2 000 多年间被持续的、单一传承的天皇一直统治的。在这个理念里，日本是于公元前 660 年建国

的，开国天皇是天照大神的五世孙—神武天皇。虽然过去没有
（现在也没有）其他证据表明神武天皇存在的真实性，他只在 8
世纪的一部编年史《日本书纪》中出现过，但明治政府还是将
神武天皇的即位日（格里高利历的 2 月 11 日）官方认证为日
本国家的建国日①，这也是日本规定的首批国家法定假日之一。
由于表明了日本国家政体（kokutai，即"国体"）的独特本
质，皇国神话和权威被编入宪法（君主立宪政体）和其他各种
法律之中，并被列为学校教育的内容，而且被用来证明日本在
亚洲的殖民地以及第二次世界大战时期帝国动员的合法性。[4]

当将天皇和日本国家神话化的同时，明治日本也推动了近代
经济、工业以及科学、技术的发展，以此在 19—20 世纪的资本
主义和殖民主义竞争中求生存。经过了 200 多年的闭关自守，[5]
日本已经在军事技术和军事工业方面落于人后了，这迫使日本在
19 世纪 50 年代接受美国及其他西方国家强制实行的不平等贸易
条约。明治政府的领导人们很清楚，要想维持民族独立，摆脱羞
辱性的不平等条约，日本就需要在科学技术方面迎头赶上。

总体上来说，在明治日本时期，现代科学和帝国神话两者
之间并没有显示出冲突，因为他们以一种"西洋科技"与"东
洋道德"的方式有序地并行着。[6]在"西洋科技，东洋道德"这
一重要国策的指导下，明治政府的领导人们从西方雇佣了教师
和技术人员，往欧洲和美国派遣留学生，并且从西方国家购入

---

① 纪元节。——译者注

专利以此获取最新的科学技术知识。与此同时，他们十分强调儒家道德伦理的价值，儒家伦理重视帝国语境下的孝道责任：对于作为一国之父的天皇以及一家之主的顺从。1912年，明治天皇去世，其子继位，开启了新的时代（大正时代，1912—1926年），当彼之时日本已经表现为东方的一股近代化力量了。它不仅得以避免沦为西方的殖民地，而且还在两次主要战争中打败了中国和俄国，并将朝鲜和台湾收为自己的殖民地。帝国权威与建立在儒家基础之上的国民教育及法律都已经根深蒂固。被同步推行的东洋道德、西洋科技运转得良好。

　　然而，当与中国（1937—1945年）以及美国（1941—1945年）的战争打响之时，这种东洋道德－西洋科技的二元叙述在日本便不复存在。甚嚣尘上的高压帝国意识形态和反西方的战时政策导致了很多被认为是西方式的事物被加以禁止：比如说跳舞厅、染发、政党、工会等。但科学从未被看作是西式的，也从未被镇压过。事实上，为了赢得近代战争的胜利，日本国家以一种前所未有的力度推动着科学发展。于1937年首次举办的日本国家赞助的文化奖励会，在战时政府的状态下，奖励更多的授予了自然科学家们，而非艺术家和作家们。1941年，³ 日本国家教育改革在中小学阶段扩展了科学课程，政府甚至精心挑选了"具有科学天赋"的儿童，发起了特别科学组。⁷与科学和技术有关的事物在日本普通民众之间也广受欢迎。比如说，在1942年，由于科学史吸引了越来越多的大众以及学术界的兴趣，日本科学史学会得以成立。日本科学史学会是同类型组织中的首个出现并且是最大规模的组织。实际上，在整个战争时期，"科学的日本"和"做科学"（科学する）同时被官方和非官方出版物用以装点门面。所有的这些科技的推动工作和盛行都发生在帝国神话和浪漫唯心主义极度高涨的东西方模式对立的时代。

战时科学推动是如何将否认神话的理性和称颂神话的民族主义同时揽入怀中的呢？日本想要"做"什么样的科学呢？"科学的日本"中的"科学的"究竟是指什么？换句话说，困扰着"近代的超克"座谈会与会者们的"科学的超克"这一议题，是如何被科学推动者和战时日本国家所解决的呢？

以上就是本书想要传递的核心问题。本书所提供的回答揭示出科学是什么、日本是什么、日本的近代性是什么等这些高度复杂和质疑颇多的议题。本书既是一本关于科学这一议题的历史的书，也是一本有关战间①和战时②日本的民族主义和近代性的历史的书。针对帝国日本的民族主义及其神话意识形态的塑造，学界已有颇多探讨，例如帝国意识形态是如何确立又是如何传播的；传统是如何被"发明"出来的；以及文化排他主义是如何被日本国家及学者们精心制造出来的。然而，民族主义是如何调动科学的，反过来，对于科学的推动又是如何调动民族主义的，这些都是新的问题。由于民族主义和科学是近代化的两大主要方面，所以有必要探讨这两者在近代日本是如

① 第一次世界大战和第二次世界大战之间。——译者注
② 第二次世界大战。——译者注

何并行不悖的。[8]

　　本书探究的有关科学的议题是复杂而受争议的，因为根据讨论主体及政治意图的不同，科学的含义会有所变化。将某种事物标记为"科学"不仅仅是下一个定义这么简单，它是带有政治和意识形态色彩的。在此处，我对"科学的"（scientific）一词抱有问题意识，这是因为本书的目标之一就是找寻出日本的学者和政策制定者们眼中的或者对外宣称的"科学的"究竟是什么，而不是去评判帝国日本是不是——或哪一部分是——理性的和科学的。[9]本书认为，科学处于一个动态位置，它的定义和政治力量都是可以被持续讨论的。本书的目的是剖析战间（1920—1936 年）和战时（1937—1945 年）日本的"科学的"（kagakuteki）策论①（politics）——"科学"意味着什么。[10]如皮埃尔·布尔迪厄（Pierre Bourdieu）说的那样，科学是"一个充满了暴力、抗争和各种人际关系的社会领域，它每时每刻都在被主要参与者们之间的权力角逐所重新定义"。[11]

　　本书所考察的具体的主要角色是（1）日本技术官僚；（2）对于科学的定义有大量讨论的马克思主义学者；（3）发展了通俗科学杂志这一新流派的通俗科学作家。这些日本政策制定者和学者的派别对于科学有各自不同的定义，但最终这些争

①　此处的"politics"直译应为"政治"，作者意在描述书中技术官僚、马克思主义者及通俗科学作家三方对于科学的定义及相关话语权的争夺，以及其科学论述在帝国日本语境中所扮演的角色。为了保留该词的原意，并使中文顺畅无歧义，本文采取"科学策论"一词以对应原文中的"scientific politics"。——译者注

论都导致了战时对于"科学的日本"的公众舆论。这本书追溯了他们在两次世界大战之间试图定义和促进科学的努力，以及他们在战时合作促进科学方面方式不同但复杂程度相同的发展轨迹。这些政策制定者和学者们并不是当时唯一的科学推动力量；但他们却是"科学的日本"的推动者之中呼声最高、影响力最大的力量之一。[12]对科学的定义是这三股力量各自奋斗的核心。尽管他们在"科学的日本"这方面的竞争观念最终都融入进了战时科学技术动员之中，但是他们的"科学"策论最初发展却是从完全不同的使命和政治观点出发的。为了清晰地展现技术官僚、马克思主义学者和通俗科学作家塑造他们对于科学的定义和战时推动科学发展的过程中的动态和挑战，本书接下来的章节将根据每一股力量的"科学"策论来进行铺排：第一部分聚焦于技术官僚；第二部分是马克思主义学者；第三部分则是通俗科学作家。[13]

　　本书中将会有一些重要的词汇出现。在我对本书的主要内容展开详细介绍之前，我将对这些重要的词汇进行解释。日语中的"kagakugijutsu"（科学技术）一词，是日本技术官僚的技术政治的核心，在本书中用英语的"science-technology"来表述。采取这个稍显尴尬的翻译是因为英语词汇中缺乏合适的短语。① 通常

---

① 本书涉及的许多日语词汇，比如"kagakugijutsu"（"科学技术"——科学技术）等，由于汉字使用的交流，其内涵与中文相去不远，中文读者在这一层可以更好理解。但是为了更精确地表达，本书在翻译时将会在容易发生理解偏差的词语后边标注日语罗马音或者作者使用的英文原词。——译者注

来讲，"科学技術"这一日语词汇现在指的是科学和技术的一般领域，有时也会专指科学的技术层面。但是当技术官僚们在1939年出创这个词的时候，它有着不同的含义，我在第二章的论述会对此阐释清楚。我没有采用"technoscience"或是"techno‐science"这样的英文词汇，这是因为他们的内涵不适合战时日本创造的"科学技術"一词。

　　将在第二部分出现的"*minzoku*"（民族）一词，是另一个难以翻译的日语词汇。尽管它经常被翻译为"the nation""a people""volk""ethnicity"或是"civic"等英语词汇，"民族"事实上会被不同的人在不同的时间下用来指代以上任意一个概念。没有一个单个的英文词汇能够包含这些随着历史和语境而变化的语义。更不用说只是机械地安一个英语词汇上去。所以我认为更合适的做法是，在每一次翻译时弄清我自己对于这个词汇的译法、理清上下文，根据特定叙述中"民族"这个词想要表达的含义来进行翻译。"*kokumin*"（国民）一词也是如此，它经常被翻译成英语的"the nation"。据我看来，根据上下文的不同，"国民"一次可以而且应该被翻译为不同的词汇，如"the nation""the people"或者是"civic"等。与此相应的，"kokumin shugi"（国民主义）一词也可以被翻译为"nationalism"或者"populism"等不同的词，尽管有时语义会重叠。我的这种语境翻译法有可能会造成一些英语语义上的赘余，比如"kokumin gakkō"① 会翻译成"national people's

————————

① 即国民学校。——译者注

school"，但我相信这种翻译法会使叙述更为精确。这个方法对本书的研究方法来讲也是正确的，在本书中我的叙述是建立在确凿的文本和政治的基础之上的。

第一部分（第一章和第二章）考察了技术官僚们如何将他们对科学的定义和自身的斗争及政治联系起来。第一部分的关键词是"科学技术"（science-technology），如前所述，这个词是技术官僚为了推动他们的"科学的日本"的构想实现、增强自己的政治实力所创造的新词。"科学技术"起源于日本 20 世纪早期的一场技术官僚运动，这场运动旨在提升工程师的身份地位，重新定义科学，并最终实现技术官僚们的科学的帝国的构想。本书聚焦于这场技术官僚运动中的最为重要的参与者：日本第一个工程师的行业联盟——工人俱乐部及其领导人宫本武之辅——日本内务省的一个土木工程师。

工人俱乐部于 1920 年由宫本武之辅及其同为工程师的友人们建立，他们的目的是提高日本工程师们的社会地位，并且在政府内部获得科学技术方面的政策制定权。尽管这些技术官僚中的大多数人都是精英工程师，但比法学出身的官员（hōka kanryō，法科官僚）来讲，他们在政府内部仍属于少数派。因此技术官僚们需要不断地为争取平等地位、在官僚体系里获取权力而斗争。由于英语中合适词汇的缺乏，本书中使用了"technology-bureaucrat"这个词汇对"gijutsu kanryō"（技術官僚）进行了略显尴尬的直译，但更常被用来对应"技术官僚"一词的英文词是"technocrats"，除了涉及与法科官僚的对比时，因为英语词汇中没有更适当的翻译。第一章涵盖的内容是该运动的早期阶段（1920—1932 年），考察的问题包括工人俱乐部是如何发展工会主义的，又是如何在"大正德谟克拉西"中期培养阶级意识的，以及工人俱乐部基于阶级政治的工程师联合的失败是如何导致该组织和宫本武之辅成为民族主义技术官僚的。第二章跟随工人俱乐部和宫本武之辅的线索来到战争时期。值此之时，技术官僚运动在科学技术推动的方面达到了高潮，科学技术被定义为战时技术的附属品，社会科学则被忽略。在这种新的科学定义之下，技术官僚提出了科学 6 技术新秩序的构想。对于技术官僚来说，科学与普遍性和批判性思维无关；相反，在他们看来，一个科学的日本，只有到了由技术官僚来计划和管理科学技术，特别是发展到可以利用亚洲的自然资源的时候，才能得以实现。在三组主要角色之中首先探讨技术官僚是因为他们更接近政策决策权，他们所做的科学技术推动工作也会影响到马克思主义学者和通俗科学作家。

　　日本的马克思主义学者将在第二部分（第三章、第四章和第五章）加以探讨，他们的"科学的"策论有着与技术官僚完全不同的目标。马克思主义学者们属于帝国日本的极少数派，他们在口头上先后反对了帝国意识形态和军政府及其战争意图，认定并批评他们为"不科学的""封建的"和"法西斯的"。因此，推动他们所认为的"科学的"东西就成为马克思主义政治对一个科学的、近代化的日本的期许中的核心内容。本书聚焦于三位马克思主义学者，他们为了自己的政治对科学进行了定义。他们分别是户坂润——一位哲学家，他对资本主义、法西斯主义和非理性主义进行了无情的批判；小仓金之助——一位历史学家、数学家，是日本的科学史研究先驱；三枝博音——一位历史学家、哲学家，日本科学技术史的奠基人。这三位都是唯物论研究会（以下简称"唯研"）——或者说唯物主义研究小组的发起成员。我将这个组织在科学的政治方面对于日本的批判文章称为"唯研课题"（Yuiken project），并通过对户坂润、小仓金之助和三枝博音等人的在《唯物论研究》（1932 到 1938 年间，唯研组织的机关月刊）及其他地方发表的文章进行仔细分析来研究这个"唯研课题"。

第三章讨论了小仓金之助在 20 世纪 20 年代对于日本科学的批判，以及他在 1929 年接触了马克思主义后被启发的对于数学的激进的历史化、阶级化批判。小仓金之助认为，日本之所以没有达到西方那样的近代化是因为日本的封建残余影响了真正的科学精神在日本的发扬光大。自 1929 年以来他对马克思主义的研究让他更进一步地认识到，他所观察到的"畸形的"日本科学是奇特的"半封建的"日本近代化的一个反映。因此，在他看来，推动正确的科学——也即无产阶级的科学，或说是大众的实用科学——是迈向一个"真正的、科学的日本"的至关重要的一步。

第四章根据出版于 1932 到 1938 年间的《唯物论研究》，考察了唯研的"科学的"策论。20 世纪 30 年代初"唯研课题"的主要目标是指明科学的阶级性，批判日本不完全的近代性，并在日本建立无产阶级的科学。在资本主义社会中批判"资产阶级科学"，唯研的马克思主义者认为科学是社会的上层建筑，并将科学历史化，以此来揭示科学与变化着的经济基础的关系。对于小仓金之助、户坂润及他们的唯研同事们来说，保持"科学的"就意味着保持马克思主义所奉行的批判的、理性的、普遍的理念。这一章根据唯研领导人户坂润所描绘出的 20 世纪 30 年代日本的三大思想潮流来梳理出科学策论的脉络。这三大思想潮流分别是自由主义、马克思主义和日本主义。其中，日本主义被户坂润定义为日本版的法西斯主义。唯研的马克思主义者认为马克思主义是这些思想之中真正正确的、科学的理论，但根据我所描绘出的 1932 年及 1936 年的科学策论的形势来看，这三股思潮中的每一个都声称自己对科学的定义是无与伦比的。这些描述展示了科学这一议题的高度争议性。

　　自全面侵华战争于 1937 年爆发后，唯研的学者们将批判的矛头从资产阶级科学转向了法西斯主义。唯研学者批评战时法西斯政府，认为他们将国家神话化、将非理性主义视为日本民族的传统，这些在唯研学者看来都是"不科学的"。唯研课题在 20 世纪 30 年代末期的目标是证明日本自身拥有科学的传统。第五章研究了唯研学者的这一努力，这一章聚焦于三枝博音自 1938 年唯研组织解散之后继续贯彻唯研课题的努力：他撰写了有关日本科学的历史。三枝博音发现了日本历史之中——主要是江户时期（1603—1868 年）——的批判性、理性以及普遍性的精神，并在面对法西斯主义对日本国家神话化之时，坚称日本具有科学的历史。然而，就在 20 世纪 40 年代早期，当日本国家本身都开始积极地推动"科学的日本"这一构想时，三枝博音那些把儒学家描述成近代的、科学的思想家的学说却被用来颂扬日本的科学优势，以及用来为日本在亚洲的殖民活动做辩护。换句话说，唯研的马克思主义者们的科学政治，颇具讽刺意味地沦为了战争时期赞美"科学的"日本和帝国的话语。

第三部分（第六章）考察了从 20 世纪 20 年代一直到 1945 年之间，科学是如何被大众科学文化媒介所展现和推动的。这一章聚焦于两本科普杂志：《儿童科学》（『子供の科学』）和《科学画报》（『科学画報』）。科普杂志这种体裁兴起于 20 世纪 20 年代早期，彼时正处于商业化大众媒体高速发展和"通识教育运动"横扫大正日本的交汇点。编辑原田三夫开创了这一先驱性的科学杂志，将其作为由文部省所设立的僵化的学校内科学教育的一种更有效的教学性的补充。原田三夫和自由教育改革者们认为，孩子们只有通过发自内心的兴奋才能积极主动地学习科学。

第三部分的关键词是"惊奇"（wonder）。原田三夫对科学的定义及推动方法与技术官僚们和唯研的马克思主义者们不同，在他看来，科学意味着要体验和欣赏大自然的奇迹。在这些杂志的书页中，科学被包装成充满了惊奇的知识来出售，这些知识正是一个文明开化的国家所需要的。原田三夫的杂志通过采用最新的图片打印技术来强调大自然奇妙的、壮观的一面；

各种各样的观察和动手的实践行动也被结合到杂志内容当中，以此来显现大自然的奇迹之感。原田三夫的方法在 20 世纪 20 年代和 30 年代成功地创造出活跃的、亲密的年轻科学家团体。

这些引起儿童们对科学的兴趣的手段——感受大自然的奇迹、观察和动手的行为——之后被战时政府用来唤起孩童们对战时科学技术的激情。而且，经过文部省所改革的 1941 年的科学教育，致力于创造科学的帝国话语，在这样的努力之下，对于大自然奇迹的赞赏逐渐被视为一种日本特质而得到了特别强调。当纸资源短缺和审查制度迫使大多数的大众杂志终止发刊或者大幅度地减少杂志的页数时，科学类杂志接收到了来自战时政府的支持，这种支持是作为科学动员的一部分存在的。起初以大众科学杂志为阵地发展起来的一个流派——科幻类小说——的作者们，也在用了不起的、不可战胜的日本军事科学技术来迷住日本儿童们的过程中扮演了一个极为重要的角色。我的分析证明了，对于惊奇的观感，连同通识教育运动一起，虽然最初是作为一个对于国家教育的评论而发展起来的，但也同时被战时政府增选为帝国话语的教育内容。可以看到的是，科学的性质和对于奇迹的观感是高度可塑的；科学可以轻易地因为战争或者和平而得到支持，对于大自然奇迹的观感也可以是普遍的或者日本独有的，这些都取决于当时的趋势。

本书中的技术官僚，马克思主义学者以及通俗作家分别代表着社会的不同层面，这使得政策制定的历史、知识的历史以及文化的历史都能够被编织进同一段有关日本的科学、民族主义和近代化的历史之中。我通过包括一些书面的传记作品以及制度层面的渠道来接近这一段历史。

尽管书中的这些主人公没有引起学者太多的关注，但是他们是日本的一些具有影响力的、存在感明显的形象，他们的影响重要性延续到了战后时期。宫本武之辅于1941年成为了企划院的次长，这对于技术官僚而言是一个很高的跨度。虽然他早在战争时期就已经去世了，但是他的影响对于第二次世界大战后日本的建设省和科学技术厅都是至关重要的，这两个部门都是技术官僚们长期所盼望的主要阵地。[14]小仓金之助被任命为民主主义科学者协会的第一任会长，这是一个第二次世界大战甫一结束就成立的、战后最大规模的自然和社会科学家的组织。三枝博音被认为是日本最重要的科学史先驱之一，他曾被任命为日本的科学史学会会长；而且，三枝博音还是镰仓学院的创建者，这所独特的公民大学训练出了很多一流的技术史学者；与此同时，三枝博音还担任过横滨市立大学的名誉校长。原田三夫的《儿童科学》——一本至今仍在刊印的杂志——为大多数的战后大众科学杂志树立了一个标准。[15]通过出版这些作家的作品合集，日本的出版商们已经认识到战时日本科幻小说的受欢迎程度和重要的意义。特别是海野十三获得了这种特殊的地位，他的几个"作品集"系列被各大出版社出版，而且他的大多数作品都以各种形式被重印。[16]

这些特定的形象被本书选中讨论，除了因为他们具有知名度和重要性，还出于一个特别重要的原因：他们都进行过写作并且作品被出版过。本书所感兴趣的是日本的科学和民族主义的课题，这两者通过杂志、报纸、书籍、博物馆、政策、法令等在管制日益严重的战时日本公开传播。我并不会做出假设认为这些出版物是当时民众所真实相信和赞同的。恰恰相反，用诺曼·费尔克拉夫（Norman Fairclough）的话来讲，批判性的话语分析旨在"使三种不同的分析形式相互印证，即：（口头或书面的）语言文本的分析、话语实践的分析（文本的生产、分销和消费的过程）以及对作为社会文化实践实例的种种与话语有关的事件的分析"。[17] 换句话说，事情是如何被叙述、被表达、被解释的，还有话语是在何处、如何被生产和消费的，这些都组成了对当时社会的重要分析。

这种对话语的批判性分析也同样适用于对社会的研究，比如说处于严格审查制度的战时日本社会。审查不仅会限制话语，也会创造话语。审查制度会创造出新的措辞、新的规则以及操纵语言、表达异议或合作的新的方式。不管审查制度变得有多么压抑，话语始终是一个社会、政治层面的动态过程。

这对日本的马克思主义者和自由主义者来说尤其重要，他们在审查制度盛行的战时仍在继续出版著述。通过对话语的分析，我们不仅可以了解到什么样的科学话语是那个以神话和文化独特性为官方意识形态基础的战时国家所认可和推广的，而且还可以证实那些针对战时国家的批判是如何被使用、操纵、最终为国家认可的语言和观念背书的。本书不是对马克思主义者和流行作家进行简单的标签化，而是分析这些过程是怎么发

10　生的。这是一个十分复杂的过程。竹内好在回忆起战时自己和其他学者的经历时写道："客观地说，对于大多数知识分子而言，更真实的情况是，我们在抵触和厌恶神话的同时，也以一种双重或三重扭曲的方式融入了神话之中。"[18]对两次世界大战之间以及第二次世界大战时期日本的科学话语的批判性分析会帮助我们理解这种以"双重或三重扭曲方式"所进行的融合/参与的复杂的过程，这种参与同时也是一种抗议。[19]

抗议同时可以成为一种融合，因为意识形态的力量不仅可以使处于其掌控的人们保持沉默（我并不否认意识形态具备这种能力），还可以将被统治者纳入自己的体系中，使他们成为自己活跃的代言人。意识形态使社会和政治秩序合法化，与此同时使被统治者成为这种意识形态构建过程中的积极参与者。[20]人们只有成为话语的一部分，才能参与改变和挑战占据主导地位的意识形态；然而，与此同时，当话语参与作为一种抵抗的实践时，人们需要利用已经被接受的规则和语言，使一个人的信息为听众所理解，或者更干脆一点儿，使自己的抵抗避开审查。通过批判性地参与到话语之中而实现的"抵抗"，会在批判的同时参与到与主导意识形态的合作之中。

对于本书中的主角们而言，这种融合/参与的过程是他们对科学日本的诉求。自20世纪20年代起，书中的三组科学推动者们都有着建设一个科学的日本的诉求，这些诉求建立在他们有关"科学的"策论之上。就这一点而言，他们都为各自所认为的日本"不科学的"潮流，特别是国家所采取的那些实践，所驱使和裹挟。对于马克思主义者，日本的"不科学"潮流是法西斯主义，它赋予了日本独特的神话性。对技术官僚而言则是法科官僚，他们不懂得如何为国家推动科学和技术。对那些自由的科普推动者来说，普通日本人的科学知识匮乏是国立学校课程造成的。然而，在 20 世纪 40 年代初期，当国家本身出于战争目的开始积极推动科学和技术时，这些科学策论就得以被整合吸收。到了 1941 年日本与美国开战之时，这些马克思主义历史学者、技术官僚还有大众科学作家都参与到了"科学日本"的过去、未来和乌托邦的构建之中。

在讨论三个主角群体在重要时刻的交集时，第一部分、第二部分和第三部分关注的是每个群体内部丰富的科学政治的发展。最后一章通过提出一种科学民族主义的理论来总结三个群体对于科学的策论。"科学民族主义"是我新造的词，这种民族主义认为科学和技术是一个国家保持统一、生存和发展过程中最为迫切而重要的资产。这一概念使得两次世界大战之间和 *11* 第二次世界大战时期日本的科学政治同时与其他国家以及当代日本产生关联。[21]最近日本政府在大力推动科学技术，推动中的科学话语存在一些和战时科学推广之间的令人不安的相似之处。在我看来，认真思考以下两个问题是十分重要的：一是在战争时期，科学和民族主义是如何在"科学日本"的号召下相互动员的；一是日本历史上如此特别的一页是如何从民族记忆中消失的。我选择在结语部分讨论科学民族主义，是因为科学民族主义的概念只有在理解了各种科学策论的复杂性和争议性之后才能得到充分的理解，而科学策论的复杂性和争议性正是本书想要证明的。

本书从 20 世纪 20 年代开始讨论是有明确原因的。明治时期日本当然也是有科学推动者存在的。然而，20 世纪 10 年代以后的科学话语与那之前的话语是非常不一样的。一般来讲，一直到 20 世纪 10 年代，带有明显西方标签的科学概念才从日本消失。正如接下来的章节所表明的那样，从 20 世纪 20 年代开始，科学才摆脱了地域标签转向普遍化。这很大程度上是因为日本在第一次世界大战之后取得的工业化提升成果，也因为第一次世界大战对于日本国内科学生产推动的积极影响。

在近代日本历史中，第一次世界大战经常被认为是一场小的战争。标准教科书会解释说日本由于在 1902 年英日同盟的基础上成为协约国一方，得到了之前被德国侵占的青岛和南洋地区。但是，第一次世界大战的重要性远不止于日本帝国的扩张。第一次世界大战使日本转型成为一个重化工业国家。[22]到第一次世界大战结束时，日本的工业部门产值已经超过了农业部门产值。轻工业（如纺织业）一直是明治日本的工业化引擎，而 20 世纪 10 年代之后重工业则成了诸如三菱、三井等财阀资本积累的主要来源。这些工业的增长受到迅速扩大的能源生产的支撑。大型水电站的建成——第一座是落成于 1915 年的猪苗代湖水电站，其发电量居于当时世界第三（37 500 千瓦容量）——使得电力的主要来源从热电转变为水力发电，这标志着日本已经进入电气化阶段。[23]最新的科学和技术不再是象牙塔

里的学生向西方老师和教科书那里学来的。它是日本日常近代
化不可或缺的一部分。

　　20世纪10年代的重工业飞速增长伴随着贫富差距以及城
乡差距的扩大。劳工和佃农运动从1910年代开始就在全国范
围内组织了起来，工会的数量在第一次世界大战期间快速而稳
定地增长。1917年，苏联的建立推动了日本工会主义的发展：
劳工冲突在1919年达到了"二战"前的顶峰；第一个"五一"
劳动节游行发生在1920年；1921年，一场大规模的暴力工人
罢工席卷了位于神户的三菱和川崎造船厂。苏联的出现也导致
了马克思主义在日本社会主义者间的理论发展。1910年代，马
克思主义作为一种社会运动理论传入日本，到此时开始明显地
区别于其他的社会主义理论。日本共产党也于1922年建立起
来（虽然很快就被禁止了）。工会主义不仅仅对工厂工人和社
会主义者有吸引力。正如我们将在第一章中所看到的那样，它
也吸引了那些想要组织跨行业工程师的技术官僚。

　　第一次世界大战也给日本带来了另一个重要的影响，也是
本书的重要内容。这场战争导致日本对研发（日本现在通常称
之为"R&D"）的推动达到了前所未有的水平。日本是第一
次世界大战期间受到欧洲停止出口影响的诸多国家之一。英法
对德国的封锁尤其对日本构成了挑战，因为日本严重依赖于德
国提供的工业化学品、药品和精密仪器。[24]然而，用日本著名化
学家樱井锭二（Sakurai Jōji）的话来讲，这种挑战最后却转为了
"来自上天的保佑"。[25]第一次世界大战期间，日本政府积极推行

了鼓励国内生产的政策（kokusan shōrei，国产奖励），并为了研究和发展而投资了基础设施的建设。第一次世界大战所显示出来的科学技术的日益机械化和精密化导致了日本对国内科学技术生产的需要进一步扩大。它也向日本政府表明，科学技术的高效推广和动员对国防是至关重要的。日本政府向欧洲和美国派遣了科学家和军事官员，考察了展示科学动员的情况，作为考察成果，日本于 1918 年颁布了《军需工业动员法》（虽然该法直到 1937 年才被贯彻实施）。[26] 简单来说，第一次世界大战向日本领导人表明了科学和技术不再是能够可靠地从西方进口的东西，日本需要自己国产的科学和技术。因此，日本做出了很多努力来推动国内的科研生产，以期能够在未来几十年中支撑日本的进一步工业化。[27]

为了解决物资短缺的紧迫问题，日本政府成立了一些研究委员会，并通过了几项法律来支持国内生产。比如，根据化学工业研究委员会的要求来生产苏打、煤焦油和电化学工业；政府迅速通过了一项法律，以支持染料和医疗材料制造业并保证承担一个新成立的日本染料制造公司（日本染料制造株式会社）的所有经济损失。无独有偶，政府在 1917 年快速通过了《制铁业奖励法》，这一法律就建立在钢铁制造业调查委员会的一份提醒政府注意钢、铁资源短缺的报告的基础之上。需要注意的是，这些措施并没有在一夕之间改变日本的工业状况。比如，战争刚一停止，日本燃料制造株式会社就在与德国和美国的更优质的产品的竞争中破产了。[28] 尽管如此，第一次世界大战还是促进了日本政府采取措施积极推动研究和发展。

这种对于研发的新兴趣中最值得注意的一个例子是1917年4月理化学研究所（简称为"理研"）的建成。这是日本的第一所大型自然科学研究机构，后来享誉全球。理研这样的机构的建设构想最初来源于科学家高峰让吉在1903提出的倡议："这样（日本才可以）跻身世界强国之列，保持一流国家的地位。"但是，高峰让吉的倡议一直到第一次世界大战后才得到了政府充分的支持。[29]作为一个半官半民的组织，理研受农商务省①的管理，它的职责是为国家的工业化在化学和物理领域发展基础和应用科学。[30]

第一次世界大战期间及战争刚结束时也发生了许多其他的改变。大学中出现了很多由个人组织建立的研究岗位和中心，[31]此外还新设立了一些急需的研究资助和奖励机制。[32]国家还开始积极鼓励发明创造，于1917年设立了发明促进基金②，其奖励金额达到30 255日元（次年这个数字翻了一番）。[33]1918年，国家还通过了一部新的大学法，将私立学院升级成为大学，尽管这项法律遭到了东京帝国大学有权有势的校友们的反对。早稻田和庆应等私立大学可以利用曾经专属于帝国大学的特权来建设他们的科学和工程项目并满足科学家们和工程学家们日益增长的需求。[34]第一次世界大战结束后，对研究和发展的促进仍在

---

① 日本政府于1881年4月7日设置农商务省。1925年4月1日，农商务省分割为农林省（第1次）与商工省（第1次）。——译者注

② 即"发明奖励交付金"。——译者注

继续。比如说，1920 年文部省提出了将在十年内给帝国大学设立新的研究机构、引进研究教授职位，以及北海道帝国大学的建成等项目投入 7 000 万日元。

14

科学技术国内生产的促进反映出了人们越来越认识到科学技术是"普遍"的。大家认识到，任何文化中的任何人都可以生产出近代化的科学和技术。这种在明治日本被严格认为是"西方的"周边产物的东西乘着普遍性之风出现在大正日本生活中的各个角落。到了 1910 年代，几乎所有的曾经由欧洲、美国教授们用外语教授的大学课程，都由日本教员们执教，他们是外国教授们的第一代学生。西方数学，在明治教育体系中被特别介绍为"西方数学"以取代"日本数学"，如今被简称为"数学"。从时间层面来看，日本近代化进程"迎头赶上"了，近代化不再是西方的同义词，而成为日本日常生活的一部分。

这些发生在 1910 年代的变化——工业化的成熟，研究开发的推进，科学的普遍化，以及阶级矛盾的加剧——制造出了本书中出现的三组主角群体的社会基本环境。接下来的内容将说明，对科学的推动在过去、现在和未来都不只关乎科学。科学话语同时也是民族话语、民族文化话语以及近代化话语。

注释

1. 这段话来自"近代的超克"的主要组织人河上彻太郎（Kawakami Tetsutarō），他是文学杂志《文学界》(*Bungakkai*) 的一位作家。20 世纪 40 年代早期"近代的超克"是在日本学者之间非常受欢迎的词汇。这次座谈会的文集在 1942 年 9 月和 10 月出版在《文学界》杂志上，单行本则于次年出版，并在战后与竹内好的回顾随笔一起数次再版。"近代的超克"论文集的重读揭示出参与者们之间并未达成关于近代化或究竟什么是"超克"的共识；正如竹内好所强调的那样，这并非一个知识分子的一致活动。Kawakami, Takeuchi, et al. , *Kindai no chōkoku.* 河上的发言出自第 166 页。

2. Suzuki Shigetaka, "Zadankai," in *Kindai no chōkoku*, 190.

3. Kikuchi Masashi, "Zadankai," in *Kindai no chōkoku*, 195.

4. "国体"字面上讲就是"国家政体"（national policy）或者"国家本质"。日本 1925 年的"治安维持法"禁止了一切可能威胁国体的做法。1937 年，日本政府在《国体的本义》一书中阐述了日本国体的基本原则。有关明治时期的"国体"内涵，参见 Irokawa, *Culture of the Meiji Period*。

5. 锁国（sakoku, 1639—1854 年）是德川幕府所制定的外交政策，其目的是增强幕府权威，控制日本的对外贸易，且使日本远离与中国的朝贡关系。锁国政策禁止任何人进出日本国（除了荷兰人、中国人和韩国人，他们可以经由指定港口进出日本），但会有选择地引进西方知识，但只限于荷兰语写就的医学、技术方面的书籍。

6. "西洋科技，东洋道德"的合并最早由 19 世纪中期的儒学家佐久间象山（Sakuma Shōzan）提出，这是日本用以独立于西方世界的重要发展方向。

7. 见 Sasaki 及 Hirakawa, *Tokubetsu kagaku gumi.* 平川（Hirakawa）本人就是特别科学组计划中的参与学生。

8. 这方面研究的匮乏反映出了一个不幸的事实：即日本研究和科学研究领域之间的隔阂。科学研究更多地聚焦于西方社会，人们普遍认为科学史只是日本研究领域中的一个小分支。一些学者出版了关于日本科学史的优秀著作，但这些作品里并没有能认真地将日本民族主义的研究以及帝国日本的历史融入进去。例如，可参见 Grunden, *Secret Weapons*

and World War II；Bartholomew, *Formation of Science in Japan*；Morris-Suzuki, *Technological Transformation of Japan*；以及 Traweek, *Beamtimes and Lifetimes*。也可参见 Low, "Japan's Secret War?" 347 - 60；Dower, " 'NI' and 'F, ' " 55 - 100；Samuels, "*Rich Nation, Strong Army*"；Mimura, "Technocratic Visions of Empire," 97 - 116；Pauer, "Japan's Technical Mobilization," 39 - 64。虽然不是严格意义上的科学史，但是作为日本细菌战的一种叙述，可以参见 Harris, *Factories of Death*；Nakayama, *Science, Technology and Society in Postwar Japan*；以及 Nakayama, Swain, and Yagi, *Science and Society in Modern Japan*。日本科学技术历史方面的日语著作之中，对我的项目最有助益的是广重彻（Hiroshige）的著作 *Kagaku to rekishi*；有日本科学史学会编纂的 25 卷本的 *Nihon kagaku gijutsushi taikei*（日本科学技术史大系）（简称 *NKGT*）是对日本科学技术史相关的基本史料的收集，这套资料对每一个对此领域感兴趣的人都十分有用的。

9. 这是我的作品区有别于杰弗里·赫夫（Jeffrey Herf）的重要著作 *Reactionary Modernism* 之所在。后者提出了一个相似的问题——纳粹德国是如何在鼓吹雅利安意识形态的同时推动现代科学技术的？然而，赫夫使用了自己预设的"理性"的定义，并得出结论：纳粹反动的现代主义者——那些提倡纳粹技术的思想家，他们接受了技术方面的理性主义，但未能提倡政治理性主义。

10. 我用"战时"来描述 1937 年到 1945 年这段时间。虽然我赞同用"十四年战争"这种说法来描述日本在 20 世纪 30 年代开始的对中国的侵略行为，也就是说从九一八事变开始算起，但在这本书里我决定不采用这种时代划分方式，因为我的具体研究表明，比起九一八事变前后，科学技术等方面在 1937 年前后发生的变化是更为明显的。

11. 参见 Bourdieu, "Peculiar History of Scientific Reason," 3。

12. 这些主要角色绝不是唯一参与到"科学的"策论里的人。就比如说，应用科学家们对于科学以及如何推动科学有自己的观点。应用科学家们会在本书中出现，但不是作为主要角色，因为他们中的大多数对在印刷品上陈述自己对科学的定义和愿景并没有兴趣。他们也没有像技术官僚和马克思主义者那样组织一场可以让历史学家们进行系统研究的持续的运动。在我看来，很多普通的应用科学家们都是机会主义者，他们之所以投身于科学的战争动员是因为这会给他们的实验室带来预算。不过他们的故事需要单独的考察。

13. 布鲁诺·拉图尔（Bruno Latour）提出"技性科学"一词来呼吁从物质以及社会层面上对科学实践加以研究。该词有时拼写为"technoscience"，已经在科学和技术研究中得以广泛使用，特别是诸如唐纳·哈拉维（Donna Haraway）等后现代主义学者。参见 Latour, *Science in Action*；Ihde 以及 Selinger, *Chasing Technoscience*；以及 Haraway, *Modest _ Witness @Second _ Millennium*。

14. 作为 2001 年中央省厅在编中的一部分，建设省与运输省和国土厅等省厅合并成为国土交通省。科学技术厅与文部省合并成为文部科学省。

15. 最近一家日本出版社开始出版一个名为《成人科学》（*Adults' Science*）（即『大人の科学』——译者注）（名字借鉴于《儿童科学》）的杂志，该杂志专门面向与《儿童科学》以及模仿《儿童科学》的杂志一起成长起来的成年人，在销量方面获得了极大的成功。

16. 参见 *Unno Jūza shū*，1997；*Unno Jūza zenshū*；*Unno Jūza shū*，2001；以及 *Unno Jūza sensō shōsetsu kessakushū*。

17. 参见 Fairclough, *Critical Discourse Analysis*, 2。亦可参见 Fairclough, *Media Discourse* and *Analysing Discourse*；以及 Jaworski and Coupland, *The Discourse Reader*。

18. Takeuchi, "Kindai no chōkoku," 301.

19. 这与日本学者为解决抵抗和合作问题而开发的转向研究不同。转向研究领域的先驱——转向研究会将转向定义为"迫于外界力量做出的思想转变"，见 Kagaku, *Kyōdō kenkyū*, 2：4。许多转向研究涉及对各种各样的转向进行分类。虽然这本身是一个重要的项目，但我的目标不是以这种方式来划分我书中的主角，而是要考察他们如何在合作的同时进行抵抗。

我发现小仓金之助的"包容/排斥"说法与我的"融合/参与"相似。小仓有关日本帝国的日本人概念的边界的著作中主张，公民的概念总是兼收并蓄的，既是包容的也是排斥的。对于被殖民者而言，想要获得国民身份带来的利益，他们需要通过使用国家认可的符号和价值观来要求"被包容"。这种观点为有些人所说的"殖民过程中的合作"这一现象提供了一个很好的解释。参见 Oguma, *"Nihonjin" no kyōkai*。

20. 正如安东尼奥·葛兰西（Antonio Gramsci）所提出的"国家霸权"（hegemony）一样，我对意识形态的定义强调的是意识形态功能中的同意而不是威压。在一定程度上，我同意路易·皮埃尔·阿尔都塞（Louis Althusser）的"质询"理论，因为我承认意识形态对主体的建构具有表现性作用，但我更为注意主体如何运用意识形态体系的规则。正如布尔迪厄所论证的那样，主体不是简单地由意识形态工具的手段生产出来的。他们还能够利用主导意识形态所代表的体系和价值来改善他们的地位，或在体系内推进他们的主张。葛兰西通常使用"霸权"一词来表示一个统治力量从它的臣民那里赢得对其统治的同意的方式。参见 Gramsci, *Selections from the Prison Notebooks*（New York：International Publishers, 1971）；Eagleton, *Ideology：An Introduction*；Althusser, "Ideology and Ideological State Apparatuses"；以及 Bourdieu, *Logic of Practice*。布尔迪厄的"场的逻辑"帮助我聚焦于意识形态的功能。参见 Bourdieu, "The Forms of Capital"；Bourdieu and Wacquant, "The Logic of Fields," 94 - 114；以及 Bourdieu, "Genesis of the Concept of Habitus and Field," 11 - 24。

21. 虽然我在撰写日本历史时创造了这个词，但科学民族主义并不是日本历史所独有的。我将在结语部分进一步讨论，科学民族主义还包括美国的冷战意识形态、印度的"吠陀"科学，以及其他为建成更加科学的国家而拥抱科学技术发展和推广的话语。

22. 比如，1914 年至 1919 年间，化工行业的资本投资增长了 17 倍，机械行业增长了 11 倍，而纺织行业仅增长了 3 倍。Iida, *Jūkōgyōka no tenkai*, 4：235, 240 - 41.

23. Yamazaki Toshio, "Kōgyō chitai no keisei to shakai seisaku," in *NKGT*, 3：305 - 7；Iida, *Jūkōgyōka no tenkai*, 4：285. 关于日立公司建造的猪苗代车站，参见 Morris-Suzuki, *Technological Transformation of Japan*, 105 - 6。

24. 詹姆斯·巴塞洛缪（James Bartholomew）解释说："用于治疗梅毒的所有洒尔佛散都来自德国，用于进口药品的 3 400 万日元中的大部分也流向了德国。"德国的信息和教育封锁也引起了日本人的不安，因为德国是他们最喜欢的留学和参加学术会议的国家。Bartholomew,

Formation of Science in Japan，199. 也可参见 Hiroshige, *Kagaku no shakaishi* 的第 3 章。

25. 转引自 Bartholomew, *Formation of Science in Japan*，199。

26. Hiroshige, *Kagaku no shakaishi*，101. 日本军部已经开始讨论科学动员和军事科学教育，为下一次战争做准备。Kawahara, *Shōwa seiji shisō kenkyū*，145 - 49.

27. 因此，历史学家詹姆斯·巴塞洛在 *Formation of Science in Japan* 中认为，第一次世界大战是日本科学研究结构建立的关键时刻。

28. Hiroshige, *Kagaku no shakaishi*，84 - 86.

29. 同上，92 - 96；以及 Bartholomew, *Formation of Science in Japan*，212 - 17。理研的初始资金来自国家预算，以及三菱的岩崎小弥太（Iwasaki Koyata）和第一劝业银行的涩泽荣一等富商的口袋；此外，皇室还捐赠了 100 万日元（伏见宫贞爱亲王在 1917 年至 1923 年期间担任所长）。了解更多关于理研的细节，参见 *NKGT*，3：157 - 61。有关高峰让吉在 1903 年提出的建立国家科学研究所的想法，参见 *NKGT*，21：189 - 91。

30. 这在那些被第一次世界大战证明了重要性的领域，诸如东北帝国大学金属研究所、东京帝国大学航空研究所以及固氮研究所而言尤是如此。东京帝国大学航空研究所是日本建立的第一个航空研究中心。参见 Bartholomew, *Formation of Science in Japan*，217 - 23。

31. 战时的物资短缺也促使许多日本私营企业建立了自己的实验室。一些公司，比如武田制药、三菱公司以及三井矿业受益于战时对德国专利的没收，以及西方企业撤出日本市场。Bartholomew, *Formation of Science in Japan*，231. 具有代表性的私人研究机构包括盐见理化学研究所和德川生物研究所。前者由大阪实业家盐见政次（Shiomi Seiji）于 1916 年创立。它最初隶属于大阪府，后来被文部省接管。后者是德川幕府的后裔德川义亲（Tokugawa Yoshichika）在 1918 年创立的，后来他还掌管了马来西亚的昭南（Shōnan）植物园。欲了解德川作为科学家、政治家和作家的丰富人生，可参见 Otabe, *Tokugawa Yoshichika no jūgonen sensō*；以及 Aramata, *Daitōa kagaku kidan*, chap. 6。

32. 1918 年，政府还设立了一个新的科学研究资助计划（初名为"科学研究奖励金"——译者注），该计划为那些与战略重要性领域没有直接联系的项目提供了许多资助。Bartholomew, *Formation of Science in Japan*, 240-42, 247-63. 巴塞洛缪解释说，SRGP 的意义非常重大。帝国学士会于 1913 年开始提供竞争性资助，但资助的数额非常小（1914 年为 2 460 日元；1916 年为 7 000 日元；1918 年为 2 万日元），这些资金只提供给学士会成员，一直提供到 1919 年。SRGP 提供了大约 5 万日元，支持所有科学和技术领域，"不仅仅是那些当时受欢迎的人，或者那些在政治上精明的领导人"。SRGP 也向女性科学家开放；从事植物细胞学研究的保井好（Yasui Kono）在 1919 年获得这项资助，成为首位获得资助的女性。参见 Bartholomew, *Formation of Science in Japan*, 247, 253. 桂奖（Katsura prize）是由日本帝国学士院为研究的创新贡献设立的；启明会是一家私人基金会，资助研究发展项目。

33. Uchida, "Gijutsu seisaku no rekishi," 223.

34. 很明显，帝国大学已经无法满足日益增长的对科学和工程专家的需求；例如，1914 年至 1917 年间，东京大学应用化学、冶金和采矿工程专业的年度申请人数从 35 人上升到 105 人。

第一部分

技术官僚

第一章 走近技术官僚

从国际范围来看，自 20 世纪 10 年代起，精英工程师开始要求更高的地位并要求获得政治权力。日本的技术官僚也是一样，面对着重工业的飞速发展和对研究发展的严格推动，他们通过内部的组织来提出自己的和西方精英工程师类似的需求。就职于中央政府的土木工程师在这场技术官僚运动中显得尤为活跃。这些土木工程师们虽然负责掌管国家的土地发展，却因受制于《文官任用令》，制定政策的权力是非常有限的。技术官僚和法科官僚之间的激烈摩擦是日本技术官僚运动的核心，这一运动后来在技术官僚对科学技术的定义的基础上塑造了日本帝国的科学和技术政策。处于这一技术官僚运动中心的是宫本武之辅，一位就职于内务省土木局的工程师。[1]

本章着眼于技术官僚运动的早期阶段（1920—1932 年），主要通过宫本武之辅和他于 1920 年创建的工程师组织——工人俱乐部来回顾，该组织的目标是联合工程师并要求获得政治权力。工人俱乐部的发展轨迹表明，对科学和理性的信仰是如何与阶级形态以及民族主义产生密切关联的。

随着大规模的技术网络协作改变了日本的工业和社会经济格局，工人俱乐部的工程师们也利用无产阶级运动建立了自己的阶级意识，通过这种努力将工程师们团结在一起。但他们很快就放弃了无产阶级运动的那一套语言和政治，因为他们发现不能把自己的工程学背景转换为一种统一的阶级身份。恰恰相反，他们发现是"科学的"专业技能使他们确认了自己除阶级外的身份认同。国家而非阶级——产业合理化而非阶级斗争——向他们提供了将自身的文化资本转化为政治权力所需要的语言和意识形态。

　　尽管"技术官僚"这个词是直到 20 世纪 30 年代初在美国成为一个流行词之后才传入日本的[2]，但工人俱乐部的历史表明，日本的工程师早在此词传入之前就已经开始发展他们自己的技术统治体系了。"技术统治"的定义有很多种，但通常来说都包含专家指定的规则、技术决定论，以及认为技术方面的考量会使政治过时的观点。[3]我对技术官僚的普遍定义进行了一点儿补充，即民族主义通常是一个重要的因素，至少在最近出现区域经济集团（如欧盟）使民族国家对技术官僚治理的意义降低的全球趋势之前是这样。[4]我把技术官僚和精英技术官僚（拥有工程、农业、林业和其他技术和专业领域学位的中央政府官员）两个词交替使用，而"技术统治"则是这些技术官僚们基于他们对科学的定义而发展起来的一个对于统治方式的具体构想。由是观之，宫本武之辅和他的工程师同事们发起的旨在获取政治权力的运动既是合理的，又是出于他们对国家的关切之心。

　　宫本武之辅和工人俱乐部成员的存在还使我们认识到，不管是在日本、美国还是欧洲，技术统治都被视为马克思主义的替代品，而且相形之下这是针对 20 世纪早期的经济和劳工危机的一个更好的解决方法。尽管技术官僚对科学的定义和马克思主义者不同，但他们对科学的信赖在他们立志提供更好的社会管理的宣言中处于中心地位。和马克思主义者一样，技术官僚对社会中现存的资本主义管理方式持批判态度，但与马克思主义者不同的是，马克思主义者倡导的社会统治是通过无产阶级对于社会历史的"科学的"观察来实现的，技术官僚则提倡由具备"科学"专业技能的工程师来进行国家管理。[5]在本书的第一部分和第二部分，我将说明，技术统治和马克思主义之间的较量不仅来自他们对理想社会的不同看法，还来自他们对科学的不同定义。

将工程师定义为创造者

宫本武之辅，工人俱乐部的创始人和领导人，是一个雄心勃勃、才华横溢、有领导才能的人。宫本武之辅于 1892 年出生在爱媛县兴居岛的一个曾经富裕过的商人家庭。家道中落迫使宫本武之辅在 14 岁的时候从初中辍学，找了一份水手的工作。但是，后来在一个有钱人的帮助下，宫本武之辅进入了东京的一所私立初中。宫本武之辅是一个聪明勤奋的学生，经常在班里名列前茅。事实上，他的成绩非常好，所以他得到了第一高等学校免试直升的机会，这个学校是战前日本最负盛名的 *20*

高中。之后他不负众望地从第一高等学校毕业升入东京帝国大学，并于1917年作为工程系的"银表"获得者顺利从大学毕业（战前日本帝国大学的顶尖学生会从天皇那里得到一块银表）。同年，他进入内务省土木局工作。宫本武之辅参与了日本国内最大的两项河流整治工程——利根川工程和荒川工程，这证明他可以在钢筋混凝土建筑这个土木工程的边缘领域中担当起年轻领导的角色。在去欧洲和美国进行了国家资助的考察（1923—1925年）之后，宫本武之辅在官僚机构中稳步晋升，最终担任副部级①职务，这是官僚能够获得的最高职位。

宫本武之辅是一个十分多产的作家。除了大量的技术专著，他还出版了9本以普通读者为对象的有关技术和社会的书籍。他还定期为工人俱乐部的月刊《工人》，以及其他的刊物投稿。这对工程师来说是极不寻常的，尤其是对一个工程师官僚而言。初中期间，宫本武之辅对文学产生了浓厚的兴趣，编写了3部原创作品集，并认真考虑成为一名文学作家。当时正值明治末期，那是日本精英青年开始思考物质成功之外的人生意义的时期，正如夏目漱石在其作品《心》一书中所描述的那样。自然主义文学俘获了包括宫本武之辅在内的很多年轻人的内心。直到同父异母的哥哥劝他放弃对文学的兴趣，宫本武之辅才决定在第一高等学校主修工程学。他逐渐同意他哥哥的观点，认为文学生活是"弱者"和"残疾人"的颓废、自我放纵

---

① 即次长。——译者注

的生活。[6]宫本武之辅放弃了文学之路，而坚定地要去过一种"富有男子汉气概的、辉煌的生活"——致力于社会环境的改善。[7]在中央政府当了一名工程师后，他发现了这种"有男子气概的、辉煌的生活"的实现途径。

在宫本武之辅的心目中，"弱者"不仅指的是自我放纵的文学作家，还包括穷人和弱势群体。他相当同情后者，但是这种同情是从精英主义的角度出发的。早在初中时期，宫本武之辅就对劳工问题产生了兴趣，并且阅读了诸如《平民新闻》《万朝报》等左翼报纸，认识到了贫困工人的恶劣工作条件。[8]他在自己 1915 年的日记中写道："我发誓要为人类而战，帮助弱者……哦！穷人的命运是多么的悲惨啊！我希望我永远不会忘记自己的责任，永远相信自己，为自己真正的使命而不懈努力。"[9]宫本武之辅相信，工程师有特殊的义务来解决劳工问题，因为他们可以通过技术来缓解劳工和工厂主之间的矛盾。他从来没有兴趣参加劳工斗争；他想要处理冲突，而不是卷入其中。尽管他同情弱者，但是他把自己和他们区分开来。宫本武之辅对文学作家的看法也表明，他的精英主义使他看不起弱者，并且把自己看作是弱者的救世主。历史学家大淀升一评价宫本武之辅，言其是一个努力通过管理的理想来服务社会的人（经世家），此话可谓至允至当。[10]

宫本武之辅理想当中那种"富有男子汉气概的、辉煌的生活"的一大阻碍是工程师在政府部门和社会中低下的地位。[11]由于往往被认为只是技术方面的专家，工程师们在公众场合及私人办公时都很难获得充足的能够管理国家或者公司、工厂的权限和地位。正如在西方，1910 年代，许多专业工程师开始要求在政治和社会中获得更多的权力那样，第一次世界大战提高了日本精英工程师的意识，也加深了他们对现状的失望程度。对技术官僚而言，这是具有具体的含义的。公务员工程师受到《文官任用令》和《文官考试、试用及见习规则》的束缚，无法获得高等级的职位。这些高等级职位是为那些毕业于法律系的法科官僚所保留的。《文官任用令》规定，只有通过文官高等考试，才能被任命为次官、局长、科长等高级职务。[12]技术官僚无法参加这一考试，因为它是专门为法律专业的学生而设定的，不涉及技术和科学领域的内容。作为代替途径，他们通过单独任命的方式被招聘为官僚。1945 年以前通过文官高等考试的绝大多数人都是东京帝国大学的法律系学生，还有极少数人是经济学专业的学生。在数以千计的通过考试的学生中，只有少数工程专业的学生，他们拥有足够大的抱负来准备并通过考试。[13]这种状况结构性地将工程师官僚排除在政府部门的传统职业道路之外。

比方说，对于一个法科官僚来说，成功的职业生涯必须包括：从东京帝国大学毕业，通过文官高等考试，在不同的部门和局之间调动，在攀登官僚阶梯的同时接受培训，成为一名精通各项业务的多面手，最终成为局长或副部长（次长）。相比之下，技术官僚的整个职业生涯都作为技术专家停留在一个科或者局里，他们升职所需的时间也更长。对于工程师和其他的技术专家来说，能得到的最高职位是"技术部次长"（技官），但即使是这个职位，也被置于一个由法科官僚担任的部门次长之下。这种制度也造成了法科官僚和技术官僚之间巨大的工资差距，这一差距在退休时达到 10 倍之多。[14] 一些技术官僚成为科长或者局长，但在他们之中鲜见有人能巧妙地利用自己的政治关系的例子。[15]

　　因为坚信作为一个整体的技术官僚值得获取更好的待遇，各个部门的技术官僚在第一次世界大战期间开始表达他们的不满。1918 年，企业、大学、中央政府中处于领导地位的工程师们为了向政府施加修改《文官任用令》的压力，成立了第一个工程师政治团体——工政会。同年，古市公威（Furuichi Kōi）——日本的一位土木工程师，日本工学会（日本最早的土木工程师学术性协会）的会长——连同其他 20 名资深的土木工程师一起，向政府提交了正式建议，要求重新修改《文官任用令》。次年，农政会（有农学文凭的人的协会）和林政会（林学专业者的协会）在工政会的框架基础上建立起来。这三个团体一起向首相提交了修改《文官任用令》的请愿书。然而，他们没有收到任何有意义的回复。政府的反应让日本的工程师们感到沮丧：虽然《文官任用令》进行了微小的修改，但对工程师的歧视条款仍然存在。农商务省的一小拨技术官僚们提议提拔松波义实（Matsunami Yoshimi）——一个著名的林业专家——到局长的位置，但被农商大臣拒绝了，拒绝的理由是"任命技术官僚为局长会破坏官僚秩序"。[16]

　　形式已经十分明朗了：工程师们需要做的不仅仅是偶尔发送请愿书。他们需要作为一个整体，组织起来、站起来。就任于东京市政府的土木工程师直木伦太郎（Naoki Rintarō），开始在各种期刊上发表文章，倡导一种在社会和政治上更加活跃的新型工程师。他出版于 1918 年的著作《从技术生活开始》① 之中充满了鼓舞人心的、激励工程师斗志的、呼吁大家提高觉悟、为提高自己的社会地位和国家地位而奋斗的召唤。[17]东京帝国大学前天文学讲师一户直藏（Ichinohe Naozō），简明扼要地总结了直木伦太郎以及其他工程师一直以来所忍受着的挫折。他在担任编辑的杂志《现代之科学》② 中，敦促工程师们站起来、联合起来："为什么工程师们不尝试着联合起来呢？尽管不同的公开领域和私人领域的工程师们之间可能存在一些差异……但他们都是为工程世界做出贡献的工程师。我认为他们应该成立某种组织来提高他们的社会地位。"[18]

　　组织工人俱乐部是宫本武之辅对于以上种种号召的一个回应。1920 年 10 月，宫本武之辅和其他 8 个工程师在东京的一间办公室中聚集起来，商讨发起日本第一个工程师工会——工人俱乐部的计划。这些参与者都十分年轻，全是 30 多岁，都是东京帝国大学毕业的精英工程师，并且都在中央政府出任或曾任过官僚。[19]工人俱乐部的正式成立是在 1921 年 12 月，成立

① 『技術生活より』。——译者注
② 『现代之科学』。——译者注

时有会员 200 余人。[20]俱乐部的主要目标是提高工程师的地位和促进社会改革。宫本武之辅撰写了就职宣言，清楚地阐述了他的技术统治观念。

宫本武之辅的就职宣言雄心勃勃且十分激进。由于这份宣言对理解该组织的愿景、政治和后来的发展方向至关重要，我在下面详细引用了这篇宣言。宣言分为五部分，内容如下：

(1) 技术是把自然科学与工艺技巧相结合的文化创造：技术是创造，是目的，而不是手段；它是绝对的，而不是相对的。文化不仅仅是由技术创造的，但人类文化在某种程度上一直是技术文化的一种形式……

(2) 工程师是创造者：工程师不是唯物主义者；他们应该超越唯物主义。通过文化创造的使命，积极参与政治经济，是工程师的责任。我们的活动不应只涉及社会的一个方面，而应包括整个人类生活。

(3) 工程师的位置就像一根杆子的支点：我们承认资本主义工会不是一个健康的社会机构。资本家和工人不应该是主仆关系。资本家和工人共享权利和责任，是创造技术文化的平等工具。领导资本家和工人是工程师的责任。

(4) 工人俱乐部是科技文化创造的源泉：它的功能和组织应该涉及整个社会。我们将设立一个学术部门来发展技术、一个工会培训部门和一个财政部门。

(5) 工人俱乐部运用理性的手段：阶级斗争的经济运动

逐渐演变为政治运动，这是一个世界性的趋势。工人俱乐部的目标不只是保护技术阶层。考虑到工程师的职业责任是提高人类社会生活水平，我们避免激进的、直接的行动，并力争通过我们的在议会中的代表和提高政治大众的觉悟来领导一场社会运动，以此实现我们的理想。[21]

24　　　这份宣言提出了三个定义。首先，它定义了技术和工程师；工程师是创造者，技术是一种创造，是目的本身而不是手段。第二，它定义了工程师在社会中的阶级身份和位置；工程师位于资本家和工人之间（一根杆子的支点），因此有责任和能力解决劳工问题。第三，宣言定义了什么是理性和非理性；工程师有责任改善社会，并使用"理性的手段"实现这一目标，比如派代表去议会。由此可见，工程师并不认为"激进的、直接的行动"是理性的。通过深入的语境和互文分析，这些定义的激进和创新特征变得清晰起来。下面我将对第一个定义，也即工程师和技术的定义进行讨论，有关阶级、工会主义和政治策略的第二个定义和第三个定义我将在下一个部分探讨。

　　　工人俱乐部的一个目标是提升工程师在官僚体系和社会层面中的地位，发起一场名为"与所谓的法科官僚相对抗的战争"。1920 年明确宣称工程师是创造者这一行为是一个面向官僚统治集团的大胆而充满了野心的挑战，因为官僚体制只不过视工程师为有用的技术专家，他们只是能够贯彻实施工程项目，执行法科官僚和政客们所制定的政策罢了。不仅如此，宫本武之辅的宣言还声称，工程师不仅是在创造简单的技术（technology），事实上他们是在创造技术文化（technological culture）。

"技术是一种创造"这种观点也与早些时候的技术观念大相径庭。这从明治时期的口号"西洋科技，东洋道德"之中可见一斑。明治政府为了从西方引进最新的科学以及技术知识和技能，以建造能与西方相竞争的工业和军事产业，可谓是煞费苦心。与此同时，明治政府为了增强自己的政治威望，在1889年宪法、民法和刑法、义务学校教育以及军事训练系统当中都加入了帝国意识形态和儒家道德观念。在这种早期的理解中，科学是一种从西方学习和引进而来的东西，它与东方道德共存。然而，"技术是一种创造"的观念则拒绝与西方有任何明确的联系。同样的，第一次世界大战时期以及其后的大力推动研发的方式也显示了科学和技术的普遍性（参见本书序言）。工人俱乐部的宣言强调了日本工程师的能力和能动性，他们不是西方科学技术的消费者，而是新科学技术的创造者。正如工人俱乐部在1920年所定义的那样，技术不再是借来或进口而来的东西；它是由日本工程师创造出来的。

事实上，在1920年的时候，试图定义技术（gijutsu/technology）本身就是一个新的尝试。历史学家饭田贤一（Iida Ken'ichi）认为，这个表示"technology"的复合词是直到大正时期才开始广为流传的。"技术"（技術）这个复合词在日本和中国存在了很长的时间，但很少被使用。相反，诸如工（kō；

craft)、艺（gei；learning）、术（jutsu；art/technique）和技（waza；performance/technique）等字眼更常用于与知识和技术相关的工作。学问（learning）、艺术（art）、工艺（craft）和技术（technique）之间的分界是 19 世纪晚期的近代产物。因此，佐久间象山于 1854 年发表的著名言论被学者们翻译为"东洋道德，西洋科技"，但其实佐久间本人用的字眼是西方"艺术"（芸術）。"艺术"这个复合词，在今天的日本意为美术，但是在 19 世纪的日本则意味着各种各样的艺术和技术的技能和学问。明治字典中可以看到对这种艺术和技术概念的重叠现象的持续反映。[22]

　　艺术、技术、学问和科学之间界限的模糊并不是日本独有的现象。在英语世界，这些界限也是直到 20 世纪初才确立的。雅各布·比格罗（Jacob Bigelow）于 1829 年所著的《技术要素》（*Elements of Technology*）一书经常被认为是将"技术"（technology）一词引入大众英语的书，但事实上他是用这个词来表示有用的艺术或积累起来的知识，这与佐久间象山的"艺术"一词的内涵很接近。而且在很大程度上讲，一直到 20 世纪初，比格罗的新词都不为美国大众所重视。学者们普遍认为，"技术"一词在英语词汇中的当代意义出现在 19 世纪 80 年代至 30 年代的几十年间。[23]欧洲的情况也是如此。人们可能还记得，致力于分析技术与人之间关系的卡尔·马克思并没有使用"技术"这个词。

　　19 世纪 80 年代至 20 世纪 30 年代之间，"技术"一词在日本也经历了同样的转变，该词的当代含义直到 20 世纪 10 年代末和 20 世纪 20 年代才出现。在日语里，将"技术"（gijutsu）划分为单一的技术（technology）概念，与艺术和其他学问区分开来，始于 19 世纪 70 年代，这一转变最初发生于一小群知识分子和政府官员之间。[24]虽然在 19 世纪 80 年代，技术作为单一的自然技术概念在各种各样的作品中出现得更为频繁，但直到很久以后，人们对技术的普遍理解仍然以艺术和工艺为中心。日本的第一部工业百科全书《工业大辞典》（1913 年），仍然在"技术"条目下列出了英语、德语和法语的"艺术"一词，并将"技术"定义为"可以理解为'艺术的同义词'"。[25]然而，到了 20 世纪 30 年代，"technology"这个词在日本已经成为一个为人熟知的词汇，在 20 世纪 30 年代中期，第一次关于我们现在所理解的"技术"本质的严肃的学术讨论发生了。1937年，科学史学者三枝博音①（Saigusa Hiroto）在引用上述的《工业大辞典》的基础上写道："很明显，那时（1913 年）技术的概念还很模糊，尽管日本已经开始全力进行工业化。然而，到了如今，人们已经知道了'技术'是什么，虽然他们可能无法确切地定义技术。"[26]那么，在 20 世纪 10 年代末和 20 世纪 20 年代之间发生了什么事情，确立了"技术"的当代含义呢？

₂₆

---

① 三枝博音（1892—1963 年），日本哲学家、科学技术史家。1922 年毕业于东京帝国大学。1932 年留学德国，途经莫斯科时会见片山潜，从此思想发生很大变化。归国后与户坂润、冈邦雄等创建唯物论研究会，宣传唯物辩证法思想。第二次世界大战后创办镰仓学院并任院长。1953 年获文学博士学位。1960 年当选为日本科学史学会会长。早年研究德国狄尔泰哲学和黑格尔的逻辑学及辩证法，在此基础上研究唯物辩证法。——译者注

历史学家里奥·马克思（Leo Marx）在美国历史的背景下解释说，"是铁路系统等大规模技术系统的建立，才导致了'技术'早期术语被现代术语含义所取代"。到 20 世纪 20 年代末，诸如"机器"和"机械艺术"这样的术语已经不能充分地描述由机器、设备和知识集合组成的大规模网络。火车头，19 世纪西方和日本进步的典型象征，在 20 世纪早期已经成为庞大铁路系统的一部分。同样的，无线电通信和电力网络、工厂系统和工业综合体都已发展成为大型技术网络。[27]第一次世界大战在这一转变中发挥了至关重要的作用。正如日本一样，欧洲和美国在第一次世界大战期间也面临着染料、药品、钨、锌以及其他资源的匮乏。[28]比如说，历史学家苏珊·道格拉斯（Susan Douglas）和托马斯·休斯（Thomas Hughes）的研究已经显示出第一次世界大战期间，军事和企业对科学技术的控制如何取代了 19 世纪的单一发明家-企业家模式。[29]换句话说，机器时代变成了技术网络时代。正如历史学家查尔斯·迈尔（Charles Maier）所说，"作为新工业福音的核心，工程师与其说是一位机器大师，不如说是所有工业关系的潜在操纵者"。[30]因此，对于宫本武之辅和他的工程师官僚朋友们这样的负责建设大型国家基础设施网络的人来说，他们试图在日本以一种全新的方式表达技术，这并不是一个纯粹的巧合。这样的尝试发生在第一次世界大战刚结束后的 1920 年，也不是偶然的。

"技术是一种创造"这一概念也与大正日本所流行的技术形象截然不同。在大正时代常见的街头海报之中，技术和人类的两种视觉表现占据了主导地位。一个主要的形象是女性消费者享受科技。广告海报——不仅是针对女性的产品，如化妆品和厨房用品——而且诸如收音机、地铁线路和游轮旅行等产品的广告海报中，在产品旁边也经常会出现一位美女形象。海报的另一个代表形象是一名男性工人举起拳头反对工厂或机器，这类海报通常是有关工会、五一节游行（始于1920年的日本），以及1925年普选法通过后的无产阶级政党的。[31]实际上进行设计、维护和开发技术的工程师却缺席于这种流行的技术视觉形象中。因此，在面向女性化的消费者和男性化的无产阶级时，工人俱乐部的定义把（男性）工程师置于创造者的位置。 *27*

正如宫本武之辅的宣言中所明确声明的那样，工人俱乐部的成员相信工程师能够而且应该创造一种新的社会秩序，一种能够消除资本主义-劳工冲突的社会秩序。他们在形容自己所扮演的角色时采用的比喻能够很好地解释他们的这一愿景。工程师（枢轴）来支撑着杆子，资本家和工人会坐在杆子的两端，保持完美的平衡。因此，人们可以将工程师这一角色理解为在工人和工厂主之间创造了一种非等级关系，这是工厂主和工人都无法创造的。

在这种看似人文主义的理想背后，是工程师作为社会精英的强烈道德优越感，甚至傲慢。与日本的马克思主义对技术的定义作一个简短的比较，我们就能更清楚这一点。20世纪30年代中期出现的一种主流马克思主义观点认为，技术是一种"生产手段系统"，这个定义在当代日本仍然流行。[32]虽然这个定义中技术只是一种服务于人类生产的手段系统，但工人俱乐部的工程师们却认为技术本身就是目的，是最终的部分，其潜力由工程师发挥到最大；工人和资本家则是实现这一目标的手段。此外，工人俱乐部在对技术的定义中明确指出，只有获得学位认证的工程师才有能力承担起领导的角色。在大正日本，这意味着所有的妇女和大多数男性被排除在这一行列之外。一直到第一次世界大战结束的时候，接受过大学教育的人在全日本总人口中所占的百分比还很小，女性则被帝国大学拒之门外（东北帝国大学除外）。实际上，宣言中考虑派一名俱乐部代表到议会这件事本身就表明了它所期望的会员的社会和经济地位。1920 年，在日本男性获取普选权的五年之前，只有占总人口 5.5％的日本人拥有选举权，这些人是缴纳超过 3 日元税款的男人。工人俱乐部强调培养工程师的品质和精神，把他们培养成未来的领导者，这进一步拉开了工程师和工人之间的距离。工程师和工人的区别也是建立在理性的基础上的。工人俱乐部的宣言还对工程师的"理性"工会主义与工人的对抗性以及"非理性"工会主义区进行了区分。

工程师的无产阶级化

然而，事实证明，联合工程师并建立工会比宫本武之辅预期的要困难得多。工人俱乐部遇到的最具挑战性的问题是阶级问题。通过吸收非官僚工程师为会员，工人俱乐部的组织规模

不断扩大，从最初的 200 余名成员发展到 20 世纪 20 年代中期
的 5000 多人。这是一个非凡的成就，因为到 20 世纪 20 年代
后半期，其他技术官僚组织都不再活跃或干脆解散了。然而，
会员工程师们在政治观点和社会经济背景方面的多样性在成员
之间引起了一场激烈的争辩，他们为工程师是否可以作为一个
阶级团结起来，以及工程师联盟应该位于政治光谱的哪个位置
等问题发起了争执。工人俱乐部的这份宣言所划出的工程师和
工人之间的界限逐渐被工人、少数民族、女权主义者和左翼人
士掀起的大正民主运动所吞没。[33]我们在此将详细讨论工人俱乐
部成员如何对大正民主运动作出反应，并将其用于自己的目
的。本书也会通过工人俱乐部的机关刊物——《工人》月刊来
考察他们在政治动荡的 20 世纪 20 年代确立工程师身份的努
力。大正民主运动中有一项运动特别鼓舞了工人俱乐部的成
员，那就是"平等运动"，这是一场由居住在特殊部落
（tokushu buraku）的社会少群体发起的解放运动，这些少数民
族自封建时代以来就一直受到歧视。他们在 1922 年组织了
"平等社会"①，以反对他们在历史上遭受的社会和经济歧视。
工人俱乐部的成员很快就开始把他们自己的技术官僚运动称为
工程师的"平等运动"。对于工人俱乐部的成员来说，工程师和
部落民一样都是国家体系的受害者。这种身份认同为提高工程
师的意识提供了强有力的修辞。《工人》杂志的 1923 年 6 月号

---

① 此处应为日本部落民在大正时期所组织的"全国水平运动"，原文中为"Leveling
　Society"。——译者注

的头版向读者提出了这样的问题："难道我们工程师还想成为社会中遗留的部落民吗？"[34]《工人》杂志的撰稿人坚持认为，如果工程师不愿意成为部落民，那么他们最好加入工人俱乐部。

在 1923 年 9 月摧毁了东京-横滨地区的关东地震发生之后，人们对不公正的感觉和消除不平等的需要更加强烈了。对东京进行彻底改造的前景令东京都知事后藤新平（Gotō Shinpei）兴奋不已，全国各地的土木工程师也是如此。工人俱乐部和工政会都提出了具体的方案，内容是"新东京应该实现哪些物质上的改善"和"根据该方案如何重建基础设施"。东京都知事后藤新平提出了"把东京变成另一个巴黎"的宏伟构想，并提出了该项工程的巨额预算，但大部分政界人士和市民要求的不是"系统的、缓慢的重建"，而是"快速重建"。经过了大量的辩论和游说后，城市规划的预算和规模都被大幅削减。后藤新平和工程师们为此都感到沮丧和失望。他们的提议被忽视了，那些被派去参与东京重建项目的人不得不应对来自政客和法科官僚的压力，后者是不太关心工程方面的观点的。被招任为复兴院总裁的直木伦太郎在后来回忆时认为这个职位是他一生中最困难的工作。东京重建项目让精英工程师们感到极度沮丧和无力。

在促进会员迅速增长和影响工人俱乐部的政治方面，更具决定性的原因是 1925 年通过的普遍男性选举权法，以及由此产生的无产阶级政党政治的发展。日益高涨的大正群众运动迫使不情愿的政府在局势变得过于激进之前扩大选民范围（但政府同时也通过了《治安维持法》，该法打压了社会主义、共产主义和无政府主义）。随着新《选举权法》的实施，25 岁以上的男性无论收入如何，都有 21％的人获得了选举权，这意味着选民人数增加了 4 倍。随后，为参与 1928 年的大选，许多政党纷纷成立，这些政党中的大多数都是由左翼积极分子组织起来的无产阶级政党，他们寻求合法的政治参与途径，而不是与共产国际领导的、被宣布为非法的日本共产党一起转入地下。

宫本武之辅长期以来一直对西方已经出现的知识工人的工会抱有兴趣。他在 1923 年至 1925 年间对欧洲和美国的访问加深了他的信念，即工会主义是团结工程师并表达他们诉求的最佳方式。这次为期 17 个月的海外学习的主要目的是搜集有关钢筋混凝土的材料。归国后，宫本武之辅在这些材料的基础上完成了一篇学位论文，并以此获得了工程奖和东京帝国大学的工程科学博士学位。[35]但宫本武之辅也利用这个机会了解了西方的工会主义，尤其是英国的工会主义，他参观了费边社、工党，以及专业、技术和行政工作者联合会等组织。[36]

激进的工程师们很快就陷入了政党政治的狂热之中。虽然工人俱乐部的宣言将工程师和普通工人区分开来，它试图为其运动寻求更广泛的工程师基础，又引入了左派工程师与无产阶级政治。小池四郎（Koike Shirō）和小山寿夫（Koyama Toshio）是工人俱乐部成员中呼声最高的，他们主张将工程师运动与无产阶级运动合并。小池四郎从高中起就是宫本武之辅的好朋友，也是他在东京帝国大学的同学。但是，小池四郎在矿业公

司工作期间，决定投身社会改革，并移居东京。宫本武之辅和
小池四郎都有英式工会主义的理想；到 1925 年，小池四郎已
经出版了一本关于英国工党的书，并翻译了一部英国社会主义
者西德尼·韦伯（Sidney Webb）的著作。小池四郎在积极参与
工人俱乐部的同时，于 20 世纪 20 年代继续撰写和翻译有关阶
级、社会主义、国际共产主义运动的著作。[37] 小山寿夫则是从大
学时代起就参与了工程师运动。在宫本武之辅的支持下，小池
四郎、小山寿夫和其他左派工程师推动工人俱乐部加入了无产
阶级运动。

30

工人俱乐部与无产阶级运动的距离越来越近的另一个原因
是，第一次世界大战刚一结束后就开始的经济萧条，导致了工
程师的无产阶级化。随着第一次世界大战期间高等教育设施中
工程领域的扩张，产生了大量的新工程师，但第一次世界大战
后的经济衰退又使得就业机会减少。对于大多数的年轻工程师
来说，就业变得越来越难，甚至手握帝国大学的工程学位也难
以保证自己能够走上精英职业道路。工人俱乐部的壮大意味
着，它的会员不再仅仅是精英工程师，还包含那些生活方式和
收入与普通劳动者更接近（而不是与精英官僚更接近）的人。

到 1925 年，工人俱乐部的政治和意识形态方向的转变就
很明显了。比如说，《工人》杂志开始标榜自己为左派解放运
动的刊物。1925 年该杂志的封面上在标题"工人"二字旁边用
红色的字母拼写出德文短语"Die Zeitschrift des Vereines"（俱
乐部杂志）。很明显，这一风格取自一份流行的左翼杂志《解

放》。工人俱乐部政治的转变也反映在受邀讲师名单的变化上。在 20 世纪 20 年代早期，工人俱乐部就与另一个组织——协调会保持着密切的联系。协调会是一个受政府资助的智库，负责协调劳资冲突。两个组织在协调劳资关系方面的共同目标是依靠"协调"这种理想方式来缓和劳资矛盾，因此工人俱乐部会定期邀请协调会的会员参加讲座。然而，到了 1926 年，工人俱乐部转而邀请了比较激进的左翼演说家，这其中就包括安部矶雄（Abe Isoo）和大山郁夫[①]（Ōyama Ikuo）等著名的社会主义者。[38]

在 20 世纪 20 年代的日本，无产阶级运动的语言、符号和组织技巧被证明是政治斗争的强有力工具，所以工人俱乐部也利用这些手段为自己赋权。俱乐部的工会主义不再被认为是一种精神修养。1925 年，当时的会员们如是宣布："不用说，我们组织的目标是建立在阶级意识基础上的工会。"[39]工人俱乐部1925 年的待议事项包括："成立职业介绍所和工程师消费者协议会""开设工程师职业学校""出版工会主导的工程书籍和宣传册"等，这些类型的活动都是由工会首先倡导的。[40]与他们早期作为两个阶级之间的调解人的身份相反，工人俱乐部的成员现

[①] 大山郁夫（1880—1955 年），民主主义思想家、政治家。1918 年与吉野作造等人成立"黎明会"，创刊《解放》杂志，1919 年与河上肇等人创刊《我们》杂志，为启发民众的民主思想做了大量的工作。1924 年与吉野作造等人创立"政治研究会"。1926年 12 月任劳动农民党中央委员会委员长。1930 年当选为国会议员。九一八事变后，去美国。1947 年回到日本。1951 年获"加强国际和平"的斯大林国际奖金。1955 年11 月 30 日病逝。——译者注

在把他们自己与工人联系在一起，并把工程师描述为受压迫的
阶级。1925 年 5 月号的第一篇文章发表了如下宣言：

> 社会运动即是阶级运动。正是在阶级运动之中，被统
> 治的大多数才能对抗少数统治者，能够要求生活的改善和
> 社会正义的建立……我们国家的阶级意识很薄弱，在工程
> 师队伍中更是如此……如果我们现在还不清醒过来，我们
> 将永远也无法摆脱沦为奴隶的命运……我们应该为工程师
> 工会大声疾呼，要求社会公正。来吧，和我们拥有相同决
> 心的人！工程师不会永远被统治。我们设想有一天，日本
> 将通过工业建立自己的国家，并由工程师统治。[41]

这是工人俱乐部关于工程师统治国家的最激进和最明确的
声明之一。这与工政会形成了鲜明的对比，工政会会长在大约
同一时期宣布，工政会不是一个"所谓的政治组织，它与政治
毫无关系"。[42]

然而，事实证明，依靠阶级政治团结工程师是极其困难
的。首先，人们并不清楚哪个阶层是"技术阶层"。工程师处
于一个很不稳定的地位：一方面，他们和其他工人一样，没有
生产资料的所有权，在自己的领域处于等级制度的最底层；另
一方面，拥有大学学位并在政府和大企业工作的人显然属于社
会精英。20 世纪 20 年代后半期，工人俱乐部花了很多精力来
讨论工程师和阶级之间的确切关系。

在这个问题上，俱乐部成员分成两派，一派认为工程师属于新兴中产阶级，另一派认为工程师属于无产阶级。如果要将工程师定义为无产阶级，那左派成员就要使用新的语汇来描述工程师。例如，小池四郎认为，资本主义社会只有两个阶级，因此工程师只能作为"脑力劳动者"归属于工人阶级。[43]另一名成员认为，工程师是"无产阶级知识分子"，是无产阶级运动的后卫，而工人和农民则是先锋。[44]部分原因在于，日本的"无产阶级"的概念和社会经济现状在20世纪20年代仍处于讨论过程中。"无产阶级"，从字面上看就是无财产的阶级，在当时是一个很新的词汇，它是在1919年之后作为对"proletariat"一词的翻译才开始在日本使用的。到20世纪20年代，这已经发展为一个重要的术语，但它指的是谁并不总是很清楚。《社会运动辞典》，一本与劳工和群众运动有关的术语词典，给"无产阶级"下了一个模糊的、令人困惑的定义，其意如下："严格地说，无产阶级是现代工人阶级，或工厂工人。但它通常包括那些靠体力和脑力劳动谋生的无财产的人。"[45]根据这本词典来看，"一般来说"工程师是无产阶级，但"严格来说"他们又不是无产阶级。工人俱乐部的论争，既是对工程师身份塑造过程的反映，更是对日本的新阶级分类进行塑造的反映。

最终，工人俱乐部决定采用"脑力劳动者"一词，对工程师进行无产阶级化。1926年，小池四郎和小山寿夫被选为俱乐部理事，同年7月，理事会投票赞成改写俱乐部的章程，宣布"本组织提出工程师是脑力劳动者"。工人俱乐部还为处于被压迫环境的工程师准备了一套马克思主义的说辞来解释，他们强调了工程师问题的阶级性："压迫工程师的不再是官僚或者商人，现在工程师正在被经济所剥削。"[46]"毕竟，"小池四郎解释说，"俱乐部的 5000 多名工程师会员中，大多数都是低薪员工。"[47]随着资本主义的发展，工程师们"变成了现代的无产阶级分子，他们出售一种名为'技术'的商品，以此来换取仅仅够苟全性命的衣物和食物"。[48]

工人俱乐部的新方向还使该组织在政治上与无产阶级政党联系在一起。小池四郎是一个左翼政治学习团体——政治研究会的成员，该团体是安部矶雄和吉野作造于 1923 年为准备通过新的选举权法而成立。政治研究会很快改组为社会民主党，一个与日本劳动联合会结盟的政党，其诉求是无产阶级运动的权力。在社会民主党刚一成立时，工人俱乐部就通过小池四郎和小山寿夫宣布自己与该党结盟。作为交换，社会民主党委任小池四郎和小山寿夫为自己中央委员会的成员。1927年 12 月，工人俱乐部宣布社会民主党对于小池四郎在即将到来的选举中的候选人资格的支持。一个工程协会成为无产阶级政党的官方支持者，这是前所未闻的，而社会民主党的党员们也并没有对工人俱乐部表示一致的欢迎。一些社会民主党人猛烈地批评了该党与工程师为伍的行为，他们认为工程师是"资本主义的代言人"。

工人俱乐部内部也是如此，组织对于无产阶级政党的明确支持造成了很浓烈的紧张气息。一些成员主张，既然工程师分属于各种不同的社会和经济阶层，那他们就无法被团结于一个单一的社会运动之中。相形之下，宫本武之辅却并没有看到这两类人之间有任何不协调之处。他继续为工会主义辩护，认为这是工程师运动的理想形式。尽管许多俱乐部成员怀疑工程师是否可以构成一个阶级，但宫本武之辅坚信职业和阶级是密不可分的。"工作和阶级是无法完全分割的，"宫本武之辅在1926年坚持如此主张，"工会运动是我们理性领导社会的最有效、最好的运动。"[49]

不过，社会民主党和工人俱乐部之间的蜜月期并没有持续太长的时间。由于工人俱乐部的工会主义吸引了越来越多的非精英和左翼的年轻工程师，该组织的会员在1926年增加到5500名，保守派会员对俱乐部的政治性活动和方向的关注也随之增加。在工人俱乐部理事会宣布组织与政党联盟之后，一名来自大阪的成员就向理事们抱怨："你们怎么敢通过诸如社会主义大众党这样的东西，把组织成员恶们引向政党政治的短视、庸俗的冲突呢！"这名成员认为，"工程师忘记国家和社会，像无知和盲目的工人那样自私是不可接受的"。[50]札幌支部的成员也认为，社会民主党没有如实反映工程师的利益。他们在组织内部进行了投票，要求所有成员投票决定俱乐部是否应该支持社会民主党。[51]另一名成员认为，毕业于精英大学的小池四郎和小山寿夫，将俱乐部成员引入反资本主义政治，从而使他们忽视了工程师面临的真正问题——法科官僚的统治。[52]除了这些政治主张的分歧，还有一个实际问题。一位理事警告说，虽然加入社会民族党是向议会派遣工程师代表的有效方式，但俱乐部没有足够的资金继续参与政党政治。[53]在 1928 年和 1929 年两年每一期的《工人》杂志上面，支持和反对参与政党政治的成员都在发表着各自对对方的猛烈批评，大家都被危机感警醒着。这种意见的交互逐步上升为徒劳的人身攻击，一名成员一针见血地指出："毕竟，这是一个个人意识形态差异的问题。"[54]

　　最后，由于俱乐部内部的反对声音变得越来越强烈，俱乐部决定脱离社会民主党。1928 年 1 月，在新选举权法规定的第一次议会选举前一个月，小山寿夫和小池四郎被票选淘汰出理事会。新的理事会成员立即将"脑力工作者"一词从其章程中删除，新的章程规定该俱乐部是一个"工程师工会"，其目的是"提高工程师的福利和促进技术的健康发展"。同年 2 月，工人俱乐部理事会宣布该俱乐部不会支持任何特定的政党。次年，俱乐部甚至从章程中删除了"工会"一词，因为这一词"过于强调阶级意识，具有误导性"。新章程规定，"俱乐部的目的是打破社会的错误，建立工程师的地位，促进工业的发展，为我们的社会文化做出贡献，并提高其福利"。[55] 1929 年，工人俱乐部在走向保守化之后，失去了很多会员，活力也随之逐渐消失。1932 年，曾有一位会员伤心得表示："对了解过去的人来说，我们组织的现状实在是太可悲了。"[56]

　　随着会员人数的减少，工人俱乐部试图通过阶级意识动员工程师的努力显然失败了。但工人俱乐部的失败不仅在于工会主义和政党联盟这两方面。更深层次的问题仍然存在：工程师的身份应该是什么，他们如何才能团结起来？宫本武之辅——工会主义的最初倡导者和坚定支持者——坚持论争工会主义是最适合代表和保护工程师利益的形式。然而，到了 1930 年，³⁴就连宫本武之辅也变得相当悲观。他承认，"在现实中，也许不可能有一个像我们这样来自不同背景的成员组成的工会"。⁵⁷

　　20 世纪 20 年代后半期，工人俱乐部的政治立场摇摆在左右两派之间，挣扎着试图寻求一个可以调停的中间地带。1927 年，在工人俱乐部的阶级政治达到高潮的时候，武田晴尔（Takeda Harumu）等成员主张"政治应该交给直接从事生产的人"，并要求进行彻底的社会变革。⁵⁸武田晴尔的这一主张与美国技术官僚霍华德·斯科特（Howard Scott）非常相似，后者将在距此五年之后到访日本。然而，在这些激进的要求还没来得及获得多数支持，就在保守派中引起了严重的担忧和厌恶。1930 年，宫本武之辅曾说过，"左派批评我过于温和，右派批评我过于激进，这也许是可以理解的。我想，我的困境，与此同时也是俱乐部的困境"。⁵⁹虽然工人俱乐部的宣言声称该组织将在资本家和工人之间找到一个中间位置，但在政治光谱中找到这样一个中间位置并不容易。

　　小山寿夫在 1925 年的文章中就已经指出了这个困难。^① 虽然事后看来，这篇文章读起来像是一个讽刺的预言，但当它写出来的时候，它只是一个带有讽刺意味的故事，旨在敦促他的

<hr/>

① 青年技術者三太郎／小山壽夫／p34—39，1925、第七期总第 51 期。——译者注

普通阶层的工程师伙伴们致力于工会主义。小山寿夫的文章中，主人公三太郎偶然成为一名工程师，并在造船厂找到了工作。他从早上 7 点工作到晚上 9 点，如果他在 5 点下班或周日休息，就必须道歉。他厌倦了令人窒息的现实世界。有一天，造船厂的工人举行了罢工，但是办公室的员工和工程师们仍然来上班，在考勤卡上盖章，因为他们担心失去奖金。在大学里接触过工程师工会的三太郎对中产阶级的冷漠感到厌恶，开始宣传工会主义。然而，当他成功地组织起工会时，经理们发现他很讨厌，他的同事和工人们用怀疑的眼光看着他。大家认为他一定别有用心，也许他会利用工会来参加竞选。由于受到来自上级和下级的冷遇，三太郎感到心灰意冷和悲伤。在他作为一名带薪工程师的头五年即将结束时，三太郎对他的过去进行了"清算"：

> 得到了什么：妻子和孩子，疾病，债务和庸俗的精明。
>
> 失去的什么：健康、精神和纯真。
>
> 不变的有：薪水、职位和信仰。[60]

　　在 1925 年写这篇文章的时候，小山笔下的三太郎还自豪地保持着他对工会主义不变的信念，尽管他处在老板和工人们"中间"的尴尬位置。然而，到了 20 世纪 30 年代，在工人俱乐部的资产负债表上，信仰已经被写入了"失去的东西"的行列。

卢克·布尔当斯基（Luc Boltanski）的著作中考察过的法国（工业工程师）干部联盟运动证实了"中间"阶层工会化的问题既不是工人俱乐部所独有的，也不是日本独有的。正如工人俱乐部一样，法国工程师干部的阶级意识也起源于无产阶级运动。一位法国工程师干部中的工会成员解释说："一旦一个阶级意识到它的存在，就像工人阶级现在这样，它就会迫使所有其他人也这样做……一个复兴的阶级所做的第一件事就是要求自己的权利和特权。"[61]在将他们自己作为一个阶级组织起来的过程中，法国的工程师干部们面临着与工人俱乐部类似的困境。小山寿夫的文章中所描述的三太郎的困境与法国工程师干部、工会主义者乔治·拉米兰（Georges Lamirand）所描述的情况惊人地相似，后者在1932年写下："占领开始的当天，每个企业的工人代表都直接前往业主办公室……工程师呢？他已经出局了……被双方抛弃后，工程师们发现他们既不是鱼也不是家禽——毫无用处，他们构成了第三方势力，在两条战线上都处于危险的境地，是一个夹在铁锤和铁砧之间的可怜位置。"[62]

就像工人俱乐部的工会主义者们一样，法国的工程师干部们也是夹在资产阶级和无产阶级之间的"中间"阶级。正如布尔当斯基所解释的那样，法国工程师干部在政治光谱中也被夹在左右两派之间，他们设法通过各种巧妙的微操来"通过一个新的中心形象包抄已经建立好的阵地"。[63]既不是左派也不是右派，法国的工程师干部们在努力保持政治上的中间立场。工人俱乐部的情况也是相似的。工人俱乐部的工程师们既不是资本家，也不是劳动者，他们是 20 世纪 20 年代在日本工业化过程中涌现出来的具有不同于其他日本人的学历的新技术专家。他们被无产阶级运动所唤醒，为自己专业知识的重要性感到自豪，但他们最终无法找到自己想要的答案，那就是如何调和他们的文凭（文化资本的一种形式）与以经济资本为基础划分世界的无产阶级政治。[64]

从阶级到民族

20 世纪 20 年代，工人俱乐部未能通过阶级政治组织工程师。根据宫本武之辅的分析，工程师们没有能够建立一个强大的联盟是因为他们不构成一个社会经济阶级。宫本武之辅意识到，"为各种兴趣爱好的工程师建立一个坚实的组织，比让骆驼钻进针孔还要困难。由于我亲眼看见了这种困难的实际例子，我不得不为联合工程师的困难而叹息"。[65] 然而，按照我的分析来看，成员们不同的社会经济地位只是他们失败的一个因素而已。另一个导致失败的重要因素是，俱乐部未能形成一种对话，以此让工程师们相信，不管他们的社会经济差异如何，他们都可以而且应该团结起来。正如皮埃尔·布尔迪厄主张的那样，一个社会群体需要一种语言和一种意识形态来区分其成员与其他成员，而在某种程度上这种语言和意识形态需要建立在个人如何感知现实的基础上。无产阶级政治的意识形态和语言显然不符合工人俱乐部的成员所感知到的现实。[66] 工人俱乐部的政治轨迹反映了日本的大趋势。

到 20 世纪 30 年代初，"大正民主"、世界大同主义和无产阶级政治的时代已经结束，反动的、亲军事的民族主义正在兴起。1929 年，前劳农党（rōnōtō）活动家和计划生育倡导者山本宣治①（Yamamoto Senji）被右翼民族主义者暗杀。1932 年，政党内阁制瓦解，立宪政友会内阁解散，海军军官冈田启介（Okada Keisuke）接任首相。② 许多研究技术官僚政治的学者，如贝弗利·伯里斯（Beverly Burris），指出政治的超越性是技术官僚政治最重要的特征。[67]日本技术官僚对政治的变节和超越源于对政党政治的失望。20 世纪 20 年代后半期，议会议员的腐败大肆渲染报纸头条，让激进的工程师和普通日本民众对政党政治的幻想破灭。到 20 世纪 20 年代末，政党政治似乎变得有一些机能失调，无法为工程师提供一种有效的方式来表达他们的利益。对许多工程师来说，政治似乎不再是"理性"的了。甚至连宫本武之辅也开始认为，"在 20 世纪 30 年代以前，政党政治是不合时宜的"。[68]《工人》杂志 1930 年 6 月版重刊了该俱乐部 1920 年时的成立宣言，这一举动仿佛是在瓦解工程师阶

---

① 山本宣治（1889—1929 年），生物学家，社会活动学家，日本性教育的先驱。京都府人，少年时代赴美留学，回国后又毕业于东京大学动物学科。任同志社大学、京都大学讲师，1922 年桑加女士来日，山本宣治借机发起节育运动，从此走向无产阶级运动，1924 年任京都劳动学校校长。为日本性教育做出了巨大的贡献。1928 年（昭和三年）第一次普选为劳动人民党议员，在第 26 次议会上奋力反对《治安维持法》，1929 年 3 月被右翼分子暗杀。——译者注
② 接任首相的应该是斋藤实（Saito Makoto），冈田启介是斋藤实的后任。此处为原文中的错误。——译者注

层。在阶级的角度上，技术官僚需要一些别的东西来重新启动这个士气低落的组织。他们在"民族"中发现了这个东西。

《工人》上的一篇文章《赞助人、民族主义和我》批判性地描述了在 20 世纪 20 年代的最后几年，民族主义是如何成长为阶级政治的有效替代品的。作者坂田时和（Sakata Tokikazu）和把民族主义的力量描绘成类似于赞助人赋予女演员或艺妓的力量。[69]这篇文章中说，就像赞助人的存在使受供养者能够肆意行动那样，许多日本人开始利用民族主义来推进自己的利益。坂田时和解释说，《实业日本》（*Jitsugyō no Nihon*）、《祖国》（*Sokoku*）等杂志一直把民族主义视为其赞助者，因为对民族主义的宣传提高了销量。他还指出"马克思主义正变得越来越受压迫"。这篇文章批评了当时的社会趋势。作者称民族主义是"封建主义的东西"，并且还讽刺地将民族主义与艺妓赞助人相比较，强调了近代民族主义者轻浮和唯利是图的本质。

然而，工人俱乐部在将民族主义作为自己赞助人这件事情上也不遑多让。虽然也有像坂田时和这样的部分会员对此提出了批评，但工人俱乐部还是将阶级政治抛在脑后，转而投入民族主义，以之为自己新的聚焦点。作为领袖，宫本武之辅宣布："我们从阶级斗争的前线撤退，而进入一个新的战斗，这场战斗是由工程师打响的，也是为了工程师而打响的。"[70]根据宫本武之辅的说法，这一举动是基于两个认识：

首先，像我们这样的组织不可能希望发展成传统意义上的工会，因为我们的组织拥有多样化的成员。其次，即使工会主义并非完全不可能，我们也必须在当前这样的时刻把民族作为我们的首要任务，正如最近的国际形势所显示的，民族之间的冲突已经变得如此激烈……我们已然决定修改我们的原则为："工人俱乐部旨在从技术的角度引导全国舆论……"这是一个应该被记录在我们组织的历史上"转向"。[71]

严格来讲，"转向"一词是指 20 世纪 20 年代末到 30 年代初，日本的运动家和知识分子因为政府的镇压而经历的从共产主义和马克思主义到民族主义的政治转变。到 20 世纪 30 年代初，这个词被广泛用于指从阶级政治到民族主义的政治转变。[72] 早前，宫本武之辅认为工程师的职业和阶级是不能分开的。不过，到了 1934 年，他不再以此为信念："我仍然认为工会是最为理性的社会和政治单位。然而，工会和阶级之间需要明确的区分，至少在理论层面上是这样的。"[73] 对于宫本武之辅来说，现在新的、更为重要的问题是日本民族的存亡，而不是阶级问题。正如他所宣称的那样："我开始非常关心民族问题、人口、殖民等与民主对立的问题，每当提到民族斗争的话题时，我都会感到兴奋。"[74]

在工人俱乐部的话语体系中，鼓动民族主义并不是什么新鲜事。甚至早在 1925 年，当《工人》杂志还在用无产阶级的花言巧语来美化自己时，当年的 9 月号刊物中就宣称：

38

    法律至上，官僚至上，资本主义至上和政党至上：所
有这些加深国内矛盾的不愉快的邪恶行为都是妨碍国家效
率的罪行……我们工程师将是先锋。现在正是我们站在社
会的前线，站在工人俱乐部多年来一直倡导的旗帜下的时
候。当工程师的铁臂充分发挥其作用时，这个国家将会何
其繁荣。伟大的工程师……聚集在我们的旗帜下！团结起
来！推进！为了我们的祖国，为了我们的祖国。[75]

    当然，无产阶级政治和民族主义不能被看作是相互排斥的
意识形态，这是没有内在原因的。[76] 1929 年工人俱乐部转变前
后的不同之处在于，在其努力确立工程师的身份、试图团结工
程师以及争取政治权力的过程中，民族完全取代了阶级。

    正是产业合理化运动最终使工人俱乐部的焦点从"阶级"
转向了"国家"。产业合理化是滨口内阁（1927—1931 年）为
缓解经济大萧条对日本的影响，为解除黄金出口禁运做准备而
倡导的主要政策之一。当时，日本是工业化国家中唯一一个对
黄金实行禁运的国家，这一禁令最初是在第一次世界大战期间
实施的。汇率波动使日本对外贸易陷入困境，1919 年以后一直
处于逆差状态。滨口内阁希望通过解除禁运，能够稳定汇率，
改善出口，激活自 1927 年以来一直处于衰退状态的国内经济。
以效率为前提的产业合理化是由作为的经济学家和政治家太田
政孝（Ōta Masataka）和三井集团的总裁团琢磨（Dan Takuma）
所倡导的。滨口内阁的产业合理化运动建立了专门的临时产业

合理化局，并集中关注以下几个方面：通过卡特尔促进资本积累，通过科学管理促进国内产品的消费、促进标准化以及促进劳动关系的协调。[77]

对于那些认为这场运动是"第二次工业革命"的拥趸来说，产业合理化不仅仅是为了解决大萧条这一迫在眉睫的问题。[78]《时事新报》——其编辑是产业合理化运动政策的主要支持者——报道称：

> （产业合理化）并不是资本家或工人阶级的要求，也不是社会主义者的发明。它也不完全是美国人的创造，或德国人想象力的实现，抑或是英国人思想的结果。相反，这是一个新时代的机遇……从纷乱的环境中脱颖而出……我们的经济正处于一个关键的转折点……我们正面临着在保持世界标准的同时，根据日本的具体情况完成产业合理化的迫切需求。[79]

这不仅仅是解决困扰日本的经济问题的办法，它还意味着对未来日本的整个产业结构进行改革。

产业合理化的批评者担心，日本将无法实现这一目标。比如说，当时主要的经济刊物《东洋经济时报》（*Tōyō keizai shinpō*）的编辑石桥湛山（Ishibashi Tanzan）主张说，日本的产业还不够强大，不足以支撑起这样的一个方案。强行合理化，就像"在没有润滑油的情况下转动机器"，只会提高失业率。[80] *39*

日本劳动科学研究所所长晖峻义（Teruoka Gitō）等也担心这一政策会对工人的福利造成影响。[81]

然而，工人俱乐部中的技术官僚们是大力支持产业合理化政策的，他们还将《工人》的 1930 年 5 月刊作为讨论这个话题的专刊发行。尽管他们意识到失业率可能会上升，但他们仍然认为，为了国家的利益，这项计划必须实施。"毕竟，"有一个成员相当不负责任得写道，"它对就业的影响只有在实施之后才能知道。"[82]他们慨叹道，无产阶级政党反对合理化，只是因为资本家发起了合理化，而真正应该考虑的问题应该是整个国家，而不是社会的某一部分。宫本武之辅的主张是，产业合理化意味着"在大和民族主义的原则下采取措施"，因为其目的是拯救国家，而不仅仅是一个阶级。[83]此外，宫本武之辅还认为，无产阶级政党没有对人口过剩、资源不足等日本的"现实"问题做出任何贡献。在他们看来，引领日本未来的不是无产阶级政治，而是工程师的专业知识。宫本武之辅声嘶力竭地发问："难道我们工人俱乐部没有责任从工程师的角度提出吗？"[84]随着阶级这一概念在工人俱乐部获得了"自私"的否定意义，如今"民族"概念被用于突出"工程师视野"的重要性。

按照这种逻辑，没有工程师视野的人是无法拯救国家的。工人俱乐部的工程师们掉转马头，将自己的敌对势力从经济剥削重新锁定为法科官僚，后者拒绝分享决策权，从而造成了工程专业知识的浪费。对于工程师们来说，当国家需要对其工业进行重大改革时，有关技术和工业的政策却由对工程和科学一窍不通的法科官员制定和执行，这是可悲之极的。[85]就像在工程师运动时期将工程师的社会地位与部落民出身的人进行比较一样，人们对在这种情况下对工程师的出身（在这个语境下，工程师的出身指的是工程局）的歧视表示愤慨仍然是工人俱乐部的一个主要议题。

　　然而，反对法科官僚也是一个棘手的问题，因为工人俱乐部的主要成员本身就是与法科官僚们并肩工作的官僚。1928年，工人俱乐部大阪分会成立，分支机构的章程没有提到对法科官僚统治地位的挑战。此时一位工人俱乐部成员写道："如果组织想要发起对法科官僚的挑战，它就应该在章程中宣告出来……当然了，工程师是没有这种勇气的。我们也有弱点。如果反法科毕业生的议程成为官方口号，该俱乐部可能会吸引许多低级别工程师，但无法留住精英工程师。"[86]尽管不总是那么明确，但工人俱乐部却是持续反对法科官僚，并梦想有一天工程师能成为像他们的美国英雄赫伯特·胡佛（Herbert Hoover）那样的政治领袖。[87] *40*

　　技术官僚之所以相信自己有能力管理国家，是因为他们声称自己懂得"科学"的含义。《工人》杂志1931年1月刊中宣称："工程师都是科学家。我们，是真正懂得自然现象的人，也可以真正明了社会现象。"[88]对他们来说，工程师的科学训练必然会赋予其科学地理解社会问题的能力。正如我们将在第二部分中讨论的那样，大约同一时期的日本的马克思主义者也开始了他们自己对于科学的定义，这个定义是建立在他们的信仰——马克思主义，或说是科学社会主义之上的，他们认为这个主义可以提供科学地认知社会的方法。尽管宫本武之辅和工人俱乐部成员们在 20 世纪 20 年代支持工会主义的想法，但他们的工会主义来源于他们对英国劳动党的正面评价，而不是对马克思主义的好感。至于对马克思主义，宫本武之辅则没有什么正面评价流出。宫本武之辅认为，"所谓的科学社会主义"其实是非常不科学的，它仅仅是一个"不懂数学和科学的好心肠的社会主义者的信条"，而且他也不会在诸如《解放》（*Kaihō*）、《改造》（*Kaizō*）和《现代》（*Gendai*）等左翼报纸杂志上"浪费时间"。尽管宫本武之辅对那些关心社会弊病的"好心的"社会主义者至少还是抱有同情态度，但对于他来说还是工程师而非马克思主义者才能提供一种科学的方法来治愈日本的弊病，因为工程师才真的懂得"什么是数学，什么是科学"。[89]

其他的工人俱乐部成员也同样不信任马克思主义的科学政治。《工人》杂志 1926 年 1 月刊的开篇文章严厉地批评政府禁止第一个无产阶级政党——农民劳动党的行为，这距其于 1925 年 12 月成立仅仅过去了 3 个小时。这篇匿名文章的焦点是政府对待共产主义等"非理性"思想的"反动"方式。该文章的作者主张说，如果强行镇压社会主义和共产主义，就会像 1923 年关东大地震之后警察无理杀害无政府主义者大杉荣（Ōsugi Sakae）一样，会引起国民对政府的不信任。作者接着说，共产主义不是危险的，而是"非理性的"。"为什么日本政府不能像英国政府那样，选择提供优质的教育而不是高压统治，这样人们就不会接受这种非理性的想法?"[90]在其他的地方,一位小学科学老师桥本为次(Hashimoto Tameji)也于 1929 年提出:"似乎那些同情社会主义和共产主义的人是那些没有掌握理性思维的人……如果有更多的小学老师在炎热的夏天更努力地学习科学和数学,这些政治问题就很迎刃而解。"[91]对于工人俱乐部的工程师成员们,以及像桥本为次这样的知识分子来说,科学教育意味着培养"精确"和"实验"的态度,这将可以防止"非理性"和"不科学的"马克思主义和共产主义的传播。对于技术官僚来说,对自然和社会的科学理解意味着对自然的科学管理(通过技术提供的合理手段)以及对社会的科学管理(通过产业合理化),而不是像日本马克思主义者所提倡的那样,通过阶级分析或无产阶级科学来解决这一切问题。

与此同时,技术官僚出于对科学的自豪感也拒绝与右翼政治势力为伍。1931 年,一位工人俱乐部成员断言:"只要民族主义和爱国主义运动还是建立在神话和轶事的基础上,它就一定会否定科学,使文化干涸,阻碍民族的发展。我们需要批判陈旧的、肤浅的神话或者轶事,以培养新的民族精神,发起一个新的民族运动。"[92]

在民族理性化的过程中,技术官僚找到了一个突破点,使得他们可以最大限度地利用自己的专业知识。在这种为民族奉献的"科学"服务中,他们找到了一个位置,可以确保他们在"非理性"的马克思主义和同样"非理性"的极右翼之间处于中间位置。他们认为自己比科学社会主义的信徒更"科学",

因为他们受过科学的训练。他们认为自己比右翼民族主义者对民族更有用，因为他们可以为民族提供科学和技术，而不是无稽的神话和轶事。对这些工程师来说，他们自己就可以创造一个新的日本，一个科学的日本，而这是左翼的激进主义和右翼的浪漫主义都无法做到的。经过了长达数十年地为工程师寻找统一身份的努力之后，技术官僚们终于在自己技术官僚统治和建设科学日本的视角下，找到了一个介于右翼和左翼之间的中间位置。

注释

1. 尽管技术官僚如今在日本掌握着权力，但只有少数历史研究关注他们。这些作品包括 Ōyodo, *Gijutsu kanryō no seiji sankaku*；Nishio, *Nihon shinrin gyōseishi no kenkyū*；Mizutani, *Kanryō no fūbō*；以及 Morikawa, *Gijutsusha*. Shindō 的 *Gijutsu kanryō* 的第一章和第二章也对日本的技术官僚及其战前的状况进行了简要而有帮助的描述。也可参见 Bartholomew, *Formation of Science in Japan* 的第四章。

2. 1933 年初，介绍美国技术官僚运动的书籍和文章开始印刷问世，有关技术官僚的引进书籍立即售罄。引入和倡导这一思想的人包括日本的社会学家、经济学家、政治学家以及工程师。其中包括松本润一郎（Matsumoto Jun'ichirō）、早濑利雄（Hayase Toshio）、马场敬治（Baba Keiji），还有腊山政道（Rōyama Masamichi）等知名学者。参见 Kawahara, *Shōwa seiji shisō kenkyū*, 68。

3. Burris, *Technocracy at Work*, 2‑3. "技术官僚"一词是由美国经济学家约翰·克拉克（John Clark）在 20 世纪 20 年代中期首次使用的。"技术官僚"的理念可以在更早期的思想中找到；正如巴里斯所指出的，技术官僚是启蒙运动的产物，继承启蒙运动对于理性、科学、技术和技术理性的重视。对科学的信仰最早可以在 17 世纪弗朗西斯·培根的作品中找到，后来 18 世纪启蒙思想家和进步思想家的作品中也有所体现。参见 Burris, *Technocracy at Work*, 21‑24, 28。

4. 在欧洲的政治决策中，一直存在围绕专家的主导地位展开的激烈争论。克劳迪奥·M. 拉代利（Claudio M. Radaelli）认为，技术官僚确实统治着欧盟。参见 Radaelli, *Technocracy in the European Union*。正如拉代利所主张的，早期的技术官僚主义乌托邦被设想为——例如，"科学家的政府"和"技术人员的苏联"——与今天的技术官僚统治不同。

5. 弗雷德里克·泰勒（Frederick Taylor）所谓的科学的工业管理是指通过提高生产力、降低价格和增加工资来缓解阶级的不平等。霍华德·斯科特，可以说是美国 20 世纪 30 年代技术官僚主义最积极的支持者，他认为，这是围绕着人人富足的理想来重构社会的最佳方式，并将其作为对资本主义为利润而追求利润的反击。有关对美国技术官僚运动的描述，参见 Jordan, *Machine-Age Ideology*；Alchon, *Invisible Hand of Planning*；以及 Purcell, *Crisis of Democratic Theory*。有关泰勒主义在日本的历史，参见 Tsutsui，*Manufacturing Ideology*。

6. *Miyamoto Takenosuke nikki*，June 27，1909.

7. 宫本武之辅于 1909 年 6 月 27 日写给他姐夫的一封信，引用
Ōyodo，Miyamoto，17。

8. Ōyodo，*Miyamoto*，27－28. *Heimin shinbun* 自 1903 起由社会主
义者出版，其后成为日本社会党的公报。《万朝报》（*Yorozu chōhō*）是明
治晚期和大正时期最受欢迎的东京报纸之一，是宪法和政党政治的有力
倡导者。

9. *Miyamoto Takenosuke nikki*，February 27，1915.

10. Ōyodo，*Miyamoto*，43.

11. 对于男性气质和工程师的出色分析，可参见 Oldenziel，*Making
Technology Masculine*。

12.《文官任用法》于 1893 年通过（1899 年修订），目的是使文官任
免少一些政治色彩而多一点儿唯贤是举。然而，它创造了东京帝国大学
法学毕业生的主导地位，因此不一定建立起了精英政治。根据历史学家
西尾隆（Nishio Takashi）所言，在明治早期，日本政府更看重技术专业
知识而不是法律学位；然而，随着官僚主义的发展，这种情况发生了变
化。到了 20 世纪 00 年代中期，大学生们显然把法学学位视为事业成功
的稳定门票。参见 Nishio，*Nihon shinrin gyōseishi no kenkyū*；以及
Spaulding，*Imperial Japan's Higher Civil Service Examinations*。

13. 秦郁彦（Hata Ikuhiko）这本百科全书式的著作列出了 1894 年至
1948 年通过《文官任用法》的所有人的姓名和简介，我之前的叙述是基
于我对这份清单的考察。参见 Hata，*Senzenki Nihon kanryōsei no seido*，
soshiki，*jinji*，447－657。

14. Tsuji Kiyoaki，*Nihon kanryōsei no kenkyū*，52. 根据 1924 年农商
务省的资料，该省的法科官僚达到平均两年 4500 日元的年薪，技术官僚
则达到平均五年 4500 日元的年薪。参见 Nishio，*Nihon shinrin gyōseishi
no kenkyū*，206。

15. 土木工程师古市公威就是其中一个罕见的例子。1880 年，在进
入内务省土木局后，他获得了各种高级职位和荣誉，如东京帝国大学工
程学院院长、工学博士学位的首位获得者、土木局局长。有关此人的更多
信息，参见 Doboku Gakkai Dobokushi Kenkyū Iinkai，*Furuichi Kimitake to*

sono jidai。

16. 转引自 Bartholomew，*Formation of Science in Japan*，245‑46。还可参见 Ōyodo，*Gijutsu kanryō no seiji sanka*，41‑44。

17. Naoki，*Gijutsu seikatsu yori.*

18. Ichinohe，"Bunkyō yatsuatari," 3：456 是对明治晚期日本学术界科学垄断批评最严厉的人之一。

19. Ōyodo，*Miyamoto*，109‑12. 俱乐部的第一任秘书是后来有名的江户川乱步，日本悬疑小说的先驱作家。参见 Kaneko，"Kōjin Kurabu no omoide," 41。

20. "Nihon Kōjin Kurabu no sōritsu," 66.

21. 该宣言由宫本武之辅撰写，并在 *Kōgaku* 杂志上全文发表。"Nihon Kōjin Kurabu no sōritsu," 66‑67. 原始成员之一的金子源一郎（Kaneko Gen'ichirō）也描述了该宣言的撰写过程，参见 Kaneko，"Kōjin Kurabu no omoide," 40。

22. 例如，1890 年版的 *Eiwa shūchin·shinjii*，明治时代最受欢迎的一本英日词典，将 "art" 翻译为 *jutsu，gigei，geijutsu，giryō，jukutatsu*（術，技芸，芸術，伎倆，熟達）；将 "science" 翻译为 *gakumon，kagaku，chishiki，kyūri，dōgaku*（学問，科学，知識，窮理，道学）；并将 "technology" 翻译为 *geigaku，jutsugaku，shogeigaku*（芸学，術学，諸芸学）。Iida，*Ichigo no jiten*，112‑13。

23. Marx，"'Technology' and Postmodern Pessimism"；Oldenziel，*Making Technology Masculine*，chap. 1；Misa，"Compelling Tangle of Modernity and Technology," 7, 11.

24. 最早将技术与艺术区分开来的论文可能是明治哲学家西周（Nishi Amane）的《百学连环》(1870)。西周是一位哲学家和西学专家，他把学问分为两类：技（技术）和艺（艺术），并将前者解释为对身体的学习，后者解释为对心灵的学习。1872 年，政府在工部省（kōbu shō）之下设立了技术局（gijutsu kyoku），这是第一个名字中带有"技术"一词的政府机关。更多相关事例，可参见 Iida，*Ichigo no jiten*，12，93。

25. 同上，73。

26. Saigusa，"Gijutsugaku no gurentsugebiito," 84‑85. 然而，一些词典继续将 "gijutsu"（技术）翻译为"艺术"。1935 年出版的一本日英词

典将"gijutsu"翻译为"art；a useful art；technique"（艺术；一种有用的艺术；技术），而将"Kagaku"（科学）翻译成"science"。*Shin konsaisu eiwa jiten*，172.

27. Marx，"'Technology' and Postmodern Pessimism，"245.

28. Bartholomew，*Formation of Science in Japan*，200‑201.

29. Douglas，*Inventing American Broadcasting*；Hughes，*American Genesis*.

30. Maier，"Between Taylorism and Technocracy，"28.

31. 尽管许多妇女发起并参与了劳工运动，但无产阶级的海报很少描绘女性，她们在纺织业的工厂工人中占了一半以上。战前日本劳工运动中工人的普遍形象是拥有肌肉发达的手臂和有力的拳头的男性工人形象。在海报描绘中，这些男性生产者通常和某种工具或机器一起出现，象征着男性对其的权力。历史学家强调消费文化和女性作为大正时期的象征，这在一定程度上阻碍了对这一时期男性气质的研究。正如我们之后将看到的，在 20 世纪 20 年代，阶级和男性气质是工程师身份形成和他们的技术概念的核心问题。

32. 关于技术本质的哲学讨论发生在 20 世纪 30 年代中期，当时一群知识分子，主要是马克思主义者，就技术的精确定义进行了激烈的辩论。对此更多的讨论见第四章。中村正治（Nakamura Seiji）的著作 *Gijutsu ronsōshi* 的扩展版——*Shinhan gijutsu ronsōshi*——最为全面、最详细地叙述了战前和战后历史上的技术论争。有关战时的技术论争，参见岩崎稔（Iwasaki Minoru）对前马克思主义哲学家三木清（Miki Kiyoshi）的技术理论分析，《创造的元主体的欲望》（*Desire for a Poetic Metasubject*）（「ポイエーシスのメタ主体の欲望——三木清の技術哲学」——译者注）。

33. 例如，基督教活动家贺川丰彦（Kagawa Toyohiko）组织了日本农民组合（Nihon rōnō kumiai），它发展成为佃农的主要组织。平冢雷鸟（Hiratsuka Raichō）、市川房枝（Ichikawa Fusae）等女权主义者在 1920 年成立了"新妇女会"（shin fujin kyōkai），要求妇女选举权，并主张修改 1900 年出台的禁止妇女出于政治目的举行集会的《治安警察法》（*chian keisatsu hō*）。一年后，左翼女权主义者成立了日本第一个社会主义妇女组织——赤澜（Sekirankai）。1922 年，日本共产党在地下成立。

34. "Kantōgen," *Kōjin*, June 1923: n. p.

35. Ōyodo, *Miyamoto*, 90 - 92.

36. 有关他访问的更多详情，参见同上，117-20；以及宫本武之辅的自述，"Eikoku ni okeru shokugyō kumiai," *Kōjin*, August 1925: 2 - 17。

37. 小池四郎的出版著作包括 *Eikoku no rōdōtō*（Tokyo: Kurarasha, 1924）；一部西德尼·韦伯著作的翻译作品，*Rōdōsha ni kawarite shihonka ni atau*（Tokyo: Kurarasha, 1924）；一部厄普顿·辛克莱（Upton Sinclair）著作的译本，*Hito wa naze binbō suruka*（Tokyo: Shunjūsha, 1927）；*Bōkyū seikatsusha ron*（Tokyo: Seiunkaku Shobō, 1929）；以及 *Kaikyūron*（Tokyo: Kurarasha, 1930）。

38. Ōyodo, *Miyamoto*, 139, 145, 149.

39. "Shibu no setsuritsu ni tsuite," *Kōjin*, October 1925: 9.

40. "Declaration," *Kōjin*, September 1925: n. p.

41. "Kantōgen," *Kōjin*, May 1925: n. p.

42. Kurahashi, "Fusen o maeni shite," *Kōsei*, May 1926: 1.

43. Koike, "Rōdō • shihon tairitsu no shakai ni okeru zunō rōdōsha no igi," *Kōjin*, March 1926: 23. 还可参见 Kitaoka, "Zunō rōdōsha no kumiai undō to sono hogohō," *Kōjin*, March 1927: 2 - 32。

44. Koyama, "Musan seitō no zen'ei to kōei," *Kōjin*, January 1926: 13.

45. 转引自 Hayashi, *"Musan kaikyū" no jidai*, 15。*Shakai undō jiten* 是由共产主义劳动组织者田所辉明（Tadokoro Teruaki）编纂的。

46. "Nyūkai no susume," Kōjin, March 1927: 2.

47. Koike, "Kōjin Kurabu wa sekika shitsutsu aruka?" Kōjin, September 1927: 8.

48. Koyama, "Ichi kōjin no kitsumon ni kotaete shoshin o nobu," Kōjin, May 1927: 36 - 37.

49. Miyamoto, "Taishō jūyonen o kaerimite," *Kōjin*, February 1926: 2 - 3.

50. 转引自 Koyama, "Ichi kōjin no kitsumon ni kotaete shoshin o nobu," 32。

51. Kajiura, "Shakai Minshū to shiji chūshi ni kanshite," *Kōjin*,

April 1928：37 - 39；May 1928：24 - 25.

52. Sakata，"Danpen," *Kōjin*，May 1928：34 - 35.

53. Okazaki，"Ware ware no mondai," *Kōjin*，March 1927：35 - 36. 还可参见 Sakata，"Danpen," 36.

54. Sakata，"Naniwa yoshie ni kotaete," *Kōjin*，November 1928：29.

55. "Kantōgen," *Kōjin*，February 1929：1.

56. "Yo no kanji shoku ni tsuite," *Kōjin*，February 1932：39.

57. Miyamoto，"Etsuro gashin," *Kōjin*，January 1930：6 - 7.

58. Takeda Harumu，"Kantōgen," *Kōjin*，August 1929：n. p.

59. Miyamoto，"Anjū no chi," *Kōjin*，June 1930：27 - 28.

60. Koyama，"Seinen gijutsusha Santarō," *Kōjin*，October 1925：34 - 39；November 1925：34 - 39. 三太郎很可能是小山寿夫的另一个自我：正如三太郎一样，小山寿夫是日本工业立国同志会（kōgyō rikkoku dōshikai）的创始成员，该组织于 1920 年由一群来自东京帝国大学、早稻田大学和东京高等工程学院的工科生创立。这个短命的团体主张提高工程师的地位和福利，以及主张工程师在政治和经济上参与建立日本，以使其成为一个工业国。参见 Ōyodo，*Miyamoto*，104 - 5。

61. 转引自 Boltanski，*Making of a Class*，52。

62. 转引自同上，39 - 40。

63. 同上，50。

64. 我发现皮埃尔·布尔迪厄对"资本"这个词的比喻用法在这里非常有用。有关不同形式的资本，参见 Bourdieu，"The Forms of Capital"。

65. Miyamoto，"Konkuriito gishi no hanashi," *Kōjin*，October 1930：19.

66. Bourdieu，"What Makes a Social Class? 1 - 17.

67. 根据伯里斯的说法，认为技术考虑会使政治过时的信念是"技术官僚意识形态的核心要点"。Burris，*Technocracy at Work*，2 - 3.

68. Miyamoto，"Gikai hinin yori gikai kaizō e," *Kōjin*，February 1931：9.

69. Sakata，"Patoron to nashionarizumu to watashi," *Kōjin*，February 1930：24 - 28.

70. Miyamoto, "Konkuriito gishi no hanashi," 18.

71. Miyamoto, "Shidō seishin no kakushin," *Kōjin*, February 1934: 5.

72. "Tenkō"（転向）是一个日语术语，字面意思是"改变方向"，在 20 世纪 30 年代初流行起来。这个词最初被马克思主义理论家用来指他们政治策略的改变，当马克思主义的主要人物放弃马克思主义，而成为民族主义者（经常是通过武力）时，这个词就有了更具体的含义。参见我的序言。

73. Miyamoto, "Shidō seishin no kakushin," 4.

74. Miyamoto, "Shakai jinshin no suii o omou," *Kōjin*, August 1932: 7. 宫本武之辅在这篇文章中说，他在欧洲居留了 13 个月，这使他相信阶级是无法克服种族冲突的；然而，在他早期的留学著述中，根本没有提到这些想法。

75. "Sengen," *Kōjin*, September 1925: n. p.

76. 例如，历史学家安德鲁·戈登（Andrew Gordon）研究过的工厂工人，他们要求得到尊重和公平对待，因为他们是与其他人平等的帝国的臣民。戈登建议将大正大众政治称为"帝国民主"，以强调两次世界大战之间日本的民主运动与民族主义之间的联系。参见 Gordon, *Labor and Imperial Democracy*, 6。

77. 威廉·朱茨（William Tsutsui）在科学管理方面的著述将产业合理化运动置于更大的效率运动中考察。参见 Tsutsui, *Manufacturing Ideology*。

78. 例如，可参见 Nakajima Kumakichi, "'Gōrika' wa kin kaikin no atoshimatsu ni arazu," *Sarariiman*, September 1930, in *NKGT*, 3: 541–44。

79. Jiji Shinpōsha Keizaibu, *Nihon sangyō no gōrika*, 3: 536. 《时事新报》（*Jiji shinpō*）是一本专门报道经济和政治话题的杂志。这份报纸对产业合理化的倡导促使滨口内阁采取了这一政策。

80. 参见 *NKGT*, 3: 554–55。

81. Teruoka, "Sangyō gōrika no mokuteki to gijutsu," 3: 555–58. 劳动科学研究所是由大原社研究所（Ōhara Shakai Kenkyūjo）于 1921 年建立起来的，目的是研究劳动与工人健康的关系。欲了解更多信息，参

见 Sōritsu Rokujūnen Kinenkai, *Rōdō Kagaku Kenkyūjo rokujūnen shiwa*；以及 Miura Toyohiko, *Teruoka Gitō*。

82. Yanagi, "Sangyō gōrika to rōshi mondai," *Kōjin*, May 1930：27 - 31；Uchino, "Sangyō gōrika to ikani kaishaku subekika," *Kōjin*, May 1930：32 - 36.

83. Miyamoto, "Sangyō gōrika mondai shiken," *Kōjin*, May 1930：23 - 26；Miyamoto, "Anjū no chi," 28 - 29. 大和是日本的一个旧名。"大和民族"一词过去有时与"日本民族"或"日本族群"互换使用，现在仍然如此。

84. Miyamoto, "Sangyō gōrika mondai shiken," 23 - 26；Miyamoto, "Anjū no chi," 28 - 29.

85. 例如，1928 年，小山宣称工程师面临的三个主要问题是：技术侵犯、法科官僚主导和学术帮派。参见 Koyama, "Ware ware no mondai," *Kōjin*, May 1927：31 - 44。

86. Sakata, "Dansō," *Kōjin*, October 1928：91.

87. 工人俱乐部成员经常将胡佛作为榜样提及。例如，可参见 Miyamoto, "Echigo gashin," *Kōjin*, January 1930：5。

88. K. M.，"'Kōjin' sendengō no 'kantōgen' kara shikisha wa kataru," *Kōjin*, January 1931：17.

89. Miyamoto, "Danjo kankei no shōrai," *Kōjin*, July 1925：10 - 11.

90. "Kantōgen：Nōmin Rōdō Tō no kaisan," *Kōjin*, January 1926：1.

91. Hashimoto Tameji, "Rika kyōiku ni okeru shinriteki kenchi," 出自 *Rika kyōiku no shinriteki kōsatsu to jissaiteki ninmu* (Tokyo：Ikubun Shoin, 1929)；转引自 *NKGT*, 10：19。

92. Sakata, "Tsugumi gari," *Kōjin*, February 1931：27.

第二章 技术统治——为了科学的日本

本章继续讲述技术统治运动在 20 世纪 30 年代的发展，这一时期技术官僚开始关注东北，进入战争时期（1937 到 1945 年间），他们的技术统治主张最终结出了果实。工人俱乐部的技术官僚们一向对日本自然资源不足关注有加，而大陆的自然资源吸引了他们的目光。技术官僚们将东北同自己早年间的"工程师是新文化的创造者"的观念联系起来，对他们来说，东北的自然资源简直就是天赐之物，他们可以凭借这些资源展开"创造"——新技术文化的创造、一个强大帝国的创造、一个科学日本的创造。这一构想将在日本 1937 年发起对中国的战争后，激发技术官僚们关于自己在创造科学和技术优越的日本帝国中所扮演的角色的畅想。本章要讨论的内容是，日本的技术统治在两次世界大战之间在日本国内开始作为一种阶级问题的解决方法之后，又着手于日本帝国语境下的"科学"的定义。

对中国的战争的开始标志着总体战体系下日本全面国家科学技术动员的开始。技术官僚的技术爱国主义话语（技术报国）在这里非常有启示意义，因为技术官僚认为工程师是帝国的核心，认为只有技术专家才能维持日本作为科学领导者和中国作为其资源提供者之间的等级关系。这表明，除了强调日本是"精神"和"血统"优越性的种族民族主义外，战时的日本还表现出对另一种民族主义的靠近，这种民族主义是完全以科学和技术的先进性为基础来展现日本民族优越性的。正如本章所认为的那样，亚洲的这种分工构成了日本技术官僚对亚洲新秩序的构想的核心——科学技术新体制。[1]

43

　　技术官僚在战时新造的"科学-技术"（science-technology）一词，是他们"科学"政治中的核心。[2]"科学-技术"可以概括为日本在国内和国际两个层面上对技术独立性的要求。第一，这意味着在日本国内，技术可以独立于法科官僚而存在。"科学-技术"对科学的定义围绕对战略来说十分重要的技术领域展开，而排除了没有直接实践意义的社会科学和基础科学。"科学-技术"还对现有的行政管辖权划分提出了挑战，技术官僚认为后者对技术官僚政策进行有效和高效的综合有所妨碍。其次，技术的独立性也意味着日本技术不受西方专利、研究人员和材料的影响。技术官僚对西方的"反殖民"情绪同时转化成为殖民欲望。他们认为，为了让日本的科技独立于西方，日本需要不受限制地获取亚洲的资源；作为回报，日本将向亚洲提供必要的科学和技术，以保护亚洲免受西方帝国主义的侵害。"科学技术新体制"旨在实现所有这些目标，从而建立一个"科学的"日本。虽然新秩序运动只是部分地实现了技术官僚梦寐以求的官僚权力，"科学-技术"却实实在在地成为战时日本的既定词汇，塑造了与科学技术相关的思维和政策的优先性。换句话说，通过高举"科学-技术"的大旗，技术官僚成功地改变了"科学"政策的领域。对于这样的政策，东北是不可或缺的。

技术统治的殖民构想

20世纪20年代，工会化的失败和技术官僚低下地位难以改变的事实向工人俱乐部的领导人证明了，国内政治领域并不是技术统治政策的沃土。他们把注意力转向了国外的边疆：东北。自明治中期以来，东北一直是俄罗斯、中国和日本之间的争议地区。1905年，日本在东北南部驻扎了关东驻屯军（1919年改组为"关东军"），并于1906年建立了半公开公司——"南满洲铁路会社"（以下简称"满铁"），以此来实行对该区域的控制。"满铁"是在1905年日俄战争中日本所获得的俄国铁路的基础上建立起来的，它把东北南部发展成一个利润充盈的"王国"，吸引了许多日本人，这些日本人"立刻感受到了帝国的味道"。[3] 然而，随着其后20世纪20年代要求统一全中国的中国民族主义的兴起，包括东北在内的中国各个地区的局势变得非常紧张。蒋介石所领导的中国国民党发起了北伐战争，奉系军阀张学良保证效忠于国民党，这使得关东军决定采取一些行动。1931年，关东军秘密炸毁了满铁的一截，将其归咎于中国军队，并利用这一事件作为日本军事占领东北的借口。次年，日本政府扶植了一个傀儡国家——"满洲国"。国际联盟没有承认

"满洲国"，而是派遣了一个名为李顿调查团的调查小组，调查到底是谁破坏了这条铁路。日本很快退出了国际联盟。[4]

大多数日本人，包括工人俱乐部的技术官僚们在内，都从来没有质疑过九一八事变的性质。恰恰相反，他们很快就加入了露易丝·杨（Louise Young）所说的那种"战争狂热"，也就是说，媒体炒作创造了东北乌托邦的形象。[5]1932年3月，在李顿调查团调查中期，《工人》杂志发行了一期东北专刊，将东北称为"我们的麦加，拯救工程师世界的最肥沃的土地"。[6]工人俱乐部的领导宫本武之辅将东北视为不受法科官僚特权统治的处女地，在这片土地上技术官僚可以提升自己的地位，建立全新的技术文化。在这个意义上来讲，对于宫本武之辅和其他技术官僚们而言，东北确实是"麦加"。

事实上，工人俱乐部内部也有一些对于日本侵略东北的批评声音。比如说，坂田时和就批评了"所谓的'中日友好'"，实际上只不过是"对中国的殖民"，这只会激怒中国，引起英国和美国的紧张。他担心日本的这一举动可能会导致第二次世界大战。[7]另一位成员想知道占领东北是否能使日本从中获益。这名成员认为，毕竟，"日本对韩国的巨额投资只导致了大量韩国劳动者的产生，这些韩国劳工把我们的劳动者推向'垃圾堆'（无家可归和无业游民）的生活"。[8]

然而，这样的声音是很少的。1932年3月以后，《工人》杂志的页面上充斥着对日本殖民统治的致敬。小池四郎离开了日本社会民主党，成为代表工人俱乐部的议会议员，他认为

"'满洲'的经济活动自由对于我们无产阶级的生存是不可缺少的",并且认为需要批评的是日本资产阶级和军队对东北利益的垄断。[9]即使是那些认为有关东北的官方口号空洞而厚颜无耻的人,也最终得出结论——"日本人和'满洲人'真正、积极的融合"将使彼此的合作关系成为可能。[10]

45

宫本武之辅是日本侵略东北众多热情支持者中的一个。他从初中起就对中国很感兴趣,大学期间甚至想要去东北实习,虽然他的中国之行直到 1931 年 5 月才实现。[11]宫本武之辅认为:"所有人都应该有自由和权利,在他们希望的任何地方生活,为了全人类的福祉共同开发自然资源。"[12]他认为,西方国家阻碍日本在亚洲的自由和权利是虚伪的;毕竟,即使是基督也"鼓励了人类的大量移民"。[13]与当时流行的中国过时和慵懒的形象相反,宫本武之辅认为中国"仍然很年轻"。[14]宫本武之辅对于中国悠久的文明历史的傲慢否定,来源于他认为中国是自然资源未被开发的地方这一观点。宫本武之辅主张如果"日本和中国能够一起建设一个真正的共同繁荣的天堂",那就是最好不过的,而这个"天堂"是"由日本为中国提供'组织'和'技术',由中国为日本提供它的'资源'"。[15]换句话说,日本会管教并训练"年轻、幼稚"的中国,而中国则会提供日本必需的自然资源作为学费。这种自私自利的逻辑是技术官僚对日本殖民主义的典型的合理化举措。对技术官僚而言,东北因其自然资源和灵活的政治制度而特别具有吸引力。[16]

实际上,自然资源是日本的阿喀琉斯之踵,日本日益增长的重工业是严重依赖于进口的。在九一八事变之后，探索新资源成为人们迫切关注的事情，为此日本甚至建立了一个新的科学领域——资源科学（或称资源化学）。就职于东京工业大学附属的资源化学研究所的研究者加藤与五郎（Katō Yogorō）于1939年解释说，"资源化学是一个全新的术语，在其他国家都没有出现过……九一八事变之前，我们国家是一个所谓的一无所有的穷国。但现在，各种各样的新资源正在向我们开放"。[17]

　　"满洲国"的草创新建，致使它同时具备丰富的自然资源和松散的政治体系。这让东北成为一个看上去最有前途的地方，在这片土地上人们可以创造一种新的技术官僚文化。"创造"（sōsaku）一词迅速成为东北（以及后来的帝国）技术官僚话语中的关键词。技术官僚经常象征性地使用"创造"一词，这让我们想起了1920年工人俱乐部领导的就职宣言。正是在那份宣言中，"创造"首次被视为工程师的使命。十数年之后，当技术官僚们在本土（naichi，内地）试图抬升自己地位和意识的运动失败之后，技术官僚在东北为他们的技术统治创造找到了一个理想的地方。在东京任职高级技术官僚的直木伦太郎（他在20世纪10年代的著作激励了许多年轻的工程师，包括宫本武之辅），接受了"满洲公路建设局"的行政职务，他对自己的工程师同僚们留下这样的话语："我将我的生命奉献给技术……我将前往'满洲'，进行一番创造。"[18]工人俱乐部的技术官僚们将技术视为这种创造的目的和手段，而中国的自然资源则是他们创作的素材。

就连该组织的名称——工人，也被从这个角度赋予了新的象征意义。起初，创始成员们将组织命名为工人（字面意思为"技术人"），是为了强调控制技术的"人"。这是说得通的，因为正如在就职宣言中明确声明的那样，该组织的目标是赋予工程师权力并提高他们的地位。[19]东北成为他们的创造阵地，"工人"就开始代表着一个更加宏大的、帝国主义的工程师角色。《工人》杂志的 1932 年 4 月刊，连同其中宣称"加快发展'满洲'的技术进步！"的开篇文章一起，成为对"工人"新内涵进行解释的一小部分。该篇文章的佚名作者解释说，"工"这个字上面加的上画线代表着宇宙和自然，下划线则代表着人类世界；中央的垂直线连接着上下两条水平线，它象征着工程师，而工程师的"任务是巧妙地将宇宙与人类结合起来！"[20]换句话说，工程师——但不是随便任何一位工程师，而是日本的工程师——是唯一的能够将中国和日本连接起来的人，或者，更确切地来讲，是把中国的自然资源和日本人连接起来。

就像西方帝国主义的状况一样，日本在其殖民地建立了各种研究机构，为这种规模和资金达到了前所未有的程度的创造提供了基础。其中的一个著名的例子就是满铁调查团，该组织网罗了众多的社会和自然科学家来研究自然资源、土地分配系统以及当地民风习俗，以辅助日本的殖民统治。许多其他的研究机构也相继成立，其规模在日本本土都是难以想象的，比如上海自然科学研究所，这一研究机构是于 1931 年 4 月由外务省所建立的，主要研究物理、化学、生物、地质、病理学、细菌学和医学。上海自然科学研究所每年的预算超过 40 万日元，正如一位科学家所描述的那样，"它的研究预算如此之大，日本本土的所有实验室和教室都无法与之相比"。[21]

但令技术官僚们向往和引以为傲的是大陆科学院（tairiku kagakuin）。1935 年 3 月，这一研究机构在伪满政权的主导下于哈尔滨成立。对于技术官僚来说，这个研究机构简直就像是美梦成了真。这是一个权力很大的科研机构，它的领导人被赋予了相当于部长的职位。一些研究人员的等级和收入也高于法科官僚。[22]这在工程师官僚受尽了各种明面上和背地里的苛待的日本本土是不可想象的。比如说在东京，因为工程师声名狼藉，甚至在 1938 年筹备东京奥运会（没有成功举办）时出现了工程师短缺的问题。[23]"满洲国"大陆科学院的资金也很充足。[24]亚细亚号特快列车——当时最为先进的豪华列车，以惊人的 120 公里/小时的速度穿过东北，和大陆科学院一起，象征着技术进步的东北。[25]

事实上，大陆科学院是为了避免重蹈日本本土覆辙而刻意打造的。这也就是说，《文官任用令》导致的对技术和科学专业知识的低效利用以及缺乏中央行政单位来对作为一个整体的科学技术的发展进行监督这两大弊端将被克服。大陆科学院计划启动于 1934 年，当时的"满洲"次长级官员星野直树（Hoshino Naoki）认识到了东北工业发展需要一个中央研究机构。根据星野直树的要求，大河内正敏（Ōkōchi Masatoshi）——理研的领导人，以及藤泽威雄（Fujisawa Takeo）——一名当时正在准备科学动员计

47

划的资源局官员，被邀请到了东北一同起草计划。经决定，东北的研究机构将由新的大陆科学院管理，而不是现有的部委，因为"在日本内地……680 多个机构……分散在不同的部门，这会妨碍有效的沟通、灵活性和效率提升。'满洲'希望避免这些缺点，希望建立更接近理想的制度"。[26]次年，草案顺利通过，大陆科学院成立，并负责管理与东北自然资源开发有关的所有科研项目。正如我们之后会看到的那样，这一过程的轻松和迅速与技术官僚在战时推动在东京建立类似机构时所面临的主要障碍形成了鲜明对比。

大陆科学院展示了科学技术对日本在东北进行"和谐"殖民的重要性。第一任院长铃木梅太郎（Suzuki Umetarō）——国际著名的维生素专家，在科学院的使命声明中发表了如下宣言：

> "满洲"旨在建设一片像天堂一样的土地，我们的座右铭是在日本的领导下实现"五族共和""共存共荣"。然而，如果不认真对待科学，这能得以实现吗？国防、工业等一切都是以科学为基础的。政治和经济也不能忽视科学……我们不赞同俄罗斯的政治和理念，但我们和俄罗斯人一样重视和尊重科学……
>
> 随着"满洲"的发展，很多人认为我们从日本或其他国家（如果日本无法供给）获得了资金和技术，因此，即使"满洲"成为一个独立的国家，（他们也会认为）它的科学和

48

技术不是独立的。但是从我们的角度来看，"满洲"就像是日本的一个分支。如果说一个分支家庭继续依赖于主干家庭以及主干家庭的支持，这不仅是懦弱的，而且是可悲的，因为分支家庭在这种紧急情况下应该能够帮助主干家庭……我们必须"满洲"在普及科学教育、促进科学研究，这样我们就不用再从日本或其他国家借鉴科学了。[27]

正如宫本武之辅为日本统治东北所做的辩护一样，铃木梅太郎的宣言也强调了科学是日本成功殖民的最基本和必要的因素。他们所渴望的东北及其科学技术独立并不意味着东北完全脱离日本。似乎是为了平衡自己对苏联的好感，铃木梅太郎通过使用家族隐喻强调了"满洲"和日本之间的互补关系。按照铃木梅太郎的逻辑，"满洲"的科学和技术应该是强大而独立的，这样东北就可以帮助到它的主干家庭——日本。

研究人员和技术官僚认为东北是一片留待日本人开发和利用的空白地带。为了推进日本农民向东北的移民，以巩固日本对东北的占领，同时解决日本本土人口过剩的问题，日本政府和媒体创造了东北的"处女地"形象。单单通过这一项政策，就有超过35万日本人以农民开拓者身份移民到该地区。然而，他们遭到了韩国人和中国农民的敌意，后者的土地被日本政府征用，以便为日本农民开拓者腾出空间。东北并不像日本政府所宣称得那样"开放"。[28]

东北同样也不是向工程师开放的开阔之地。与移居东北的日本农民一样，工人俱乐部的成员们很快意识到该地区已经被几十年前搬到这里的日本工程师所占据了。[29]1932 年 5 月刊的《工人》杂志刊登了东北技术协会成员的圆桌会议内容，这些内容表明他们有作为东北先锋工程师的使命感和自豪感。在他们所讨论的许多事情中，有一个信息是十分明确的："我们，这些已经在'满洲'待了 20 年的人，可以做这项工作；如果日本本土的工程师决定来'满洲'，那他们最好学会中文，准备好追随我们。"[30]

即使是在东北——技术官僚的梦想以大陆科学院形式实现的地方，工程师们都觉得他们的专业知识没有得到充分利用和重视。即使是在研究机构工作的研究者们，也需要通过由那些"连移液管的名称都不叫不上来的法科官员"组成的办公室才能采买研究材料。[31]工程师们尤其对来到东北的没有任何科学背景的商人和官僚感到失望；这些人不知道如何评估东北的资源，因此无法为商业企业和政府企业提供充分利用东北资源的良好蓝图。他们认为，东北之所以重要，还因为它为工程师提供了就业机会。圆桌会议的与会者们对日本劳动者在东北找工作持悲观态度，因为中国人是比日本人更便宜、更勤劳的劳动力（韩国人比日本人好，但比中国人差）。不过工程师的前景是好的。事实上，他们确信，日本人唯一可能填补的职位就是军官和技术专家。[32]

随着工人俱乐部的技术官僚们的野心越来越大，中国也在他们的"科学日本"构想中占据了更大的空间，他们开始认为

"工人"这个名字不再合适。他们发现，起初看起来非常适合他们组织的"工人"，在中文里的意思是"苦力"。1935年，理事会投票决定用日本技术协会来取代这个有辱尊严的名字。组织的机关月刊也从1936年1月刊开始更名为《技术日本》（*Gijutsu Nihon*）。这些不仅仅意味着取一个"体面"的名字。就像宫本武之辅解释的那样，"我们把工人俱乐部改名为日本技术协会的同时，还树立了一个新的口号：通过技术引领国家。它清楚地揭示了我们从工会主义到民族主义的专向"。[33]换句话说，这意味着该组织的焦点从工程师的利益转向国家的利益。这也标志着运动方向从"工程师运动"到"为了国家的工程师运动"的转变。

然而，令工程师们感到十分沮丧的是，技术官僚运动的发展举步维艰。20世纪20年代末，当工人俱乐部决定不再支持任何无产阶级政党时，就失去了将近4/5的成员，并且再也没能恢复过来。[34]为了重振组织，日本技术协会的领导人通过召开圆桌会议来接触年轻的工程师。这些年轻的工程师告诉主办方，他们对像日本技术协会这样的组织，或者诸如法科官僚霸权或学术派系这样的问题不感兴趣。事实上，许多受邀的参与者甚至不知道日本技术协会的存在。[35]"恐怕贵组织的'青年反馈计划'失败了"，其中一名年轻参加者在活动结束后写信给日本技术协会。"年轻工程师的意识与上一代人有很大的不同……难怪我们听到你那不合时宜的日本技术协会创立精神后都目瞪口呆。"[36]年轻一代的这种反应让一位年长的成员"感到

认输".[37]很明显，年轻一代的工程师对定义工程师的社会责任 *50*
或一起寻求更好的地位和政治权力完全不感兴趣。

　　年轻工程师对于工程师地位等问题的兴味淡漠，或许也是
私营企业变化的一个反映。20 世纪 30 年代早期，许多人开始
注意到，工程师终于得到了商业界的认可。他们指的是一种新
型企业的兴起，即所谓的以鲇川义介（Ayukawa Gisuke）的日产
财阀、野口遵（Noguchi Shitagau）的日本窒素财阀①、森矗昶
（Mori Nobuteru）的森财阀（以及日本电信工业）、中野友礼
（Nakano Tomonori）的日本曹达财阀，还有大河内正敏的理研财
阀为代表的新兴财阀（新兴康采恩）。这些财阀，除了森财阀，
全部都是以工程师为创办人的。正如历史学家河原宏
（Kawahara Hiroshi）所指出的那样，诸如三菱、三井这些旧财阀
和新财阀之间有显著的差异。新财阀的经营是以新的原则为基
础的，即将企业与技术结合起来的形式；而旧财阀则是基于一
种"家"系统建立起来的，财阀的家族企业在这个体系之中处
于顶端位置。比如说，鲇川义介提倡建立"一个上市的股份公
司"，这是对家族所有制的老式财阀的挑战。更为重要的是，
新兴财阀从日本的重工业当中获了益，到 1935 年，重工业的
产量占到了全国总产量的一半以上（在 1929 年的占比 36％的
基础上迅速增长）。旧财阀对重工业的投资只占其总资本的
31％—32％，而新兴财阀则将 94％的资金投入重工业。[38]这些

———————
① 氮化肥公司。——译者注

新兴财阀成为日本在东北殖民主义的重要组织。鲇川义介通过与东条英机、星野直树以及岸信介（Kishi Nobusuke）等军事和政治领导人建立联系，以重工业进军东北。[39]

尽管工程师领导在私营企业的情况可能已经有所改善，但现实对于技术官僚来说仍然十分令人沮丧。一方面，《文官任用令》仍然限制了技术官僚的政治决策权力。工人俱乐部的技术官僚们梦想着在日本本土建立一个与大陆科学院相类似的姊妹机构，一个将克服法科官僚霸权的新机构。根据他们的分析，日本的科学技术苦于缺乏专家的领导、连贯的计划和科学家、工程师以及项目之间的交流。在他们看来，他们还需要有一个新的行政单位，这个单位由技术官僚领导，拥有行政权力，独立于由法科官僚主导的各个部门，并能够将科学和技术的各种重要战略领域整合起来管理。除了那些拥有技术专长、知道理性和效率意味着什么技术官僚，谁还能够利用这种潜能开发中国未被探索的自然资源呢？

在新的组织名称和口号之下，技术官僚希望能重振他们的运动，并实现建立专门负责科学和技术政策的这样一个行政单位的雄心。然而，他们的抱负被官僚系统中不变的等级制度所阻挡，同时造成阻碍的还有他们自己在试图动员更年轻和更广泛的工程师一起奋斗这一方面的失败。正如下一节所论证的那样，对中国发起的战争为技术官僚运动带来了急需的推动力量。

技术爱国主义（技术报国）和"独特的日本技术"

1937 年 7 月 7 日，日本军方在夜间训练时，发现一名士兵在经过几声枪响之后失踪于北京附近的卢沟桥①。我们确实不知道是谁开的那几枪，也不知道那名后来被找到的失踪士兵去了何处。我们所知道的是，所谓的七七事变是日本发起对中国战争的开端，这场战争持续到 1945 年 8 月。同时，七七事变也是技术官僚运动新阶段的开始。

这场战争给技术官僚带来了新的紧迫感，也给了他们一个可以旧事重提的正式场合——他们有机会创造"一个 30 多岁的法科官僚新手可以成为部门主管，指挥一个更为年长的、声名卓著的工程师，还不用称呼后者为'先生'"[40]的这样一种情况。七七事变 3 个月后，一名日本技术协会的成员致函各省厅和东京都，要求公平雇用工程师。1937 年 12 月，日本技术协会也正式致函近卫内阁（第一次近卫内阁，1937 年 6 月—1939 年 6 月），要求在政府雇用更多的工程师、任命技术官僚为技术相关的各省厅的领导。[41]技术官僚们主张，技术对于日本在战争中的胜利至关重要，同时也对日本在大陆的发展至关重要，政府实在应该更好地利用工程师。

技术官僚在技术爱国主义的旗帜（技术报国）之下提出了这一要求。[42]日本技术协会甚至在 1937 年 7 月宣布，"只有那些

---

① 原文采用 "Marco Polo Bridge"。——译者注

可以使我们的技术爱国主义合理化的活动才会被采纳为我们的活动"。[43]随着《技术日本》这本杂志开始大量发表有关中国政策的文章和讨论，"技术报国"这个短语也频繁出现在杂志内容之中。[44]在这些内容中出现的技术报国成为要求打破法科官僚霸权的同义词，因为在技术官僚看来，他们只有在政府拥有更高的职位和更大的权力，才能更好地为国家服务。技术官僚对技术报国的呼声之强烈，让宫本武之辅都感到焦虑。宫本武之辅担心技术官僚所说的技术报国会听上去像是一种为自己的地位谋私的自私想法，没有人会严肃对待。[45]宫本武之辅的担心是可以理解的，因为一些成员在挑战法科官僚的主导地位时变得极端，一些言论声称："（相对于科学和技术）法律和演讲对现代日本有什么贡献吗？"[46]他们的热情受到了一名外部观察者的讽刺，著名的科学杂志撰稿者石原纯（Ishihara Jun），很好奇为什么技术官僚想要在他们已经很忙碌的生活中增加更多的责任。[47]然而，技术官僚的技术爱国主义和他们的政治地位是密不可分的。毕竟，宫本武之辅也抱有两大目标——一是技术报国，另一个是技术官僚获得政治权力，这也是建设一个"科学日本"的必由之路。日本技术协会对于技术报国以及提升工程师地位的呼吁纵贯了整个战争时期。他们这些呼吁的受众超出了自己组织内部成员的范围，因为他们的机关刊物于1939年更名为《技术评论》（*Gijutsu hyōron*）并且开始在面向大众的书店中发售。

　　1937年之后发展起来的技术爱国主义话语包含了对日本在

世界中的地位的特定历史理解，在此基础上，技术爱国主义要求技术有计划和有规范地发展。技术官僚倾向于持有这样一种历史叙事，即世界正从资本主义经济体制向新的计划经济或管制经济体制过渡。在这一叙事中，资本主义与自由主义、自由市场和科学联系在一起；而新兴的体制则以合作主义、计划经济和技术为特征。一名日本技术协会的成员——松冈久雄（Matsuoka Hisao）在1940年写道：日本处于"从英国资本主义力量下的世界秩序向民族合作主义世界秩序过渡"的过程中。他宣称，"现在的时代正迅速地从科学时代转变为技术时代"。[48]按照松冈久雄的说法，新时代的技术也不是随便什么技术都行的，必须是"科学的技术"。在"科学的技术"的时代，"站在最前线的先锋"是工程师："历史终究会为科学的至上主义和先验主义，以及它对技术的奴役式的镇压而赎罪。现在要求科学技术①（kagakuteki gijutsu）具有政治属性。"[49]工程师们将在新的系统中获得新的位置。松冈久雄认为，在计划经济体制下，资本和劳动将统一到一起，而在自由资本主义社会中被夹在资本和劳动之间的可怜的受害者——工程师将成为社会的领导者。[50]　53

　　这种从资本主义到新制度的世界性过渡的叙述在大河内正敏的《科学主义工业》系列杂志中得到了最为明确的表达。大河内正敏毕业于东京帝国大学机械工程系，他通过大量的书籍、文章和他主编的杂志《科学主义工业》（*kagakushugi kōgyō*）

---

① 即日语中的"科学的技術"，也即上述的"scientific technology"。——译者注

来倡导他所谓的科学主义工业。[51]科学主义工业是科学、技术与工业相结合的原则、方法，乃至一种实践。科学主义工业这一理念在 20 世纪 20 年代末引起了公众的广泛关注，当时大河内正敏刚通过建立理研财阀把理研（理化学研究所，第一次世界大战期间，作为促进国内研究和发展的一部分，由国家建立的研究所）从濒临破产的危局中拯救出来。大河内正敏主张，以资本主义为基础的经济应该被以科学主义为基础的经济取代。他认为，利润是资本主义工业的主要驱动力；但是一个新的理想的经济应该以科学为基础来实现高工资和低成本。大河内正敏所说的"科学"是指技术的创新利用和科学研究成果的产业化。他在处理理研的财政困难时，将这一想法付诸实践；云集了全日本最著名的科学家的理研实验室中所产生的科学成果和知识产权被理研财阀进行了产业化和商业化，理研财阀的利润反过来又资助了理研的研究项目。20 世纪 30 年代，这套操作通过成功销售各类理研品牌的产品为理研带来了财富。其中就包括理研维生素——这是由维生素领域的先驱和理研的研究员铃木梅太郎（后来成为大陆科学院的第一任院长）所指导的商业实操；这些操作之中，还包括像对理光这样的将理研专利感光纸商业化一样。[52]大河内正敏的科学主义工业和松冈久雄等技术官僚所倡导的技术统治都强调为了技术而发展科学，更注重实际应用而不是对知识本身的追求，以及规划和管理这一过程的必要性。

在技术官僚强调计划经济体制下技术规则的重要性的背后，是日本不断变化的政治经济结构。20 世纪 30 年代末一个

给日本经济造成困扰并且导致内阁经常更替的主要问题是如何
按照军队的要求管理和扩大国防预算。1932 年左右，日本的经
济大萧条陷入最谷底，但是到了 1936 年，日本国内经济已经
复苏（尽管农村仍然贫困），与此同时，在 1932 年到 1936 年
之间，贸易平衡或多或少维持了下来。但是，广田内阁
（1936—1937 年）制定的 1937 年预算比前一年增加了 25％，
其中的 40％ 用于军事开支，除非是犯了十分激进的错误，否则
这是不可能出现的预算。与之前的内阁试图紧缩国家财政和限 54
制军费不同，广田内阁不仅接受了军部的财政要求——陆军想
要增强自己的航运能力，海军计划建造巨型战舰——大和号和
武藏号，而且还同意了军部制定的重点产业五年规划，该计划
旨在鼓励东北与日本经济集团的汽车、金属、铝和国防工业的
快速发展。政府方面表示，为了扩大预算规模，将以国家对经
济的管制和各种物资的计划分配为基础，实行"准战时经济
体制"。[53]

　　随着对中国战争的爆发，这种"准战时经济体制"变成了
进一步强调计划经济、管制物质资源和人力资源分配的战时经
济体制。这个战时系统的中心机构是企划院，它成立于 1937
年 10 月，负责管理日本和中国北方的经济和工业发展，管控
物质和自然资源的分配。至于人力资源方面，国家于 1938 年 4
月颁布了《国家总动员法》（*kokka sōdōin hō*），规范管理了劳动
力和就业以及商业活动。在国民精神总动员运动中，"国民精
神"也被调动起来，这场运动是日本政府在 1937 年底发起的，

得到了各种政治和民间组织的主动支持。一个例子是，1937 年末，无产阶级政党和工会为了表示对战时国民经济支持，决定不再进行罢工。1938 年 11 月，近卫内阁为全民动员的事业创造了一个新的名字：大东亚新秩序。[54] "大东亚新秩序"是日本取代西方成为亚洲中心，最终成为世界中心的殖民主义构想。

这场战争也刺激了技术官僚们采取行动。自第一次世界大战以来，各个领域的技术官僚首次在技术爱国主义的旗帜下聚集在一起。宫本武之辅是这一发展过程的中心人物。他与其他日本技术协会的领导人一起，与其他部门的技术官僚展开合作，这些技术官僚包括递信省的松前重义（Matsumae Shigeyoshi）、梶井贵史（Kajii Takashi），铁道省的三浦义男（Miura Yoshio）等人。他们的合作迅速扩大了技术统治运动。1937 年 6 月，宫本武之辅召开了六部工程会议（内务省、大藏省、农林省、商工省、递信省和铁道省）。宫本武之辅就日本的技术动员发表了开幕词；次年又召开了七部工程会议，这次加上了新成立的厚生省。技术官僚们还动员了私营企业中的工程师：1937 年 12 月 13 日，日本技术协会和部际会议联合举办了全国技术者大会。1938 年 9 月，部际会议和日本技术协会以及两个私营企业工程师团体（工政会和对支技术联盟）组织了商业技术联盟，他们宣称"任何国家政策都应该从现代生产技术——综合自然科学和社会科学的生产技术——的角度来规划——其目的是扩大生产力"。[55] 困扰了日本技术协会十多年的招募年轻工程师的问题似乎终于得到了解决，因为 1937 年末年轻的成员从老成员那里接管了领导权。"我们最终会重新获得能量，"理事会高兴地松了一口气。[56]

对中国的战争不仅激发了技术爱国主义，也促使了政府倾听工程师的呼声。1938年，政府在近卫内阁下创立了兴亚院，以制定有关中国的政策。兴亚院内部设立了技术部，以及政务部、经济部和文化部，宫本武之辅被任命为技术部第一任部长。最初，技术部只是一个顾问部门，其负责人只是被简单地称为"技长"。经过宫本武之辅和他的同事们的激烈争论，决定将他的职位命名为"部长"，与其他三个部的长官称谓一样。但是，在作出这项决定时，草案已经完成。宫本武之辅得到了内阁书记官的保证，他将拥有和其他部门负责人一样多的行政权力，并被要求接受这个职位，不要再节外生枝。换句话说，技术部实际上是一个完完全全存在的部门，但没有体现在文件上。起初宫本武之辅难以接受这一点。"如果我接受这个职位"，他向他的朋友吐露，"令我气愤的是，有些人可能会认为，宫本武之辅总是夸夸其谈，却欣然接受了总工程师的职位。但更重要的是，如果我接受这个职位，就意味着我们认可了技术部是一个地位如此低下的部门。"然而，宫本武之辅的朋友告诉他要接受这份工作，因为他一个人就可以成功地管理这个试验性的技术部门；这位朋友还补充说，如果宫本武之辅不接受这个职位，那么这个职位就会落入法科官僚推荐的人选之手，而法科官僚是想要阻止技术官僚获得行政权力的。[57]宫本武之辅决定接受这个职位，这个部门的工程师都曾与他一起积极参与技

56　术官僚运动。准备停当的国家科学技术动员终于开始了，这实现了宫本武之辅参与中央政策制定这一毕生所愿。[58]

技术官僚的技术爱国主义经常涉及有关"日本特有的技术"的讨论。正如我在前面所讨论过的，技术官僚认为 19 世纪的资本主义是以自由贸易原则为基础的，然而 20 世纪的经济是一种集团经济，国家组成一个区域经济集团，集团之间的材料、货物和思想的流动将受到管制。因此他们主张，日本的大东亚集团（即将被称为"大东亚共荣圈"）——需要达成自给自足，为实现这个目标，日本的科学技术需要实现自给自足。随之而来的是，日本需要发展独立于西方的技术和科学，即日本独有的技术和科学。

"日本"技术到底意味着什么？在讨论这个议题的时候，许多人使用了西方技术与日本精神相结合的空洞辞藻，但没有提出任何具体内容。例如，在 1937 年的工程师会议上，一位贵族院的工程师——八田嘉明（Yata Yoshiaki）表示："我们需要将自古以来就拥有的日本精神与来自现代欧洲的技术融合在一起。我们需要创造一个口号来表述这种新的爱国技术，日本技术，日本主义技术。"八田嘉明的发言引起了热烈的掌声。然而，他从未解释日本精神是由什么构成，或者这样的合并会产生怎样不同的技术。[59]

资源化学研究所的研究员加藤与五郎提出了对日本独特技术的最具体的定义。他认为，为了利用东亚的资源，日本需要开发自己的技术，因为不同的自然环境需要不同的技术。比如说，西方从铝土矿中生产铝的技术不适用于日本，因为日本没有铝土矿。日本创造性地解决了这个问题，发明了一种利用日本北部埋藏的磷酸的新方法。加藤与五郎认为："如果日本工程师和科学家继续使用这种创造力，东亚沉睡的自然资源将继续在世界舞台上闪亮登场。"他认为，最重要的是"在不依赖西方技术的情况下，创造性地发展我们的研究，探索东亚特有的自然资源"。[60]

作为兴亚院的技术部部长，宫本武之辅将日本技术定义为"兴亚技术"。[61]与加藤与五郎的意见相似，宫本武之辅的"兴亚技术"包括三个特点：先进性（yakushinsei）、综合性（sōgōsei）以及区位性（ricchisei）。宫本武之辅认为，日本的技术必须是"进步的"，因为它必须领先于中国的技术。这一条件是"中国资源与日本技术相结合的东亚合作领域的基础"。[62]其次，日本的技术需要"综合"各个领域的科学技术才能发挥其效力。最后，宫本武之辅认为，日本的技术需要对"区位"保持敏感，因为在日本特定环境下开发出来的技术可能并不完全适合中国："为了满足大陆的现实状况有必要修改日本的技术。"[63]

因此，据宫本武之辅和加藤与五郎的看法，"日本"技术是由中国的资源和日本人的智力组成的，而日本工程师的职责是维持日本帝国赖以生存的劳动分工。亚洲的这种劳动分工确保了现在的"大东亚共荣圈"的新秩序，这与十数年前工人俱乐部的技术官僚提出的"脑力劳动者"的身份区别有根本的不同。在 20 世纪 20 年代中期，工人俱乐部试图将工程师定位为无产阶级中的"脑力劳动者"。在他们的新视野中，工程师不再是碰巧拥有专业学位的无产阶级，他们的专业知识也不再被资本家所利用。工程师现在是帝国的大脑，从根本上维持了帝国的技术等级制度（或者用技术官僚的话说就是"合作"）。

　　然而，对于具有日本特性的技术的讨论，大多数还是停留在规定性层面而不是描述性的，是理想化的而非现实性的。就连宫本武之辅也只是主张日本技术"应该"具备上述的三种特性。换句话说，日本可以说是没有自身特色的。这正是技术官僚们所认为的日本技术的问题所在。他们认为，近代技术由于在明治维新后被迅速从西方引进，并且继续依赖西方，所以没有发展成真正的日本技术。技术官僚们担心，如果与西方国家发生战争，从国外获得的材料、信息和技术的供应会被完全切断，日本的命运不知将会变成什么样。大多数日本公司持续斥巨资购进外国的专利和进口机器，同时拒绝与公众分享技术信息，以此来保护自己的利润。很多工程师、科学家和商业领袖意识到，这种做法阻碍了国内的生产、消费意愿以及技术的发展。[64]日本对西方的依赖也是一个心理问题：在学术界，优秀学术水平的判定标准是基于其在国外的声誉的。一位科学家在1940年写道："事实上，留学西方的日本科学家看不起本国科学家，也不看国内的学术论文。如果一名日本科学家的作品幸运地被国外科学家注意到了，并且在国外受到了赞扬，那日本国内的科学家们就会最终承认这一作品。"他还说，访问日本的西方科学家经常评论图书馆里西方书籍和技术期刊的收藏很盲目。用这名科学家的话说，这样的条件构成了"日本学术界的殖民局面"。[65]技术官僚的逻辑是，为了维持在亚洲的领导地位，日本需要把自己从这些殖民状况和心态中解放出来。关于日本独特的技术和科学的论述，与其说是在庆祝"日本独特的"成就，不如说是在哀叹这种毫无特色的日本技术和科学的殖民状态。

然而，有一件事是显而易见的。摆脱这种可悲状况的办法是从亚洲获得资源，来发展日本独有的技术和科学。换言之，"被殖民的"日本需要对亚洲进行殖民，以摆脱西方对它的影响。但正如著名物理学家仁科芳雄（Nishina Yoshio）在1942年所坦白的那样，无论是在科学家的数量上还是在设施的质量上，日本的科学条件都远不如西方。因此，如何"在这样的条件下构建日本科学是一个非常困难的问题"。[66]对沮丧的仁科芳雄来说，他能提出的唯一答案就是只能继续努力："只要是日本人开发出来的，那就是日本的科学。"[67]就此点而言，技术官僚对一种独特的日本技术的断言是相当重复的。日本的技术在于建设一个新的亚洲，但是在这种"建设"之前，首先要有日本的技术。然而，他们认为，为了构建日本的技术并从西方获得技术独立，日本需要亚洲的资源。技术官僚从来没有超越这一重复的循环，这让"日本技术"和"日本科技"的口号非常空洞。特莎·莫里斯-铃木（Tessa Morris - Suzuki）指出，技术官僚们所提倡的"日本独特"技术的内容和风格在很大程度上都基于西方模式，而不是真正的独特。[68]毕竟，技术官僚们最关心的还是日本帝国对自然资源的有力、高效的开发。从根本上说，日本的技术是在日本帝国范围内对日本大脑和亚洲原材料之间的分工，而不关乎科学或技术的风格。技术爱国主义的逻辑强调了技术在新秩序建设和维护中的中心地位。他们声称，工程师和科学家是这个新秩序中至关重要的大脑，而技术官僚引导着这个大脑。[69]

随着对中国战争的迁延，在政治领袖的眼中，科学和技术的政治意义越来越强。1940 年 8 月 1 日，第二次近卫内阁公布了《基本国策纲要》，将"快速促进科学和生产合理化"列为最紧迫的国家议程之一。[70]作为第一届明确把促进科学发展作为一项基本国策的政府，近卫内阁受到了技术官僚的欢迎。此外，近卫文麿还任命东京帝国大学教授、一所高中的校长、生理学家桥田邦彦①（Hashida Kunihiko）担任文部省大臣。桥田邦彦的任命引起了不小的轰动，因为这是 30 年以来第一位出任文部省大臣的科学家（也是有史以来的第二位），而文部省向来是由法科官僚把持的部门之一。[71]宫本武之辅很快被邀请加入了企划院成立的科学动员委员会，在该委员会中宫本武之辅强烈主张在日本建立一个类似于"满洲国"大陆科学院的"中

---

① 桥田邦彦（1882—1945 年），日本医学家、教育家。医学博士。主张"科学之心"，推进学校教育中的自然观察等，对战后的科学教育也产生了影响。在兴亚工业大学（现千叶工业大学）创立之际，作为政府代表参与其中。他在日本最早提出了"实验生理学"，作为生理学家和医学家取得了很多成就。由于名声大噪，近卫文麿和东条英机两任首相都聘请他为文部省大臣。在战败后被 GHQ 指定为 A 级战犯嫌疑人，在被警方带走前服毒自杀。——译者注

央科学研究机构"。最后，1941 年，他被任命为企划院次长。尽管由于他的早逝，宫本武之辅担任这个职位的时间很短，但是次长这一职位属于所有官僚能够拥有的最高职位——无论是法科官僚还是技术官僚——最终实现了他的政治抱负。

随着科学越来越频繁地出现在国家和帝国管理的中心舞台上，其他技术官僚继续发力，试图抓住这个机会实现他们的最终梦想，即创建一个强大的、独立的行政系统，以此统一和控制分散在各个省厅和机构中的研究项目。他们将这种系统称为"科学技术新体制"。

定义"帝国的科学"

"科学技术"一词如今已经成为日语中的标准词汇，以至于这个词背后的最初政治内涵已经被遗忘。1940 年之前，写到科学、技术的人通常会写成"科学和技术""科学以及技术"等字样，以表明两个领域之间存在明显区别。[72]技术官僚发现这种区别是不必要的，于是提供了一个新的表达方式，以重新定义科学并借此支持他们对权力的追求。藤泽威雄——一个在企划院做领导的技术官僚，在 1940 年 2 月解释说：

就像我们最近和很多人交谈过的那样，有一件事我们一直记在心里——语言。我们使用"科学-技术"这个说法。我们想创造一个新术语"科学-技术"而不是"科学和技术"

（像常用的那样）。这是因为如果我们说起"科学"，它的范围很广，包括人文科学和自然科学。现在发生问题的不是广义上的科学，而是技术科学。通过加入"技术"，"科学-技术"就可以清晰地说明很多关于所谓的"科学的技术"的问题。[73]

60　　　藤泽威雄所说的"科学-技术"把科学局限于与技术有关的科学。在科学技术领域，社会-人文导向的科学并不存在，因为它们与国家最需要的和国防没有直接关系。

　　如此狭窄的科学定义明确地挑战了当时存在的各种科学定义。首先，它否认了马克思主义对科学的定义。我们将在第二部分中看到，在日本被理解为"科学社会主义"的马克思主义，在 20 世纪 20 年代至 30 年代之间统治着社会科学领域，使得"社会科学"成为马克思主义的同义词。科学技术直接挑战了马克思主义与"科学"的这种紧密联系。毛里英於菟（Mōri Hideoto），一个支持技术官僚的法科官僚，进一步阐明了这一点。他在 1940 年提出，科学技术的出现标志着"日本思维方式"对马克思主义科学的重大胜利：

> 如果我们还在 19 世纪的科学水平上停滞不前，那么建立在科学理解基础上的世界观就必定会停滞于唯物主义和机械主义……在近代日本知识分子和政治斗争的历史上，我们发起了反对马克思主义理论的斗争。在这场斗争中，

日本民族赢得了对唯物主义和机械主义世界观的思想胜利。
日本民族的这种思想斗争的对象，就是所谓的"科学的"。[74]

毛里英於菟还提出，牛顿原子理论代表了 19 世纪唯物主义和机械主义世界观的科学，但它已经被一门基于新的世界观的量子物理学所克服，而量子物理学"更接近东方哲学"。[75]虽然毛里在这篇文章中没有解释原因，很有可能的是他认为确实挑战了牛顿物理学的世界观的新物理学所提出的具有可能性、不确定性和相对性的概念与东方哲学相似。应该指出的是，到 1940 年，苏联共产党经过多次辩论得出结论，认为量子物理和相对论是资产阶级理想主义和自由主义的产物。之后我们会看到，日本的马克思主义者在这个问题上没有达成任何共识。相比之下，毛里英於菟抓住了量子力学崛起的机会，并利用它来为日本民族的智慧合理化。

其次，"科学-技术"一词也挑战了传统的认为科学在智力上高于技术的等级制度。它通过把科学的意义局限于技术领域，宣称技术是科学的目的，而不仅仅是科学的工具。例如，筱原武司（Shinohara Takeshi）的"科学技术理论"主张，坚持认为科学是技术的一部分。[76]筱原武司认为，"科学独立于技术而技术依赖科学"的普遍观点是从中世纪发源的，那时上帝仍然是真理的拥有者，而科学意味着寻求真理："科学与中世纪形而上学的自然真理毫无关系，也和被假定为所谓纯粹客观存在的自然定律毫无关系。"[77]筱原认为，正是这种天真的想法在科学 *61*

和技术之间建立了错误的等级制度。与此相反，筱原主张："我们不应该区别对待科学和技术……我们认为，我们应该抛弃那些与中世纪左右的真理概念以及现代的理性主义和实证主义有关的科学概念和术语……而是用'技术'这个概念和术语来统一整体。"[78]

筱原武司认为，与"中世纪左右"的科学不同，科学应该意味着根据社会需求实现计划目标。主张技术主义的筱原解释了他的科学概念：

> 科学研究必须以有组织、有系统的方式完成，这套方式以社会生产为明确目标，有一定的计划和管控。单纯的个人心理偏好，如对知识的热爱和对真理的崇拜，必须完全排除在外。至关重要的是，科学研究总是为了实践目的进行，其结果立即物化和产业化，毫不拖延……科学不是简单的科学规律的体系；它需要被解释为创造和应用这些规律的更广泛活动的一部分。因是，科学的真正问题是如何创造最有效的定律，以及如何以应用这些定律的最有效的方式。这正是技术领域的问题。科学只不过是我们智力活动中的技术的体系。[79]

简言之，在筱原武司看来，单单把科学事实和规律看作是真理，对社会而言没有太大意义。只有把这些科学探究的结果体现为实用技术、转化为经济资本，科学才是有意义的。[80]前马克思主义技术理论家相川春喜（Aikawa Haruki）在对科学技术的讨论中进一步强调了篠原的观点。相川春喜主张说，虽然技术一直被认为是依靠科学的进步得以发展的东西，但是如今的国防要求技术应该指导科学。难道日本选择像驱逐了犹太科学家却发展出了优秀的技术的纳粹德国那样，不比选择欢迎那些科学家却遭受经济大萧条的美国更好吗？对于自己的反问，相川回答说，战争的关键不是诺贝尔奖，而是机械化的军队——"我相信这是一种新的良知……那就是认为与其'在没有权力的文化下'守护科学这座万神殿，倒不如为了文化的力量和意志被埋葬在技术的堡垒之下"。[81] 在藤泽威雄、篠原武司和相川春喜所倡导的新的、翻转的科学技术等级制度中，科学只有通过技术才能为国家服务。

对于"科学-技术"这一短语的讨论十分激烈，是以早在1940 年 1 月一位记者就指出"所谓的'科学-技术'开创了新闻业的新纪元"。[82] 到 1942 年，"科学-技术"被广泛使用。1942 年，一个名为《科学技术》（*Kagaku gijutsu*）的新杂志出现了，它宣称自己的目标是"鼓励科学技术，科学技术是国家权力的根本来源，以建立一个高度的国防国家"以及"引进德国的科学技术"。[83] "科学技术"这一短语甚至创造了一种新的文学流派：1944年，一家知名的舆论杂志《改造》呼吁读者提供"科技作品"。[84]

无怪乎"科学技术"一词在 1942 年被广泛使用，因为这句话被第二届近卫内阁采纳为新政策——《科学技术新体制确

62

立纲要》(以下简称《纲要》)。① 这份《纲要》是近卫内阁的
新体制运动的一部分，于 1941 年 5 月 27 日在国会通过。

《纲要》是第二次世界大战结束前技术官僚政治的胜利高
潮。《纲要》宣称其为"利用大东亚共荣圈的资源建设科学技
术的日本特性"。[85]《纲要》对其宗旨作了如下介绍：

> 我国的科学技术水平普遍低于西方国家，而且严重依
> 赖西方国家，这是令人遗憾的事实。科学家和技术人员为
> 克服这个问题做出了巨大的努力，但考虑到目前危急的国
> 际政治和我们在大东亚共同繁荣领域的领导地位，现在，
> 我们为全面动员科学技术做好准备已变得紧迫和必要，我
> 们要推动科技发展，并在大东亚共荣圈建立以原材料和生
> 态为基础的具有日本特色的大东亚共荣圈……
>
> 《科学技术新体制确立纲要》关注的重点是：表明最有效
> 的基础和应用研究及其工业用途；对大东亚共荣圈的原材料
> 进行科学研究，以及发展总体战动员所需的技术；巩固各领
> 域科学技术发展的基本政策，包括培育全民科学精神；作为
> 一个更具体的目标，提高……科技的发展的速度；对各领域
> 的基础应用研究及其产业化进行系统化和管控；并且迅速建
> 立一个专门从事科学技术研究和行政管理的中央组织，将各
> 种研究领域联合起来，区别于一般工业和教育机构。[86]

---

① 即『科学技術新体制確立要綱』。——译者注

　　在上述概述之后，《纲要》强调了三个重点：促进科学技术研究、促进科学技术研究的产业化、培养科学精神。《纲要》对每个目标也提出了更详细的策略。在"鼓励科学技术研究的政策"之下，一份清单列出了要实现这一目标的八个领域，例如促进"各种应用科学的整合"，"提高相关领域的研究效率"，促进"产业化和实践应用的研究"；确保动员研究所需的资金和材料；以及奖励"对国家科学技术能力发展做出贡献的科学家和工程师"。显然，技术官僚成功地用"科学技术"一词重新定义了科学。此处，科学被理解为一门以工业化和实际应用为目的的、有计划的和系统化的科学，正如几年前筱原武司的"科学技术理论"所讨论的那样。这些议程显然是基于技术官僚关于技术和科学等级翻转的主张，只强调科学的产业化和实用性。

　　《纲要》的第二个目标在"关于技术进步的政策"一节中详细展开，这更清楚地表明，科学研究是为了迎合技术的发展。这里科学指的是"对大东亚共荣圈的原材料和生态的基础研究"，这些研究将会推动完成"国家急需技术的划时代的、先进的目标"。从这里可以很容易地看出宫本武之辅对"亚洲开发技术"的定义。这种技术的高效和计划性发展被一再强调，促进的方法则包含诸如奖励私营企业、工业专利的有效利用、工业的标准化以及对"总体战动员"所需的技术人才进行系统培训和分配等被提议的内容。

　　《纲要》最后一节题为"培育科学精神的政策"，反映了技术官僚的信念，即除非人也可以被训练得系统、理性，否则实现系统化和理性的"科学技术"是不可能的。这一目标将通过四种途径来实现："培养人的科学精神"的全面教育改革、为国防科学和反间谍培养对年轻一代进行技术培训、扩大社会设施以促进科学技术、提高国民素质并使国民生活更加科学化。[87]从这个清单中可以清楚地看出，这里的科学精神与人们的思想无关，而是与人们的技术训练和身体训练有关。这呼应了筱原武司之前的观点，即"科学"与真理或经验主义无关，而是与科学技术的规划和合理化，以提高国防和生产工业的生产率有关。

为了实现以上这三个目标，《纲要》规定设立三个机构：技术院——管理科学技术研究的行政单位；一个科学技术研究组织——科学技术研究成果产业化的调查机构；以及科学技术审议会——一个促进科学精神和科学技术政策的政策咨询委员会。这些机构将由有能力的技术官僚担任领导以及工作人员，他们的级别将与法科官僚相等或高于法科官僚。因此，《纲要》是技术官僚们梦寐以求的科学帝国的蓝图。它受到了技术官僚、工程师和科学家们的热烈欢迎。然而，这份蓝图也遇到了同样多的阻力，这些阻力来自那些不同意《纲要》所提倡的科学类型和推动方式的人。从对《大纲》的批评和支持两方面看，可以看出战时日本的"科学"政策是如何运作的。

《纲要》最强烈的支持来自工程师组织。比如全日本科学技术团体联合会（以下用当时人们对它的称呼"全科技联"为其简称），该组织于 1940 年 8 月成立，是为了联合科学家、工程师和他们的各种协会来促进国家目标的实现。[88] 全科技联在《纲要》颁布之后立刻在主要日报上发表了支持宣言。这份宣言由全科技联会长、著名物理学家长冈半太郎（Nagaoka Hantarō）签署，对《纲要》进行了冗长而详尽的重复。据全科技联介绍，日本的科学技术之所以落后，是因为日本人一直在模仿和依赖西方，这意味着一旦切断与西方的联系，日本将一无所有。为了避免这种困窘，日本需要建立具有"日本特色的科学技术"（Nihonteki seikaku，日本的性格）。全科技联强化了《纲要》的逻辑，主张具有日本特色的科学技术首先将要利用日本势力范围内的资源；其次，它将创造适合日本民族的物质环境；第三，它将增强日本民族的力量；第四，它将创造一种新的文化，使日本民族能够卓立于世界。据全科技联说，《大纲》提出的计划中，尤为紧迫的是为"大东亚共荣圈"和总体战动员提供科学研究的"进步目标"的政策。[89]

全科技联的支持宣言表明，产业界和学术界的科学家和工程师已经把技术官僚的逻辑和语言当成了自己的语言。虽然一些科学家公开批评科学的定义狭隘，轻视科学技术的基础（不可直接应用的）研究，但大多数全科技联成员热烈支持科学技术新体制。[90] 他们对技术官僚和法科官僚之间的冲突没有直接兴趣。不管他们是否真的相信技术官僚关于日本独特的技术和科学的断言，或者是否真的关心科技机构应该由技术官僚还是法科官僚来领导，他们都确实对科学技术研究的预算增加很感兴趣，也对创建更大、更多的科学和工程教育项目，以及为自己的研究获取材料和资源很感兴趣。一种可能是，他们希望通过扩大科学技术规模来避免参战导致的学生减少。1943 年之后，大多数社会科学和人文学科的学生被征召入伍；然而，理科、工科、医学类专业的学术得以免除兵役。[91] 这里需要注意的是，一旦科学技术的逻辑和语言成为官方话语，它们也会成为机会主义者用于自身意图的话语。

对科学技术新秩序最大的反对来自相关既存部门。[92] 毕竟，科学技术应该被视为科学还是技术？由于科学技术是科学与技术的混合体，科学技术的概念违背了官僚统治中既存的分类法。这正是技术官僚的目的，他们想要创造一个超越所有官僚管辖的机构，但实际上它带来了与现有权力结构的冲突。科学技术的倡导者认为，他们的科学技术新体制运动类似于明治维新之后的行政重组。这是"昭和维新的废藩置县"。[93]

在这一科学政策中，最有力的竞争者是文部省。科学研究活动，作为高等教育的一部分，一直属于文部省的管辖范围。但文部省自成立以来一直强调义务教育，甚至没有单独的科学研究部门。直到 1938 年陆军上将荒木贞夫（Araki Sadao）担任大臣时，文部省才开始推行促进科学研究的政策，因为荒木是发展战争科学技术的既得利益者。1938 年 8 月，荒木贞夫建立了科学振兴调查会，其中 43 名成员分别来自各个省厅、军部、企划院和学术界；1939 年 3 月，科学振兴调查会增加了 300 万日元的科研预算，与前几年相比，这是一个惊人的飞跃，当时

用于研究的平均预算保持在 5 万到 6 万日元。次年，也就是
1939 年，文部省成立了科学部，专门处理科学研究的资金，
1942 年科学部成为一个独立的部门。[94]简而言之，对中国战争
的爆发之后，随着技术官僚们开始获得制度层面的权力，就连
曾经在推广科学政策方面相当疏忽的文部省也开始主张其在科
学领域的权力。

66

对于文部省来说，技术官僚的"科学技术"意味着对其权
威的直接挑战。"在企划院起草的整个草案中，出现了一个新
的短语——'科学技术'……文部省认为科学包括基础研究、
应用研究和实践研究。科学-技术就是指这种实用性的研究。"
因为"纯粹的科学，或称学问，已经属于文部省管辖"，文部
省主张，企划院应该只负责技术，而不是科学-技术或科学与
技术。甚至是日本技术协会成员，也被行政管辖权影响了对科
学技术的看法。文部省的技术官僚松冈久雄在《技术评论》中
提出，科学和技术不可能构成一个领域："技术院的规章制度中
使用了'科学-技术'这个短语。然而在我看来，可以说'科
学的技术'，也可以说'科学和技术'，但不能说科学技术……
我认为科学政策应该由文部省来处理。"[95]

即使《纲要》在国会得以通过，这些统辖争端也阻碍了
该《纲要》的充分实现。[96]科学技术研究机关是在战争结束前才
建立起来的。尽管技术院在 1941 年 9 月就开始准备，但直到
1942 年 1 月 30 日，经过与各个部门，特别是文部省、大藏省
和军部之间复杂的谈判后，才得以正式运行。此外，技术院的

纲要原本是对官僚机构进行彻底改革的宏伟计划，但在 1941
年 10 月国会最终通过时，已经做出了很大程度上的妥协和修
改。技术院打算在科学技术相关的领域中发挥领导作用，但纲
要原草案中的"领导"一词被删除了。[97]原纲要计划的技术院下
设部门从七个减少到四个。原本计划从既存部门移交到技术院
的十五个领域，最终到手的只有六个。同时，如前所述，文部
省成立了自己的科学部，这与《纲要》把科技研究项目集中在
统一领导下的宗旨背道而驰。[98]最终，技术机构被戏称为"航空
技术院"，因为在许多想要推广的"急需技术"中，它只能控
制航空领域——这个崭新的易于技术院管控的领域。事实证
明，在科学技术领域和工业领域，日本技术院更像是各省厅和
实验室之间的协调者，而不是领导者。[99]在与美国的战争爆发
后，技术院确实发展迅速，获得了最大的科学和技术预算。
1944 年，它的预算是前一年的两倍多，促使其竞争对手文部省
也于 1944 年大幅地增加了预算。

科学技术审议会于 1942 年 12 月 26 日设置于内阁下，在
促进与科学和技术有关的国家政策和殖民政策方面发挥了更重
要的作用。据企划院所言，科学技术审议会是日本追赶西方科
学技术的"急行车"。它将具备"强烈的民族主义之下最纯粹
的责任感以及被允许范围内尽可能独立的执行力"。此外，企
划院希望它成为内阁的脑力力量，最终"使科学技术政治
化"。[100]科学技术审议会总裁由首相担任，副总裁由技术院总裁
担任，此外由大约 200 名官僚、学者和非学术知识分子组成。

科学技术审议会涉及的领域从造船、化学、采矿、农业、医药和卫生到南太平洋区域资源的开发。由技术官僚出版的年鉴称，科学技术审议会是"我国科学技术史上最重要的事件……作为我国最高的科技咨询机构，它肩负着从科技角度审视国家重大政策的重任"。[101]而技术官僚的主要责任仍然是各办公室和各省之间的谈判和协调，科学技术审议会至少最终实现了技术官僚的目标，即建立一个超越行政壁垒和地方主义的机构，有效地、系统地促进科学技术的发展。[102]

两次世界大战之间的日本技术统治运动起初以在日本本土建立新秩序为开端，在这种新秩序中，工程师可以管理劳动者和资本家，创造并维持一种和谐互利的关系。20 世纪 30 年代及第二次世界大战期间，技术官僚的运动发展壮大，提出了日本帝国的新秩序。技术官僚所设想的"科学技术新体制"号称是一种和谐的、互利的秩序，其基础是充分利用帝国内源源不断的自然资源，以实现日本科学技术的自给自足。

对技术官僚而言，一个"科学的"日本意味着一个能够有效开发赢得战争所必要的技术并且维持住帝国的日本，一个让技术专家管理国家优先事项和资源分配以实现这一目标的日本。从他们发明的"科学技术"这一新词中可以看到，定义"科学"是他们与法科官僚斗争中至关重要的一环。然而，一个"科学的日本"对不同的人来说具有不同的含义。下面几章将以日本马克思主义者和大众科学文化的推动者为例加以说明。

注释

1. 特莎·莫里斯-铃木还认为，日本殖民主义以科学为中心的意识形态与更偏向唯心主义和种族主义的意识形态一样强大。参见 Morris - Suzuki, *Re - Inventing Japan*。然而，技术官僚和战时民族主义之间的关系在德国历史的背景下得到了最广泛的研究。参见 Macrakis and Hoffman, *Science under Socialism*; Renneberg and Walker, *Science*, *Technology*, *and National Socialism*; Herf, *Reactionary Modernism*; Harwood, "German Science and Technology"; Walker, *Nazi Science*; and Beyerchen, *Scientists under Hitler*。

2. 对战时科技政策的研究倾向于假设"科学技术"(kagaku gijutsu)这个词以前就存在，忽视了这种构想中技术官僚的地位和定义主张。参见 Pauer, "Japan's Technical Mobilization in the Second World War"; Mimura, "Technocratic Visions of Empire"; Yamazaki Masakatsu, "Mobilization of Science and Technology"; 以及 Sawai, "Kagaku gijutsu shintaisei kōsō no tenkai to gijutsuin no tanjō"。

3. Young, *Japan's Total Empire*, 33。

4. 1931 年 3 月至 6 月，由前孟加拉总督维克多·布尔沃·李顿（第二伯爵）领导的李顿调查团对此案进行了调查，并于同年 9 月提交了《李顿报告书》。最终报告书支持了中国主张的九一八事变不能被正当化为日本的自卫行为。但是，它也向日本做出了让步，建议确保日本在东北的利益。尽管如此，日本仍对《李顿报告书》表示不满并于 1933 年［当时所有国联成员（除了日本和泰国）都对李顿调查书表示接受］立刻退出了国联。

5. 参见 Young, *Japan's Total Empire*, 55 - 154。

6. "Kantōgen," *Kōjin*, February 1930: n. p.

7. Sakata, "Kaku hōmen yori yoseraretaru manmō taisaku iken," *Kōjin*, May 1932: 47.

8. Takahashi Saburō, "Jisei to Kōjin Kurabu," *Kōjin*, August 1932: 4 - 5.

9. Koike, "Manmō mondai o hōnin shitatosureba," *Kōjin*, March 1932: 40.

10. 可参见 Uchino, "Kaku hōmen yori yoseraretaru manmō taisakuik-

en,"*Kōjin*，May 1932：45。

11. 早在 1915 年，宫本武之辅就在他的日记中满怀热情地写下"想要为物质而奋斗的人，就向西（中国）走吧"。Ōyodo，*Miyamoto*，56.

12. Miyamoto，"Manmō mondai to gijutsuka,"*Kōjin*，March 1932：30.

13. 同上。

14. 同上，31。关于 20 世纪早期日本的传统中国观，参见 Tanaka，*Japan's Orient*。

15. Miyamoto，"Manmō mondai to gijutsuka,"31。

16. 我的研究表明，所谓"满蒙开发"（manmō taisaku）政策——该地区自然资源的研究和发展计划——之后变成了日本本土的国土开发（kokudo kaihatsu）蓝图（国家土地发展）。从这个意义上来讲，日本的技术官僚不仅将东北视为一片开放的土地，也将其视为一种实验基地。这种殖民观点（虽然东北从实质上讲从未被"殖民"）与后藤新平及其同事的观点很接近，他们致力于在中国台湾地区建立"科学殖民主义"。参见 Peattie，"Japanese Attitudes toward Colonialism,"84‐85。

17. B. S. ［全名未知］，"Nihon kagaku sentan jinbutsu hōmon：Katō Yogorō hakushi to shigen kagaku mondō,"*Kagaku gahō* 28，no. 6（June 1939）：89.

18. Naoki，*Kōjin*，January 1934：n. p.

19. Takahashi Saburō，"Nihon Kōjin Kurabu sōritsu tōji no omoide o kataru,"*Gijutsu Nihon*，April‐May 1936：30.

20. *Kōjin*，April 1932：12.

21. Tsuge，"Kenkyūshitsu gaikan, shanhai shizen kagaku kenkyūjo,"*Kagaku*，November 1937：565.

22. *NKGT*，4：323. 关于大陆科学院建立的更多内容，参见 Kawahara，*Shōwa seiji shisō kenkyū*，81‐90。

23. "Tokyo‐shi gijutsusha busoku ni nayamu,"*Tokyo Asahi shinbun*，April 7, 1938. 见于 *Gijutsu Nihon*，April 1938：19‐20。

24. 预算之充足部分是由于其与东北日产重工业等公司的紧密联系；1937 年，日产将总部移到东北。参见 Kawahara，*Shōwa seiji shisō kenkyū*，88。关于日产在东北的参与，参见 Kobayashi，*Mantetsu*，143‐47。

25. 特急亚细亚号（Tokkyū Ajia‐gō）于 1934 年 11 月首次运行。当时日本本土的燕子号特快列车（Tsubame‐gō）的运行速度是每小时 67 公里。参见 Kobayashi, *Mantetsu*, 14；以及 Satō, *Tokkyū Ajia‐gō no ai‐kan*, 57‐58。

26. Suzuki, "Tairiku hatten to kagaku," February 16, 1938, in *NKGT*, 4: 324.

27. 同上，4：324。这份宣言于 1938 年 2 月 16 日通过无线电进行了广播，其后作为铃木梅太郎著作的一部分被出版（*Kenkyū no kaiko*, Tokyo: Kōbundō Shobō, 1943）。五族共和是"满洲国"的口号之一。

28. 有关日本农民的东北移民，参见 Yamamuro, *Manchuria under Japanese Dominion*；以及 Tamanoi, *Under the Shadow of Nationalism*。

29. 例如，满铁在第一次世界大战期间开始招募东京帝国大学毕业的工程师。参见 Kobayashi, *Mantetsu*, 72。

30. Manshū Gijutsu Kyōkai, "Manmō zadankai," *Kōjin*, May 1932: 4‐16.

31. Ikejima, "Tairiku kagaku to kenkoku daigaku," *Bungei shunjū*, June 1939: 184‐89；引自 Kawahara, *Shōwa seiji shisō kenkyū*, 88.

32. Manshū Gijutsu Kyōkai, "Manmō zadankai," *Kōjin*, May 1932: 5‐7, 9, 12. 然而，东北看上去并不是一个能吸引年轻工程师的地方。1933 年，满铁发布了一个想从日本招募 300 名工程师的招聘通知，只有具有技术学院文凭的年长工程师应聘工作。根据满铁工业部所准备的文件来看，20 世纪 30 年代满铁所面临的问题是缺乏有才干的年轻工程师。在东北的日本工程师无法指望任何形式的养老金制度，他们需要做好每月的工资要比在日本本土获得的低 25％到 30％的准备。那些希望在日本本土有一番作为的人认为东北的工程师职务是不显眼的。Manshūkoku o kataru, *Kōjin*, October 1933: 18‐19；以及 Nakamura Takafusa, *Shōwashi*, 1: 157‐58。

33. Miyamoto, "Gijutsuka no shakaiteki danketsu," *Gijutsu Nihon*, June 1936: 2. 关于"转向"的含义，参见序言及第一章内容。

34. 1926 年，工人俱乐部成员多达 5 500 人。参见 Ōyodo, *Miyamoto*, 268。

35. "Zadankai gijutsusha no shakaiteki chii • ninmu ni tsuite," *Gijutsu*

Nihon，November - December 1936：24 - 46，48.

36. Ueda Shigeru，"Nihon Gijutsu Kyōkai ni tsuite," *Gijutsu Nihon*，November - December 1936：18 - 19.

37. "Zadankai gijutsusha no shakaiteki chii • ninmu ni tsuite," 24 - 46. The statement regarding resignation was made by Aya Kameichi from the Ministry of Railway on p. 36.

38. Kawahara，*Shōwa seiji shisō kenkyū*，58；see also Iida，*Jūkōgyōka no tenkai*，220 - 26.

39. 大萧条时期，右翼分子对老牌资本家如 1932 年被暗杀的三井财阀总裁团琢磨的敌意日益强烈，资本与经营分离的趋势进一步升级。Kawahara，*Shōwa seiji shisō kenkyū*，59.

40. Okada，"Gijutsukan yūgū to hōka bannō haigeki," *Gijutsu Nihon*，October 1937：12.

41. 参见 "Kenji," *Gijutsu Nihon*，December 1937：2 - 3.

42. "技术报国"这个短语在当时被很多工程师作者所使用。各行业也出现了很多类似的词，诸如"科学报国"（kagaku hōkoku）和"产业报国"（sangyō hōkoku）等。

43. Miyamoto，"Gijutsuka danketsu no shidō genri," *Gijutsu Nihon*，July 1937：1.

44. 例如，从 1938 年 6 月到 9 月，《技术日本》推出了题为《对支政策座谈会》（*Taishi seisaku zadankai*）的系列节目。

45. Miyamoto，"Bunkan seido kaikaku to gijutsukan yūgū," *Gijutsu Nihon*，February 1938：4 - 6.

46. Kamei Kojirō，"Seiji, gijutsu, hōkoku," *Gijutsu Nihon*，September 1937：10 - 11.

47. 引自 *Gijutsu Nihon*，April 1938：11（originally in *Osaka Asahi shinbun*，March 16，1938）．石原纯（1881—1947 年）曾是日本东北帝国大学的物理学教授，但在与诗人原阿佐绪发生绯闻后离开了大学。他曾在欧洲跟随爱因斯坦学习，1922 年爱因斯坦访问日本时，他是爱因斯坦的翻译。1931 年，石原纯成为《科学》（*Kagaku*）的第一个编辑，这是一份由岩波书店出版的学术科学杂志。

48. Matsuoka，"Gijutsu jidai no tenkai to waga kuni gijutsusha," *Gi-*

jutsu hyōron，March 1940：5 - 6。

49. 同上，8。

50. Kikuchi，"Kinrō shintaisei to gijutsusha，"*Gijutsu hyōron*，January 1941：20。

51. 该杂志始于 1937 年，最初是不断扩张的日本理研财阀各分支机构之间的交流工具，很快成为主要的技术官僚杂志之一，讨论技术、科学、工业和经济的各种话题。该杂志为包括马克思主义者在内的各种政治活动家和学者提供了讨论科学技术的空间。

52. 关于大河内正敏的"科学主义工业"，参见 *Shihonshugi kōgyō to kagakushugi kōgyō*，这是他为《科学主义工业》（*kagakushugi kōgyō*）杂志所撰稿的合集。也可参见大河内正敏的著作 *Moterukuni Nihon*。他还经常写关于农业地区的问题，试图通过自己的"科学主义工业"和给农民提供淡季工厂就业机会来解决这些问题。可参见 *Nōson no kikai kōgyō* 及 *Nōson no kōgyō*。

53. Nakamura，*Shōwashi*，203 - 8，214 - 15。

54. 关于近卫文麿的政治生涯，可参见 Yoshitake，*Konoe Fumimaro*。

55. 引自 Hiroshige，*Kagaku no shakaishi*，164。工政会成立于 1918 年，由私营部门和大学的工程师组成。它比工人俱乐部早两年成立，是第一个由工程师自愿组成的组织。1938 年，为了支持战争动员，工业工程师们成立了对支技术联盟。

56. Ishikawa，"Kanjikai seido kaishi ni tsuite，"*Gijutsu Nihon*，March 1937：15。

57. "Miyamoto Takenosuke tsuitō zadankai，"*Gijutsu hyōron*，April 1942：55。

58. 科学审议会于 1938 年成立，以便商界和学术界的科学家和工程师以顾问的身份加入国家科学和技术决策。成员包括大河内正敏；日本东北帝国大学校长本多光太郎（Honda Kōtarō）；东京帝国大学航空研究所所长和田小六（Wada Koroku）；以及东京帝国大学教授、前交通部工程师涩泽元治（Shibusawa Motoji）。

59. Yata，"Jikyoku to gijutsu，"*Gijutsu Nihon*，December 1937：26。会议的开幕致辞由日本技术协会的会长佐野利器（Sano Toshikata）发

表，并通过无线电进行了广播。

60. 引自人物专访 Katō. B. S. , "Nihon kagaku sentan jinbutsu hōmon," 89–90。

61. Miyamoto, "Kōa gijutsu no mittsu no seikaku," *Tairiku kensetsu no kadai* (Tokyo: Iwanami Shoten, 1941), 177–83 (originally appeared in *Teishin kyōkai zasshi*, March 1940).

62. 同上, 179。

63. 同上, 181。

64. 1942 年之后，这被认为是"信息公开问题"。这是一个重大的全国性问题，在实业家、政策制定者、工程师、科学家和知识分子中引起了许多讨论。

65. Takahashi Shin'ichi, "Kagakusha no ninmu," *Kagaku Pen* 5, no. 10 (October 1940): 61.

66. Nishina, "Nihon kagaku no kensetsu," *Gijutsu hyōron*, June 1942: 3.

67. 同上, 2。

68. Morris–Suzuki, *Technological Transformation of Japan*, 152.

69. 参见上述 n. 1；也可参见 Morris–Suzuki, *Re–Inventing Japan*。日本技术官僚的主张与迈克尔·阿达斯（Michael Adas）的作品中出现的西方殖民主义者的主张相似。阿达斯在他的 *Machines as the Measure of Men* 中强调了科学作为衡量文明进步和人类内在天赋的标准的重要性，它取代了古老的宗教信仰标准，是西方殖民非洲和亚洲的推动力和正当理由。

70. 取得更多信息，可参见 Sawai, "Kagaku gijutsu shintaisei kōsō no tenkai to gijutsuin no tanjō," 367。

71. 第一位出任文部省大臣的科学家是菊池大麓（Kikuchi Dairoku），于 1901 年出任第 18 届文部省大臣，也有一些人对桥田邦彦的任命持悲观态度，然而，1940 年 9 月发行的 *Kagaku Pen*（科学ペン）有特别版 "Shin bunsō ni nozomu"（新文相に望む）（我们盼望新的文部省大臣）。为这一部分撰稿的有 5 名科学家，他们对于桥田的任命既有积极的观点，也有批判的观点——他们中的一些人很是讽刺。例如，东京帝国大学的工程学教授富冢清（Tomizuka Kiyoshi）表示，仅凭桥田一个人是无法带来多大改变的。他作了一个预言性的描述："我想表达我的意见……（不是因为桥田邦彦可能在促进科学方面做一些激进的事情，而）只是因为当东京被轰炸、日本民族最终觉醒时，几代之后的文部省大臣可能会听到我的声音。"omizuka, "Kagakuteki ni," *Kagaku Pen* 5, no. 9 (September 1940): 181.

72. 最早在工人俱乐部中提到"科学技术"一词是由东京地铁工程师 Fumio Sunouchi 在 1939 年 11 月号上提出的，不过他并没有就这个词展开任何讨论。参见 Sunouchi, "Kagaku gijutsu no sekai," *Gijutsu hyōron*, November 1939: 12 - 17。

73. Fujisawa, "Kagaku gijutsu shintaisei o kataru," *Nihon kōgyō shinbun*, September 19 - October 1, 1940, quoted in Ōyodo, *Miyamoto*, 384.

74. Mōri, "Seiji ishiki to kagaku gijutsu suijun," *Gijutsu hyōron*, January 1940: 24 - 26. 关于毛里的更多讨论可参见 Itō, "Mōri Hideoto ron oboegaki"; 以及 Mimura, "Technocratic Visions of Empire"。但是，Itō 和 Mimura 都没有讨论毛里对科学技术一词的理解。

75. Mōri, "Seiji ishiki to kagaku gijutsu suijun," 26.

76. Shinohara, "Kagaku gijutsuron," *Kagaku Pen* 5, no. 2 (February 1940): 6 - 15.

77. 同上，13。

78. 同上，14。

79. 同上，8。

80. 参见 Aikawa, "Shintaisei to gijutsu no soshikika," *Gijutsu hyōron*, January 1941: 13 - 18, esp. 16。相川春喜在 1940 年参与到日本技术协会当中去。

81. 同上，16 - 18。*Tōchika* 是一个日本化的俄语单词 точка。（对应英语中的 bunker 或 a blockhouse）。这是一个常见的日本术语，指的是防御性的军事防御工事。

82. Aida, "Gijutsu jaanarizumu jihyō," *Gijutsu hyōron*, January 1940: 61.

83. Wada, "Sōkan ni saishite goaisatsu," *Kagaku gijutsu*, January 1942: 132.

84. 由于我没有找到回应这个呼吁的作品，所以不清楚《改造》的编辑所说的科学技术文献究竟是什么意思。然而，重要的是，一家具有领导地位的杂志宣布了一种新的流派的建立，这一流派包含了"科学技术"一词。

85. 宫本武之辅最早在 1940 年 5 月提出了建立统一科学研究所的计划。根据宫本武之辅的提议，国防技术委员会、商工省、企划院都向国会提交了草案。直到 1940 年 8 月，计划局起草了《科学技术新体制纲要》，这项计划才有了标准名称。有关此过程的更多细节可参见 Sawai，"Kagaku gijutsu shintaisei kōsō no tenkai to gijutsuin no tanjō"。

86. Ōyodo，*Miyamoto*，426 - 27.

87. 同上，427 - 29。

88. Zen Nihon Kagaku Gijutsu Dantai Rengōkai，"Kagaku gijutsu shintaisei nikansuru seimei，"*Kagakushugi kōgyō*，July 1941：2 - 5.

89. 同上，4 - 5。

90. 技术官僚对"科学技术"的鼓吹并没有受到所有科学家的欢迎。例如，在 1940 年关于科学-技术新体制的圆桌讨论中，一些科学家——特别是藤泽威雄，对科学-技术只强调技术和实用科学表示了抱怨。社会科学领域的学者也不喜欢这个词。藤泽在报告中说，他受到了"科学不应该局限于自然科学"的批评。"Zadankai kagaku gijutsu shintaisei to kokka kanri，"in *Kagakushugi kōgyō*，December 1940：142.

91. 例如，1944 年 8 月，在东京帝国大学，超过 70％的经济学学生和近 70％的法律学学生被征召入伍，而只有 1％到 2％的工程、物理和医学学生被征召入伍。参见 Tokyo Daigakushi Shiryōshitsu，*Tokyo Daigaku no gakuto dōin·gakuto shutsujin*。

92. 最强烈的反对出现在起草阶段，特别是在 1940 年秋天。关于《纲要》的详细拟定过程，参见 Sawai，"Kagaku gijutsu shintaisei kōsō no tenkai to gijutsuin no tanjō，"373 - 74。

93. 废藩置县（*Haihan chiken*）是指 1871 年废除德川幕府统治下的藩并部署新的县。引自 Sawai，"Kagaku gijutsu shintaisei kōsō no tenkai to gijutsuin no tanjō，"372。

94. Hiroshige，*Kagaku no shakaishi*，153 - 55.

95. Matsuoka，"Tōgi，"*Gijutsu hyōron*，October 1942：41 - 42. 也可参见 Matsuoka，"Kagaku gijutsu to iu kotoba，"*Gijutsu hyōron*，February

1942：45。

96. 沃尔特·格伦登的作品也证明了这一点。参见 Grunden，*Secret Weapons and World War II*。

97. Sawai，"Kagaku gijutsu shintaisei kōsō no tenkai to gijutsuin no tanjō," 390.

98. 同上，384 — 88。

99. Yamazaki，"Mobilization of Science and Technology," 169.

100. Ōyodo, *Miyamoto*, 430 - 32.

101. Miyazaki, *Kagaku gijutsu nenkan - shōwa jūhachinenban*, 3.

102. 1941 年，宫本武之辅去世，时年 49 岁。他没有来得及看到科学技术审议会成立。

第二部分

马克思主义

第三章　不完全的现代性与日本科学的问题

　　科学从不是在实验室里做实验，或是自然现象和自然规律的新发现这么简单的事情。科学话语是一个具有高度争议的社会领域，它的合理性、统辖范围和定义时常受到多方参与者的挑战、商讨和断言。第一次世界大战为日本的科学话语开辟了一个新的空间，大力推进的研究与开发，快速而不平衡的重工业化以及加剧的阶级冲突一起塑造和激活了这个新的空间。第一部分探讨了作为对日本这些新发展的回应，技术统治是如何出现的；技术官僚又是如何定义技术和科学的。第二部分关注的是另一群日本人，他们通过对阶级和科学进行完全不同的讨论，也对第一次世界大战期间相同的经济和社会变化做出了反应。他们是批判日本现代性、资本主义和科学的马克思主义知识分子。他们对科学日本的构想与技术官僚的构想不同。事实上，他们对日本的批评最初正是对技术官僚们所设想的那种日本的挑战。

　　本章的重点考察对象小仓金之助（Ogura Kinnosuke），对于在日本马克思主义知识分子圈层中开创和发展有关阶级与科学的历史分析起到了关键作用。小仓金之助在明治末年受到数学家训练，又在昭和时期作为教育改革家活跃。1929 年，他开始撰写关于科学的历史阶级分析。他的创新性作品不仅开创了日本的科学史领域，而且还建立了一种被许多日本知识分子认同的观点：基于其不完全的现代性，日本并不很"科学"。本章考察了 20 世纪 20 年代小仓金之助从一个自由的数学教育改革者到一个马克思主义科学史学家的转变过程。小仓的知识分子路径对于我们对马克思主义的"科学"策论的讨论以及我们对第一次世界大战后日本知识和政治发展的理解意义重大。小仓是许多日本战前知识分子的一个例证，他们并未参加过无产阶级运动，却很大程度上受到了马克思主义的影响。对他们而言，马克思主义的吸引力在于它的科学性和普遍性，尤其是在评价日本现代性的水平和性质这方面。

　　要分析两次世界大战之间的马克思主义科学政治，就无法避免这一问题：是否要将社会科学也视为科学的一个领域？20 世纪 00 年代，马克思主义作为科学社会主义传入日本。行至 20 世纪 20 年代中期，马克思主义成为日本知识分子环境中的一支主流以及"社会科学"的同义词。如同本章接下来所讲的那样，尽管技术官僚直截了当地宣称他们的"科学–技术"不包括社会科学在内，但社会科学是如何被认为没有自然科学那么"科学"的，其过程和原因牵扯了很多十分复杂的历史。

走向马克思主义的科学分析

　　1929 年，工人俱乐部的技术官僚指责马克思主义是"不科

学的"并放弃了对工程师的无产阶级化。小仓金之助在一份广
为流传的舆情杂志《思想》（*Shisō*）上发表了一篇鼓舞人心的文
章，提出了讨论无产阶级性和科学的马克思主义新尝试。该篇
文章题为《阶级社会中的算术：文艺复兴时期的算术分析》，
它从阶级斗争的视角探讨了文艺复兴时期欧洲近代数学的出
现。小仓金之助提出，在 12 世纪到 16 世纪之间，有两种数学
处于相互竞争之中。第一种是统治阶级的算术，由中世纪教会
扶植。这种数学以古希腊、罗马的文献为基础，不去寻求数学
的实用性，而是专注于数字的神秘和宗教特征。第二种是新兴
商人阶级的新数学。这是一种以阿拉伯和印度数学为基础的、
关注强调数字的日常和商业应用的数学。随着 14 世纪后商业
经济的发展，这种新的、商业的算术逐渐流行起来，首先在意
大利广为流传，然后是在法国和德国。15 世纪时，一些先进的
大学开始教授这种新算术；到 16 世纪时，教会算数已经衰落，
因为贵族和教会的权力变小了。新兴的资产阶级建起了自己的
大学，他们的数学也成为社会上的主流数学，但是农民没有办
法发展自己的算术，因为只有商人阶级从封建制度的崩溃中获
得了解放。小仓金之助得出结论：就连数学这个被认为是科学 72
中最抽象、最客观的领域，都反映了社会的阶级性——"统治
社会的阶级也统治着算术"。[1]

这篇文章最不同凡响、最激动人心的是小仓在数学领域运
用了阶级分析，而且由此暗示，阶级分析可应用于整个自然科
学领域。他还在另外四篇考察法国和美国算术的文章中进一步

阐述了这一论点。小仓金之助的论文是如此的大胆且有影响力，大多数日本第一代科学史学家称这篇文章是他们职业生涯的开启点。即使是终其一生都没有接受马克思主义的物理学家石原纯，也将小仓的这篇文章列为 1929 年最重要的作品之一，并且希望能够看到更多这样的研究（不过石原纯并没有忘记补充说明，他相信自然科学不会像社会科学那样有那么重的阶级性）。[2]毫不夸张地说，小仓金之助奠定了两次世界大战之间以及第二次世界大战之后日本的科学史领域的基础。如我们所见，马克思主义关于科学的政治意见很大程度也要归功于小仓金之助对科学的历史和阶级分析。

科学史学家称小仓金之助的科学史研究方法为"外在主义"的研究方法。科学史的标准词典中说，"外在主义在其所在的社会文化背景下审视科学和科学家……并声称社会和经济环境影响了某些科学工作的速度和方向"，而内在主义则认为科学"主要是一种抽象的知识事业，与社会、政治和经济环境隔绝……专注于设置和解决与理解和控制自然世界有关的问题，这些显然是智力方面的内容"。[3]因此，内在主义研究方法的吸引力就在于它把"科学的连续性、条理性和进步性"表现为"一项令人敬畏的智力事业"。[4]

小仓金之助的文章比苏联学者鲍里斯·黑森（Boris Hessen）的论文早两年发表。黑森的那篇著名的论文是关于艾萨克·牛顿的，经常被科学史研究者引为第一篇科学史外史研究作品。小仓金之助的作品则很少为日语世界之外的研究者所知，而所

谓的"黑森命题"则作为"范式设置分析"在科学史领域广为
人知。[5] 1931 年，马克思主义物理学家、莫斯科物理研究所所
长黑森在伦敦举办的第二届国际科学史大会上宣读了文章《牛
顿〈原理〉的社会经济根源》。他在这个作品中主张，17 世纪
英国资产阶级革命后兴起的商人社会要求贸易、工业、战争等
新技术，这些社会经济需求为牛顿的物理三定律创造了环境。
黑森也解释道，牛顿的宗教主张——他的创造观肯定了上帝的
创造——提供了一种稳定感，这是英国在经历了一代人的政治
动荡之后所需要的。黑森认为，"牛顿是新兴资产阶级的典型代
表，他的哲学为他的阶级特性赋予了具象"。[6]换句话说，黑森
将经典物理学的出现归因于经济和政治力量，而非牛顿的天
才。[7]这个对牛顿的重新评价是轰动的，特别是发表地点还在英
国——在这里牛顿已经被提升为了民族天才的级别。对黑森的
西方世界的读者们而言，他的论文是从马克思主义的角度大胆
而激动人心地诠释了科学。

　　然而，对于苏联读者来说，黑森命题是在有意传达一些更
复杂的信息。在当时，黑森卷入了苏联两派马克思主义科学家
和哲学家之间的激烈斗争之中，这场斗争中所谓的德波林派和
机械论派争论量子力学和相对论是否符合马克思主义。[8]激进的
机械论派认为量子物理和相对论是资产阶级和帝国主义西方的
科学，因而对苏联的唯物主义世界观是有害的；而德波林派
（包括黑森在内）则保卫新物理，抵制机械论派主张的过于僵
化的科学与意识形态之间的联系。如历史学家罗兰·格雷厄姆

(Loren Graham）明确表示的那样，黑森关于牛顿论文的写作方式，使得他既能够捍卫新物理，同时又能避免被国内的机械论派指控为唯心主义。黑森"特别强调实践在确定理论中的作用……服从斯大林强调技术的命令……并大量引用马克思、恩格斯和列宁的话"，同时也表明，即使是牛顿，其物理学被苏联机械论派坚定地接受为唯物主义和机械论科学，也是资产阶级社会的产物。通过指出牛顿物理在资产阶级和宗教背景下的认知价值，黑森希望——虽然事实证明这是徒劳无功的——他可以捍卫新物理。[9]

　　小仓金之助的阶级分析虽然与黑森命题相类似，但却是从一个完全不同的政治和知识环境中诞生的。新物理在日本没有遭到抵制。德波林-机械论派系论争本身也是在小仓的论文发表数年之后才传入日本的。当时，日本马克思主义者卷入的是他们自己内部的论争，即讲座派和劳动-农民派之间关于日本资本主义和现代性的本质的辩论。我稍后会对此进行详细解释。但这场论争也不是小仓金之助对科学的原创性阶级分析的背景，因为小仓对这场论争知道的并不多。事实上，小仓后来承认，在他写下第一篇论文的时候，他并不熟悉马克思主义。[10]小仓金之助是众多日本战前知识分子中的一员，他们远离共产主义运动和劳工斗争，却深受马克思主义的影响。在这个意义上讲，小仓的知识分子路径和丸山真男（Maruyama Masao）的路径很相似，后者是日本战后最著名的政治学家之一。虽然受到了马克思主义的影响，但是丸山真男对日本现代性进行了非马克思主义的探索。相形之下，小仓金之助完全吸收了马克思主义带给他的东西，并致力于在科学的话题中对日本现代性进行阶级分析。

小仓金之助是第一个没有从帝国大学毕业就获得数学领域的理学博士学位①的日本人。没有帝国大学"血统"使他暴露在精英学术主义的傲慢之下。在他的个人生活中，小仓与糟糕的健康状况以及他的家族强加给他的命运作斗争，那就是继承在山形县鹤冈市的家族航运事业。这些经历可能促成了小仓的反独裁立场。他的母亲不顾父亲的反对，帮助他进入一所私立大学学习化学和物理。这所大学就是东京物理大学，是当时东京和京都除了帝国大学外唯一可以让学生主修科学的高等教育机构。[1]其后，小仓在东京帝国大学学习了几个月的化学，但在1906年为了继承家业被迫返乡。但是，然而，小仓金之助无法投身于他深恶痛绝的商业世界。他利用业余时间学习数学。数学，不同于化学，不需要进行课堂实验。幸运的是，小仓得到了著名数学家林鹤一（Hayashi Tsuruichi）的指导。后者之后做了新成立的东北帝国大学的教授。在导师的指导下，小仓金之助于1911年成为东北帝国大学的讲师，并于1916年以一篇从微分几何角度研究动力学的博士论文获得了理学博士学位。大约在这个时候拍摄的照片显示，小仓金之助是一个年轻的、高大的、聪明的人，戴着眼镜，他虚弱的身体表明他的健康状况

① 即科学博士学位，D. Sc.。——译者注

不佳，但他自信的外表散发着对自己的学业成就的自豪，以及
从家庭束缚中解放出来的自信。

　　小仓的导师林鹤一是数学教育改革的热心倡导者，他向小
仓金之助介绍了有关数学及数学教学法的新书。[12]小仓尤其受到
了菲利克斯·克莱茵① (Felix Klein) 的著作《高观点下的初等数
学》(*Elementarmathematik vom höeren Standpunkt*，1908) 以及其中对
约翰·佩里② (John Perry) 教育运动的描述的鼓舞。该运动始
于 1901 年 9 月佩里在英国的演讲，并通过数学家菲利克斯·
克莱因（德国）、埃米尔·波莱尔③ (Émile Borel)（法国）和埃利
亚基姆·黑斯廷斯·摩尔④ (Eliakim Hastings Moore)（美国）等获
得了国际声誉。他们的教育改革运动批评了当时占主导地位的
抽象的以几何为中心的课程，而主张将代数、应用数学、实验
和对数学的理解与其他科学科目相结合。[13]他们的批评文章引起
了小仓的共鸣。明治政府建立起来的日本数学课程也聚焦于抽
象的几何理论，并着重于对教科书的机械记忆。在追逐着自己

75

① 菲利克斯·克莱因（1849—1925 年），德国数学家。他的主要课题是非欧几何、群论
　和函数论。他的将各种几何用它们的基础变换群来分类的《爱尔兰根纲领》（1872 年
　在埃尔朗根大学就职正教授的演讲）的发表影响深远：是当时数学内容的一个综合。
　著作有《高观点下的初等数学》。——译者注
② 约翰·佩里（1850—1920 年），英国应用数学家、工程师。主要研究数学和工程学。
　在数学教育方面，反对欧里得体系的方法，强调实验几何，重视实际度量，即有
　名的"佩里运动"，为现代数学教育改革奠定了基础。——译者注
③ 埃米尔·波莱尔（1871—1956 年），法国数学家。波莱尔对数学颇有贡献，他引进近
　代实变函数理论、测度论、发散级数论、非解析开拓、可数概率、丢番图近似以及
　解析函数值的度量分布理论等。他取得的成果，如波莱尔覆盖定理、波莱尔测度和
　波莱尔求和法等，对现代数学的许多分支都产生了深刻的影响。——译者注
④ 埃利亚基姆·黑斯廷斯·摩尔（1862—1932 年），美国数学家。主要研究抽象代数、
　代数几何、数论和积分方程。——译者注

的数学家事业的同时，小仓金之助也开始举办讲座和出版著作，以此推进新型数学教育，他称之为"实用数学"。

可以将小仓金之助在 20 世纪 10 年代以及 20 年代早期对于日本数学教育的批判总结为两个部分。第一，日本数学教育过于注重理论数学，与社会的实际需求关系不大。小仓要求在学校课程中引入"实用数学"，还提倡使用图表和统计数据。对于小仓来说，统计学是数学与社会的重要联系，因为它的应用将造福于包括医药和保险在内的各个领域。结束了 1922 年的法国游学之后，小仓开始定期在大阪医科大学举办统计学讲座。这个讲座是大阪医科大学数学课程的一部分，一直到小仓成为大阪的盐见理化学研究所所长之后还在举办。这是一次大胆的努力，因为当时在日本和欧洲范围内，统计学都属于社会科学的一个新的分支，金融和劳动研究也是如此。[14]

第二，小仓金之助曾批评日本数学教育的无能，因为日本数学教育没有能达成小仓所认为的最根本目标：培育"科学精神"。小仓认为，数学比其他任何学科都更适合为人生提供基础。因为数学是"一种科学观点，一种科学思想，一种科学精神"。此处小仓所指的科学精神是一种"试图决定的精神，建立在经验事实的基础上，无论多个事实之间是否存在因果关系，并且能够发现和确定支配这种关系的规律"。[15]小仓致力于推广统计学不仅出于其实用性，还出于其辨别因果关系的功能。和其他很多大正时期的知识分子一样受到亨利·柏格森① (Henri Bergson) 人生哲学的影响，小仓认为数学不是一个固定的知识体系，而是一种思维方式，一种不断进化的生活方式。此外，在小仓看来，科学的思维方式与现代性密切相关，因为前者是"现代文明的独特特征"。科学精神产生于"人们为打破陈旧的宗教、民族、伦理，实现思想自由而进行的斗争"。[16]小仓金之助认为，促进正确的数学教育对日本科学精神的发展至关重要，最终也会对日本实现现代化至关重要。

根据小仓金之助的主张，培养一个人的科学精神需要从他人生的早期阶段开始。因此，日本对年轻学子的科学教育也逃脱不了他的严厉批判。他清楚地认识到，目前的教育体制只"呆板地"注重理论，扼杀了学生对自然的好奇心。小仓主张，孩子们有独特的心理发展模式：小的时候，他们对自然感到好奇；青少年时期，他们的精神成长使他们能够从理论方面来理解自然；成年之后，他们能够反思自然，这使他们能够脱离自然。只有把孩子们对大自然奇迹的好奇心和求知欲结合起来，才能实现真正的科学。[17]在小仓金之助的分析中，从小学到大学阶段，整个日本科学教育体系，都对未能发扬科学精神负有责任。

---

① 亨利·柏格森（1859—1941 年），法国哲学家，文笔优美，思想富于吸引力，曾获诺贝尔文学奖。亨利·柏格森主要倡导生命哲学，对现代科学主义的文化思潮进行反拨。他宣扬直觉，认为唯有直觉才可体验和把握生命的存在，即真正唯一本体性的存在。他还提出并论证生命的冲动。柏格森著有《形而上学论》《论意识的即时性》《创造进化论》等著作。——译者注

　　小仓金之助的"科学精神"探讨在日本属于该问题较早的讨论之一。而"科学精神"这个概念在接下来的 20 年里变得流行起来。然而，小仓金之助却不是日本第一个发起这样讨论的人。早在 1915 年，物理学家田中馆爱橘（Tanakadate Aikitsu）在为日本建立航空科学研究所而争取支持的议会演讲中就强调了科学精神的重要性。他宣称："西方文明被认为是一种物质文明和机械文明，也就是说，一种没有灵魂的物质文明。而东方文明也被认为是形而上的、精神的，具有优越的责任感和孝道……我不知道我们能不能用这种简单的方式来解读东西方文明……我问你，西方文明真的是建立在这样一个肤浅的基础上吗？"[18]为了更加详细全面地展开这个问题，田中馆举了一个伽利略的例子，因为后者是一个为了科学真理的信仰而牺牲自己的人。"这种精神"，田中馆解释说，"在我看来就是所谓的物质和机械文明背后的精神"。[19]田中馆继续解释说，日本发展国内科学而不是仅仅从西方引进技术，所需要的正是这种精神。田中馆的演讲指出，与其从物质生产和精神培育，或者是科学与文明的区别的角度去看待明治时代和大正时代之间的区别，不如把大正看作是这种区别本身受到挑战的时代。到 20 世纪 10 年代中期，科学开始作为精神文化的一部分被讨论。

　　小仓金之助和田中馆爱橘所理解的科学精神是一种新的东西，与明治时期的口号"西洋科技，东洋道德"完全不同。西方科学与东方道德的两分法假设科学缺乏精神性。科学（和技术）被认为是知识、技术，是可以肤浅地学习、复制和再生产的东西。精神力则是留给"东方"的，仿佛精神力和科学可以完全分离。另一方面，科学精神的概念对这种二分法提出了挑战。第一次世界大战期间以及结束之后大正日本对研究的推广和发展，通过假设和推广日本自己创造新科学技术的能力，推翻了明治日本的"西洋科技，东洋道德"的二分法；也就是说，科学技术不再是对舶来品的简单的购入和复制。工人俱乐部将技术定义为一种文化创造，这是一种技术官僚式的表达，这种新的科学技术观点不再是"西方"的，而是普遍的。田中馆爱橘和小仓金之助也是如此。他们都认为科学精神是普遍存在的。他们都认为，西方人和日本人可以，也应该平等地获得这种精神。对他们来说，科学精神是现代性的精神，它有特定的时间而没有特定的地点。

不过，小仓所说的科学精神与田中馆主张的科学精神有所不同。值得注意的是，田中馆的发言是为了支持建立研究中心，以促进日本国内的科学技术生产。然而，对小仓而言，从根本上讲，科学精神与科学理论和新技术的发现并没有什么关系。对他来说，科学精神是一种思维方式，一种生活方式，是现代性的特征。因此教育是至关重要的。他认为，日本人需要在童年时期就接触科学精神，孩子们需要通过更好的数学教育来学习科学精神。

小仓不是唯一一个看到日本科学教育改革之必要的人。第一次世界大战期间及其后，日本国内科学技术的推广导致了科学教育的大力推进，许多教育家开始倡导一种新的科学教育，这种教育与明治政府建立的既存学校课程有着根本的不同。一位小学教师回忆这一时期时说：

> 我是大约在第一次世界大战结束时，成为一名教师。当时国家充满了对自给自足、国内生产和进一步工业化的强烈要求。教育领域也是一样，大力推进实践性科学教育。你不会相信科学知识的普及和科学培训的发展到了什么程度。我们甚至会仔细检查面向读者的材料，并研究如何教授与科学相关的读物。[20]

教师们对新教学法进行讨论、倡导和实验，这通常被称为"自由教育运动"。1918 年，来自全国的小学教育工作者成立了理科教育研究会，这是日本第一个该类型的协会，创办了月刊《理科教育》（*Rika kyōiku*）。和小仓金之助一样，这些改革者主张将实验、视觉辅助和儿童的自愿参与纳入课堂教学。大正政府也受到了欧洲战场中科技力量的刺激，积极回应改革者的要求。例如，1919 年，文部省增加了小学和中学的自然科学课时。在这次修订之前，自然科学课程分别从小学五年级和初中四年级开始设置；而新的自然科学课程则分别从小学四年级和中学三年级开始。不过，教育改革者设想了一种更为激进的改革。比如说，在理科教育研究会的第一次会议上，一名来自文部省的官员在面对与会者质问为什么自然科学课程不从一年级开始设置时，只得哑口无言地站在当地。[21]事实上，许多私立学校的改革派教育者们已经开始试验向年轻学生教授自然科学，并称之为"自然研究"。

除了自然研究，数学是另一个受到教育改革者批评的科学领域。与自然科学教科书一样，文部省编写的数学教科书从明治中期开始就没有改动过。佩里和克莱因倡导的新数学教学法通过包括小仓金之助在内的海外留学人员的作品传入日本。[22] 虽然国家制定的教科书直到 1931 年才修订，但许多学校，特别是私立学校和女子学校，不像公立学校那样受国家规定的限制，开始发展自己的数学课程。我们将在第六章中看到，自然和数学领域的科学教育改革运动都在继续进行着，并在战时政府的 1941 年颁布的《国民学校令》中达到高潮。

20 世纪 20 年代中期，小仓金之助身体抱恙，被迫放慢了发表数学著作的速度。他决定利用休息的时间翻译西方关于新数学的著作。他翻译的书包括弗洛里安·卡约里[①]（Florian Cajori）的《初级数学史》（*History of Elementary Mathematics*，1893），[23] 这本书中有一节是关于商业数学的兴起的。出于对商业数学感到好奇，小仓从国外订购了卡约里著作中提到的 16 世纪英国教科书。与此同时，小仓在一家百货商店买了一本书，这本书彻底改变了他的生活和学术事业。这本书是苏联理论家格奥尔

[①] 弗洛里安·卡约里（1859—1930 年），美国著名数学家和科学史家，1859 年生于瑞士，1875 年回到美国，1930 年卒于美国。他是美国数学学会、科学发展协会、科学史学会会员，还是国际科学史学会会员，著有《数学史》。——译者注

基·普列汉诺夫① (Georgi Plekhanov) 的《阶级社会中的艺术》(*Art in Class Society*) 的日文译本。[24]

普列汉诺夫的《阶级社会中的艺术》考察了美学在社会条件下的发展，否定了人类审美是普遍的、内在的这一假设。小仓金之助在阅读了普列汉诺夫的作品后，开始思考数学是否也可以像普列汉诺夫著作中所说的艺术一样被理解为上层建筑的一部分。小仓甫一收到他订购的 16 世纪数学教科书就写了一系列文章，以著名的《阶级社会中的算术》为开始。这篇文章于 1929 年 9 月发表在《改造》上，后者是一本左派舆论月刊。[79] 小仓的这篇论文的结论中说，"按照普列汉诺夫作品中有关艺术的逻辑……统治着社会的阶级也统治着算术"，这让所有认为数学是与社会关系无关的纯科学的读者都感到震惊。[25]

如果我们不了解马克思主义在 20 世纪 20 年代日本知识分子中的地位，也许会很难理解为什么小仓作为一个数学专家，会如此随意地引用苏联马克思主义的艺术作品。在战前和战后的日本，马克思主义对日本知识分子（不管是不是马克思主义者）的影响程度就是如此——很难找到一个完全不受其影响的学者，至少在 20 世纪 80 年代之前是这样。马克思主义是在 20 世纪 20 年代确立了自己在学术界的"社会科学"身份并在社会

---

① 格奥尔基·瓦连廷诺维奇·普列汉诺夫（1856—1918 年），是俄国社会民主工党总委员会主席，早年是民粹主义者，在 1883 年后的 20 年间是俄国马克思主义政党的创始人和领袖之一，是最早在俄国和欧洲传播马克思主义的思想家，俄国和国际工人运动著名活动家。——译者注

科学中取得主导地位的。20 世纪初，马克思主义以"科学社会主义"的名义首次传入日本时，科学与马克思主义的联系就已经形成。诸如堺利彦①（Sakai Toshihiko）以及幸德秋水②（Kōtoku Shūsui）等明治社会学家都对以一个新的、科学的理论为面貌出现的马克思主义表示欢迎，希望它能够指导刚兴起的日本社会运动。最早传入日本的马克思主义著作之一是恩格斯的《从乌托邦到科学》（From Utopia to Science），1906 年以《从空想到科学》（Kūsō kara kagaku e）的译名问世。[26] 到 1920 年，《资本论》（Das Kapital）翻译成日语时，由恩格斯系统整理过的"科学社会主义"已成为日本所理解的马克思主义的核心。[27] 在苏联成立之初，马克思主义与基督教社会主义和无政府主义有了明显的区别；1922 年日本共产党成立，使得马克思列宁主义成为左派的主流。[28]

第一次世界大战前日本的衰退导致了马克思主义学者的激增，特别是在经济学领域。使工厂工人获益的战时经济繁荣在 1920 年的经济衰退中戛然而止。在日本经济学家面前，20 世纪 20 年代的日本就像一个饱受长期衰退和社会动荡困扰的病

---

① 堺利彦（1870—1933 年），日本早期社会主义运动活动家。自幼受儒家思想影响，后接受自由民权学说。——译者注
② 幸德秋水（1871—1911 年），日本明治时代的记者、思想家、社会主义者、无政府主义者。本名幸德传次郎，秋水这个名字来源于《庄子·秋水篇》，是其师父中江兆民起的。他是"幸德大逆事件"中被处刑 12 人中的一人。日俄战争前夕，组织平民社，并创办《平民新闻》，从事反战活动。著有《二十世纪之怪物——帝国主义》《社会主义神髓》等。1898 年参加社会问题研究会。1901 年与片山潜一起创立社会民主党。1907 年回国。大逆事件中遭逮捕，1908 年 1 月被杀害。——译者注

人。西方产品暂时退出国际市场，第一次世界大战导致了日本重工业垄断资本主义的迅速发展，但它也不成比例地损害了农业部门。佃农和工厂工人的纠纷达到了战前的高峰。1923 年东京大地震使日本本就不景气的经济雪上加霜。1927 年的金融危机甚至在 1929 年纽约股市崩盘之前就把日本股市拖入了萧条。由这一疾病引起的"社会问题"，特别是农业贫困和劳动力问题，是日本经济和政治制度中更深层次问题的症状，等待着经济学家们进行诊断和纠正。

作为英国新古典主义经济学和德国历史经济学的进步替代品，马克思主义经济学已经成为该领域的主导，主要是由在德国留学的经济学家介绍到日本的。颇具讽刺意味的是，像帝国 *80* 大学这样的以培养国家领导人和官僚为目的的精英大学，竟然把教师送到国外学习马克思主义，而马克思主义很快就成了国家严厉镇压的目标。但是，自明治时期以来，德国一直是国家资助留学的偏爱之地，它也是国际经济学和其他领域研究的中心。十几年前，日本学生带着当时在德国占主导地位的历史经济学回国。在 20 世纪 10 年代和 20 年代，那些对日本社会和经济问题有道德及知识兴趣的学生，比如河上肇[1]（Kawakami Hajime），他们敏锐地吸收了马克思主义经济学，这种经济学在

---

[1] 河上肇（1879—1946 年），日本经济学家，日本马克思主义研究的先驱者，京都帝国大学教授。有志于解决贫困等社会问题，从研究资产阶级政治经济学，逐渐转变为马克思主义的宣传和阐述者。1933 年被捕入狱，1937 年出狱后隐居东京、京都，因贫病交迫，于 1946 年 1 月 30 日在京都逝世。——译者注

他们的所在国蓬勃发展，而所在国也在与类似的"社会问题"作斗争。

　　这也是经济学在日本获得独立专业地位的时期。1919 年，东京帝国大学经济系从法律系中分离出来，其他帝国大学和私立大学也纷纷效仿。日本最早的经济学教授是大内兵卫[①]（Ōuchi Hyōe）（东京帝国大学）、权田保之助[②]（Gonda Yasunosuke）（东京帝国大学）、栉田民藏[③]（Kushida Tamizō）（东京帝国大学）、河上肇（京都帝国大学）、大塚金之助[④]（Ōtsuka Kinnosuke）（一桥大学）等马克思主义学者。他们都在德国学习马克思主义经济学，并带回了大量马克思主义著作〔据说栉田民藏及大内兵卫和达·波·梁赞诺夫[⑤]（David Riazanov）在德国竞争寻找二手马克思主义书籍，后者是新成立的苏联马克思-恩格斯研究所的所长〕。他们还邀请海德堡的马克思主义经济学家埃米尔·勒德尔[⑥]（Emil Lederer）于 1923 年至 1927 年间在

---

① 大内兵卫（1888—1980 年），日本经济学者，劳农派元老。任东京大学副教授时曾因"森户事件"被解职。——译者注
② 权田保之助（1887—1951 年），日本社会学家，电影理论家。其研究对流行娱乐发挥了重要作用，是日本日常生活统计研究的先驱。——译者注
③ 栉田民藏（1885—1934 年），经济学家。因"森户事件"于 1920 年辞去东大讲师职位。作为经济学家从事马克思主义研究，在劳动价值学说、地租论、日本农业问题等研究上成果斐然。作为"劳农派"论者，与"讲座派"对抗。——译者注
④ 大塚金之助（1892—1977 年），经济学家，一桥大学名誉教授。留学柏林大学后成为马克思主义经济学者。——译者注
⑤ 达维德·波里索维奇·梁里索维奇（1870—1938 年），1870 年生于敖德萨。原苏联马克思恩格斯研究院院长，马克思恩格斯遗著文献研究专家，对马克思恩格斯全集的编辑工作有卓越贡献。——译者注
⑥ 埃米尔·勒德尔（1882—1939 年），波希米亚裔德国经济学家、社会学家。——译者注

东京帝国大学任教。[29]

到 20 世纪 20 年代中期，马克思主义经济学成为社会科学的主流。事实上，在两次世界大战之间的日本，"社会科学"指的就是以马克思主义为基础的对社会的科学研究。例如，1921 年出版的《社会科学丛书》(*Shakai kagaku sōsho*) 系列中的所有分卷都是关于马克思主义的。[30]正如历史学家石田雄① (Ishida Takeshi) 所描述的那样，"社会科学只不过是马克思主义的同义词，而不是社会科学各个领域的总称"。[31]

马克思主义之所以能成为社会科学，也要归功于福本和夫 (Fukumoto Kazuo) 对马克思主义的探索以及"日本资本主义发展史讲座"系列，这是一个以福本和夫的理论为基础的研究日本资本主义的作品合集。福本于 1922 年到 1924 年期间在德国学习马克思主义后，写了很多文章，介绍了当时日本人所不熟悉的名字——比如说，卡尔·柯尔施② (Karl Korsch) 和格奥尔格·卢卡奇③ (Georg Lukács)——并加深了对日本的理解，强调其资本主义的独特特征，也即资本主义和封建主义的和平共处（即皇帝制度和地主制度）使日本保持"半封建主义"。讲座 *81*

---

① 石田雄（1923—2021 年），日本政治学者，东京大学名誉教授。著有《近代日本政治构造研究》[『近代日本政治構造の研究』（未来社，1959 年）] 等书。——译者注

② 卡尔·柯尔施（1886—1961 年），西方马克思主义早期代表人物之一。他的思想也在很大程度上受到德国古典哲学传统，尤其是黑格尔的影响。在一些基本见解上与卢卡奇比较接近。区别在于，卢卡奇终生抱着对马克思主义的强烈信念，在晚年还提出"复兴马克思主义"的口号，柯尔施则从 1926 年被德国共产党开除后，思想日渐消沉，晚年实际上已经脱离马克思主义。——译者注

③ 格奥尔格·卢卡奇（1885—1971 年），匈牙利著名的哲学家和文学批评家，是当代影响最大、争议最多的马克思主义评论家和哲学家之一。——译者注

派论文是对劳农派系的直接挑战，他们视日本为资产阶级社会。福本认为，日本的马克思主义者需要先巩固自己对马克思主义和日本现代性的理论理解，然后才能与人民群众形成革命统一战线。1927 年共产第三国际论文谴责了福本的战略（同时强调日本确实太落后了，不可能发生革命），福本失去了在日本共产党内部的影响力。但是讲座派论文强调了日本的半封建主义，不完全的现代性仍然是日本马克思主义者对于日本现代性的主流观点，共产国际在 1932 年的论文中也证实了这一点。对于日本共产党来说，讲座派和劳农派的矛盾不仅意味着对日本过去和现在的不同分析，而且意味着对未来社会主义革命的不同行动路线。

　　然而，在非共产主义或非马克思主义的知识分子眼中，讲座派的重要性与共产国际的权威或日本共产党内部的争论无关。丸山真男，以非马克思主义批判日本现代性而闻名的政治学家，在 1961 年回忆了 20 世纪 30 年代中期他第一次阅读讲座派论文时的感觉：

　　　　人们通常认为讲座派的影响与共产党和共产国际的权威密不可分……但是我的经历完全不同。1932 年的论文和所有那些事情都与我无关。正是对日本资本主义的一系列科学分析，开启了我曾经闭塞的视野。我想，受它影响的人，有不少是对共产党和党员一无所知的。[32]

对于像丸山和小仓这样的知识分子来说，讲座派所展示的马克思主义的吸引力在于它的"科学性"——正如马克思主义者所宣称的，以及日本读者所理解的那样——这种科学性表现为一种普世的、系统的和批判的理论。[33]甚至在福本和夫的论文被日本共产党员废弃之后，讲座派对日本资本主义和现代性的分析在日本知识分子中仍然具有影响力。一直到战后，它都是小仓金之助对于日本现代性和科学分析的核心。

　　马克思主义的"科学"特征及其在社会科学中的主导地位，解释了像小仓金之助这样的主要关注数学而不是阶级问题的知识分子何以会接近、理解马克思主义学术。普列汉诺夫的著作在日本尤其受欢迎，因为他是日本社会主义者所熟知的少数苏联理论家之一，而日本社会主义者对马克思主义的了解仅限于德国理论，至少在 1919 年十月革命之前是这样。[34]日本马克思主义文学批评家和作家中野重治（Nakano Shigeharu）、藏原惟昶（Kurahara Koreto）等将普列汉诺夫的艺术理论引入日本。[35]普列汉诺夫著作《阶级社会的艺术》的藏原惟昶译本仅仅出版几个月后就被小仓金之助读到，这件事情证明了马克思主义和普列汉诺夫在共产主义知识分子圈子之外的流行。小仓后来回忆起这部作品给他带来的震撼："我要乘火车去仓敷市做演讲，为了打发时间，在阪急百货店买了这本书。但我一打开书，就吃了一惊。这就是艺术的阶级性质吗？如果普列汉诺夫的理论是正确的，我知道我也注意到了数学的阶级性。我脑子里那些模糊的想法浮出水面，在一瞬之间突然变得清晰起来。"[36]

　　1929 年小仓金之助发表的文章对日本知识分子产生的影响

是直接而巨大的。小仓的第一篇文章《阶级社会中的算术》受到了日本马克思主义史学家羽仁五郎①（Hani Gorō）和马克思主义哲学家户坂润②（Tosaka Jun）、三木清③等人的关注。在福本的论文失败之后，羽仁、户坂和三木才刚刚开始探索对于马克思主义和社会的新的理论理解。他们出版了一份新的杂志，《在新兴科学的旗帜下》（*Shinkō kagaku no hata no motoni*；以下简称"新兴科学"）。这本杂志是福本和 1926 年出版的杂志《在马克思主义的旗帜下》（*Marukusu shugi no hata no motoni*）的复兴，后者只坚持发行了四个月。正如历史学家凯文·多克（Kevin Doak）所言，在书名中使用"新兴科学"的字样而不是"马克思主义"是具有重大意义的，因为它强调了这些马克思主义知识分子在创建一门跨学科和意识形态的新兴科学时对非马克思主义持开放态度的雄心。[37]还应该强调的是，新兴科学意

---

① 羽仁五郎（1901—1983 年），日本历史学家，日本马克思主义史学奠基人之一。主要著作有《转折期的历史学》《历史学批判序论》《明治维新》《日本人民史》《明治维新史研究》以及《羽仁五郎历史论著集》（全 4 卷）。——译者注

② 户坂润（1900—1945 年），日本哲学家。京都帝国大学毕业。初时受新康德主义的影响，后逐渐从唯心主义转向唯物主义。1932 年参加唯物论研究会（1938 年被迫解散）的创建工作，并成为主要领导人之一。从《唯物论研究》杂志创刊到 1938 年被迫停刊，始终坚持该刊的领导工作。并参与《唯物论全书》的编辑，致力于马克思主义的传播及对唯心主义哲学的批判。1938 年被捕下狱，卒于狱中。著作有《意识形态概论》《技术哲学》《科学论》《日本意识形态论》等。——译者注

③ 三木清（1897—1945 年），日本哲学家。京都大学哲学科毕业。曾留学德、法等国。1927 年起任法政大学教授。1929 年参与创立无产阶级科学研究所。1930 年被捕。出狱专心研究历史哲学，建立"三木哲学"体系。1937 年参与筹划昭和研究会。太平洋战争中曾去马尼拉。1945 年 3 月又被捕，后死于监狱。其哲学思想从新康德派的认识论转到唯物主义哲学。主要著作有《历史哲学》《构想力的论理》等。后刊有全集 19 卷。——译者注

在吸引非马克思主义者，同时分散特别高等警察的注意力。特别高等警察是 1910 年成立的专门控制对国家构成威胁的政治团体和思想的警察部队，在《新兴科学》第一期（1928 年 10 月）出版 6 个月前，他们就大规模逮捕了左翼领导人。

正是在这样的知识和政治环境中，小仓金之助开始研究马克思主义。他开始从国外订购马克思主义书籍，并且订阅了《新兴科学》。[38] 尽管他订阅这本杂志的时间很短（这一马克思主义杂志在 1929 年 12 月号结束了它的发行），但他们相互作用的结果立即出现在小仓的学术中，其影响是持久的。在写完《阶级社会的算术》后不久，小仓又以同样的题目发表了四篇文章。首先，1929 年 12 月，《阶级社会中的算术：殖民时期南北美洲算术分析》问世，这篇文章比较了英国和西班牙统治地区的算术教科书，还引用了羽仁五郎的著作和《新兴科学》中的文章。次年的春夏两季，小仓又发表了另外三篇文章。这些文章讨论了 16 世纪到 19 世纪之间法国的数学教育，并研究了数学教育的内容如何反映了政治权力从专制者、精英阶层到资产阶级的流转。除了在《思想》杂志上刊登的《阶级社会中的算术》系列，小仓还在《改造》上发表了《算数的社会性》（1929 年 9 月刊）。这篇文章考察了著名数学家罗伯特·雷科德[①]（Rob-

83

[①] 罗伯特·雷科德（约 1510—1558 年），可以称得上是英国第一个数学教育家。他主张用通俗易懂的本国语言编写数学书，并努力寻找确切的英语词汇代替晦涩的拉丁文与希腊文的术语。1557 年因所出版的《砺智石》中的文字而入狱。1558 年于伦敦去世。——译者注

ert Recorde）编写的一本算术教科书中所反映的 16 世纪英国的经济状况。小仓解释说："（数学入门教材）包含了日常生活的问题，即使作者没有这样做的意图，教科书却为社会科学提供了材料。"[39] 所有这些文章都佐证了小仓金之助的早期论点：科学的发展反映了社会政治经济结构的发展。[40]

将科学历史化为意识形态

小仓金之助对马克思主义的接触，主要在三个方面改变了他的学术。第一，他否认自然科学和社会科学的分离；取而代之的是，他开始主张同样的科学方法应该应用于自然世界和社会世界的研究。这一点在 1937 年小仓再次发表 1923 年关于数学教育的论文时表现得最为明显。在重印的文章的注释中，他解释了这一点："当时，我认为科学只是指自然科学……然而，科学精神并不仅仅属于自然科学。"[41] 因此，他改正之前的文章说："我之前写着'自然'的地方要看作是'自然和社会'，写成'自然科学'的地方要看作是'自然和社会科学'。"[42]

第二，1929 年之后，随着阶级逐渐成为小仓分析中的主要特征，数学也被明确地认定为一种意识形态。20 世纪 30 年代初，岩波书店出版了一系列关于意识形态的书，小仓也撰写了题为《意识形态的发展：数学》作为其中的一卷，主张"像其他科学领域一样，数学在根本层面上是由生产力、技术和经济的进化阶段决定的"。[43] 这部作品涉及的时间比他早期的文章要长，是从古希腊时期开始的。他还进一步推动了数学和意识形态之间的关系。从柏拉图和他的继承者的思想中，小仓看到数学在开始是一个独特的学习领域，把数学作为纯粹的学习和其在商业中的实际应用从思想上是分离开来的。他还把强调纯数学多过实用数学的 18 世纪德国数学看作是像理想主义者一样的"德国意识形态"。小仓得出结论，"在资本主义的成熟期，数学超然地脱离了实际问题，发展成了'为了数学而数学'"。[44]与他早期的"为数学而数学"的人文理想相比，[45]如今 84 小仓把这种数学看作象牙塔里的数学。

第三，也是我们讨论中最重要的一点。1929 年之后，小仓将注意力转向了对他早先发现的日本数学问题的历史解释。小仓开始坚信科学史必定是科学本身。基于他对马克思主义的理解，他将科学史定义为将科学作为上层建筑的一部分进行研究的历史："要使科学史成为科学的有关科学的历史，就必须把它作为上层建筑的历史来看待，并考察它与基础经济关系和各种意识形态的关系。"[46]基于这种新的历史主义，小仓开始批评日本科学的封建性和官僚性。

例如，作为 1932 年讲座派的"日本资本主义发展史讲座"系列的一部分，小仓写了一部关于近代日本数学史的书。根据小仓的说法，明治政府以国际上比较系统的西方数学取代了"封建的"和算①——发展于德川时期的日本数学，这一举动还

---

① 和算（wasan）是日本江户时代发展起来的一种数学。其成就包括一些很优秀的行列式和微积分的成果。代表著作有《和算选粹》。——译者注

将西方数学塑造成一门官僚学科，由帝国大学垄断，外人无法
参与。小仓解释说，这一过程是通过中日战争（1894—1895
年）建立日本资本主义，以及通过日俄战争（1904—1905 年）
进入帝国主义阶段而完成的。官僚性的学术数学以几何等理论
数学为主，抛弃了实用数学，导致了数学与社会的分离，这也
让小仓金之助感到沮丧。他的结论是，这样的数学不是为人民
而设的数学，而是"在被称为大学的温室里培育出来的一朵美
丽的花"。这是"需要充分批评的事情"。[47]

　　尽管小仓金之助从未参与过讲座-劳农派系的争论，但讲
座派对日本资本主义的解释的影响在他将日本现代性描述为受
封建残余阻碍的不完全现代性中表现得很明显。他还使用讲座
派创立的词汇，如"寄生地主""半封建"等。例如，小仓在
1935 年的作品——"日本数学教育的历史性"中认为明治维新
"作为民主革命和资产阶级革命，基本上是不完整的。这导致
了充斥着寄生地主、商业高利贷者和军国主义的日本资本主
义，导致了寡头统治政府的建立和许多半封建残余势力的残
留"。[48]他直接将现代日本的数学问题与讲座派马克思主义者所
划定的日本资本主义特有的问题联系起来。1929 年后，小仓把
日本数学的问题看作是日本资本主义独特的、成问题的、发展
的结果。他早先在日本数学中发现的问题现在被明确地认定为
日本现代性的问题。通过马克思主义，小仓的早期批判找到了
为什么它成为需要批判的数学的历史解释。

　　在小仓的分析中，这些问题不仅困扰着日本的数学。它们

是日本科学的问题。小仓对日本科学的批判是具体的，并且终其一生都没有改变。他在 1936 年发表的一篇文章《自然科学家的任务》最简明扼要地总结了他的批评。在这篇文章中，他阐明了五个主要问题。第一，因为日本在竞争激烈的工业化世界中发展较晚，所以专注于引进和模仿国外的科学。这导致了日本科学家缺乏创造力。第二，因为日本缺乏自己既定的科学传统，所以现代科学的发展是没有群众参与的。结果就是，普通的日本人，特别是农业地区的人，没有机会接触科学。第三，日本科学严重向军事科学倾斜，军事和资本主义主导了研究设施。这再次导致了群众被排除在科学之外；甚至图书馆也不对群众开放。第四，日本自然科学家是官僚的、封建的。他们沿着学术谱系形成了强大的小集团，而且他们彼此之间不进行有建设性的批评，因为害怕被排斥在自己的小集团之外。第五，他们没有进行理性的、批判性的对话，而是为了自己的自我意识和职业抱负而进行无益的派系纷争。据小仓分析，这些问题可以解释为什么日本在科学竞赛中仍然落后于西方。[49]在小仓看来，这些问题反映了科学的严重畸形，这是日本现代性不完全的显著标志。

　　除了强调这些问题，小仓还特别批评了日本科学家，他们对社会问题缺乏关注。他感到沮丧的是，他们只在意保护自己的研究地位，太孤立于社会，甚至意识不到社会问题和需求。他们把爱国与盲目服从国家和上级的命令混为一谈，小仓如是哀叹道。去研究社会问题！清洗法西斯主义！要向大众普及科学教育！小仓不耐烦地要求自然科学家履行他们的职责。[50]

　　在小仓看来，日本科学家缺乏对社会的兴趣，意味着他们缺乏批判性思维的科学精神。他们不是真正的科学家，因为"真正的科学家必须坚决贯彻否认任何偶像的科学精神"，[51]这是由于"科学精神尊重和促进思想自由。现代科学精神诞生于一种打破和克服旧的、固定的宗教形式、民族国家和伦理的尝试"。[52]小仓总是把科学精神称为一种普遍的精神，既不是西方的，也不是日本的。但是可以推测，小仓所说的"真正的科学家"是他对启蒙运动时期科学家的理想化形象，因为他在不同的作品中都表现过对法国和英国的数学的赞赏之情（小仓在法国接受了很多知识和文化的激励，他对法国的评价尤其高）。不管这样的科学家是否真的存在，小仓对"严重畸形"的日本科学的批判都是出于他的理想的科学家的构想，他真正关心的是社会需要而不是自己的事业。马克思主义为小仓提供了一个框架，在这个框架中，日本的问题可以用一个普世的规范来比较和衡量。对于马克思主义经济学家来说，普遍准则就是资本主义在西方的发展；对小仓来说，则是西方科学。

日本科学的独特问题

　　在小仓金之助看来，与西方数学相比，和算在是解决日本科学和现代性问题的特别有说服力且方便的证据。和算是德川时期（1603—1868 年）发展起来的一种数学。这个领域更多的是作为智力游戏而不是实际应用发展起来的。和算是由日本数学家开发的一种高度复杂的游戏，最初起源于 16 世纪后期传入日本的中国数学书籍，内容包括代数计算、几何和通过遗题①（idai）（在书中提出具有挑战性的代数或几何问题，然后让那些解决了这些问题的人发布他们的解决方案，以及另一组问题）和算额②（sangaku）（神社或寺庙的屋顶下悬挂着装饰精美的木片，上面写着几何问题和解决方案）等形式进行的数论。和算家们深入研究了数学的某些方面，例如，圆的面积，圆弧的长度，相交立体的体积，不定方程和幻方的解，但没有试图把它们的解整合成几何或代数的系统理解。尽管有些数学家研究了天文学和测量学的某些方面，和算仍然是一个解决问题的大脑练习，从来没有成为一个应用于实践的、系统的自然知

---

① 和算当中的"遗题继承"，是指算术书中留下问题向后来的学者寻求解决方案。遗题继承的起源是江户时代的和算家吉田光由。光由的著作《尘劫记》[1641 年（宽永十八年）版]的末尾提出了 12 个未作出解答的问题，并提示说"那些认为自己有能力的人，试着解决这些问题"，这是遗题的最初记载。应该指出的是最先回答光由遗题的是和算家榎并和澄。这种向后来的学者提出的问题当时被称为"偏好"或"遗题"，试图解决遗题的学者会研究这些问题并在自己的书中发表答案。之后这些学者自己也会提出新的问题，在自己的书中发表，并传诸后代。——译者注

② 算额（算额，さんがく），是指在日本（主要在江户时代）书写在匾额或绘马的和算问题及其解答。奉纳算额的意义有三种：感谢神佛的恩赐，表示对和算教师的尊崇，以及展示自己的研究成果。因为神社和寺庙是当时交流的一个最佳场所。因此，算额可以存在很高的关注度，也能引起有兴趣人士的探讨和共鸣。其不仅仅是一些和算家会挂出算额，一些和算爱好者也会悬挂。而在算额上所书写的数学问题，比起代数问题是几何问题居多。至于典型的算额题则是求边长或者圆的直径，其中当然也包含了直线、三角形、内切圆和圆周长等问题，且多为讨论圆、椭圆、各种多边形之间的相容、相切关系的几何题。江户时代中期，日本全国推广"奉献"的价值观，而算额就是和算人士之奉献精神的产物。算额在江户时代最为鼎盛，而至昭和初期后逐渐没落。近年来，各个地方又都重新审视了算额的价值。接受算额的寺社逐渐增加，而奉纳算额的人亦有所增加。——译者注

识。[53]为此，明治政府在制定新的教育制度时，选择了西方数学
作为现代数学在日本学校中进行教授。在学校课程中引入西方
数学和儒家伦理课程可能是明治"西洋科技，东洋道德"口号
的最好例子。和算迅速衰落，到 20 世纪 10 年代成为历史学家
研究的一个话题。

对小仓来说，和算是日本封建主义所造成的问题的代表。
小仓认为，德川时期的日本，自然科学和工业技术仍然不成
熟，所以自然科学没有发展成一门实用科学。但更重要的是，
由于日本的封建习惯，各种各样的具有行会性质的和算学校会
相互隐瞒他们的和算技法。在小仓看来，这种封建主义的习惯
即使是在西方数学取代了和算之后，仍然长期困扰着日本科学。
就像和算家一样，明治和大正时期的科学家之间也形成了派系，
他们"自私自利"的派系竞争，阻碍了科学的整体发展。[54]

然而，小仓并不是日本第一个批判性地研究和算历史的
人。三上义夫①（Mikami Yoshio），一位来自广岛的独立研究人
员，于 1922 年出版了他的著作《从文化史看日本数学》
（*Bunkashijō yori mitaru nihon no sūgaku*），这是日本第一部考察
和算历史的作品，也是日本第一部科学文化史著作。[55]和小仓金
之助一样，三上义夫对日本的知识创造的习惯持高度批评态
度，并关注日本数学和现代性的状况。但与此同时，小仓的批
判观与三上的批判观又截然不同。在这里，对小仓和三上的和

---

① 三上义夫（1875—1950 年），日本数学史家。三上义夫从文化史的观点研究中国数学
史，他对中国古代数学的深入研究工作，早于中国中算史家李俨数年。——译者注

算史进行比较会有所帮助，因为这能更加清晰地阐明小仓的阶级分析，同时也把他的学术定位在更广泛的知识背景下。我们将在下一章中看到，三上义夫用他对"日本民族性格"的罔顾史实的构想来鼓吹日本特性，这一行为令三上遭受到了批评。

三上义夫以其对和算的解释作为他的著作《日本数学》一书的开头。他解释说，和算出现于 16 世纪晚期，是商业化和城市化的反映，并在德川时期随着上述条件的发展而繁荣起来。接下来，三上义夫论证说，不同于西方的数学，和算不是作为实践知识或哲学议题发展起来的：和算的主要问题与现实关怀关系不大，更多的是与解决具有挑战性的问题所带来的智力上的乐趣有关，比如计算圆周率到小数点后 50 位。和算起初最受武士的欢迎，这些人在工作中使用不到数学知识；而和算的中心，也并不是商业中心大阪，而是作为武士文化中心的江户。[56]这种现象完全动摇了三上认为日本人具有务实意识的信念："在任何一个国家的历史中，数学都脱离了它的实际用途……但我们不得不问，为什么日本人，他们在任何事情上都没有达到理论化，却把数学发展到如此超出实用性的程度。"[57]根据三上的说法，和算在德川时期是主要作为武士和有钱的平民的爱好发展起来的，这些人有钱有闲，有条件沉溺于和算。[88]然而，在文化和文政时期①（1804—1827 年），"和算迅速传遍

---

① 原书中如此。但文政时期始于文政元年（1818 年），止于文政十三年（1830 年）。文化：1804—1818 年；文政：1818—1830 年。——译者注

全国，和算的习练者来自全国各个阶层、各个地区"。[58]然而，自从明治政府采用了被认为比和算更实用的西方数学后，它的受欢迎程度就下降了。三上义夫很沮丧地认为，这就导致数学成为被掌握西方数学的学术精英所垄断的领域。

在某种程度上，三上将和算的兴起归因于社会和经济因素，他的作品与小仓金之助分析现代数学的阶级起源的作品相似。但是，在三上的分析中，阶级并不是重要的因素，甚至在叙述的中间消失了。他最后把和算描绘成一个无阶级的、全国性的爱好。至于为什么和算在 19 世纪初开始超越阶级界限为大家所喜爱，三上义夫也没有给出任何社会或经济方面的解释。相反，他把这种现象归因于民族性格：和算之所以能获得全国性爱好的地位，是由于日本人的独特性格。根据三上义夫的说法，日本人喜欢和算就像精英和平民都喜欢和歌一样，因为它不需要任何"理性的知识"。[59]因此，三上义夫的作品不仅是关于和算的，也是关于日本人的性格的。

三上义夫对日本特性的理解如下。首先，日本人缺乏逻辑性和哲理性；相反，他们是感性的和技术的。他书中的一章名为"日本人的逻辑思维"，实际上是讨论日本人逻辑思维的缺乏。三上义夫提到了日本音乐和其他艺术消遣，如日本诗歌的创作，他断言日本人喜欢诉诸情感的艺术，而不是诉诸哲学或系统思维的艺术。[60]那么，对于三上义夫来说，西方人和中国人关心数学的哲学和政治含义，而日本人则不然，就说得通了。[61]其次，日本人不怎么尊重知识。例如，他发现德川时期的数学家们习惯用别人的名字而不是自己的名字来为文章署名，就像在明治和大正时期，不出名的学生以他们著名老师的名义发表文章一样。[62]在与他的《日本数学》同年发表的一篇文章里，三上义夫主要讨论了这一点。如果"理应不失公正的数学家"会有如此举动，那么"日本数学家们的这种恶劣的行径一定有其深刻的原因。我们认为我们可以得出结论，即日本人一般都有不诚实的性格，日本数学家就是这种性格的反映"。[63]

　　小仓金之助经常引用三上义夫的著作，以表示对他的认可。他也对三上在没有研究机构和学术认可的支持的情况下，对研究的孜孜不倦的奉献精神表示敬意。但是，他不同意三上 89 对和算的分析。三上义夫将和算的特性描述为一种无阶级差别的爱好，与此相对的是小仓金之助将和算视为一种精英阶级的数学，一种"为了剥削农民的数学"。[64]由于政治和学术上的异见，这两位日本数学史的先驱从未成为亲密的伙伴。小仓在引用三上的学术作品时，强调了三上分析中的一个层面，也就是，和算学校里毫无效率的竞争和保密，小仓将这种情况称之为"行会"（guild）。[65]尽管小仓确实发现了西方数学和日本数学之间的区别，在他看来，这种区别在于西方是"国际的，系统的数学"、日本是"封建的，行会的数学"，而不是三上所强调的西方人对哲学和逻辑思维的倾向和日本人对娱乐消遣的倾向之间的区别。但是对小仓来说，重要的是要把批评的基础建立在社会和经济结构上，而不是固定的民族特征上，因为小仓的目标是让日本克服其不完整的现代性，以改变自身并完成现代化。小仓发现了日本科学的问题，以便日本科学家能够纠正这些问题。对小仓来说，科学精神是普遍的，是任何国家都可以拥有的；事实上，科学精神应该和现代科学一起来到日本。对小仓而言，如果像三上那样将现代日本的"封建性"特征视为日本人固有的、不变的性格，那就是对日本走向真正现代性的潜在可能的否定。

此处需要指出的是，即使小仓金之助不同意三上义夫忽视阶级差异和权力动态而对日本人民本质进行的概括，在 20 世纪 20 年代初，"国民"（kokumin）概念也是一股进步的、关键的力量。三上义夫对人民的概念的引用——也就是"国民"——事实上是对大正日本专业史学中占主导地位的精英主义的大胆挑战。在三上义夫的作品中，"国民"意味着"人民"（people），与"国家"（state）或者"精英"（elite）是相对的。

三上选择将文化史作为方法论本身就是对学术界中的精英主义的一种抗议。[66]文化史作为一个流派，20 世纪 20 年代初才刚在日本出现。实际上，三上的作品是最早的标题带有"文化史"的长篇作品之一。被一些人称之为"大正民主的历史"，文化史的发展是对东京帝国大学高度经验主义的专业史学的挑战。[67]像西田直二郎①（Nishida Naojirō）这样的先锋文化历史学家拒绝把历史看作仅仅是政治精英的政治和战争相关事件的年

---

① 西田直二郎（1886—1962 年），京都大学教授。于 1932 年（昭和七年）发表《日本文化史序说》，其站在广义的文化史立场上，提倡以自我发展为视点的新史观。——译者注

表，而是试图书写关于人民和人民自己的文化的历史。秉持着
同样的精神，三上义夫在《日本数学》一书的序言中宣称，他　90
不是要写通过问题的缘起、解决方案和沿革这样的内部发展思
路来撰写和算的历史，"我们需要从文化史的广阔视角来看待
它，并确定它与社会条件、国民性和整体文化的发展是如何相
关联的"。[68]换句话说，三上义夫想把历史解释为人民的历史，
而非武士和有钱商人的历史。这种愿望可能部分源于他自己在
学术界的地位。他是一名独立的研究者，不是毕业于帝国大
学，也没有在帝国大学任教。这导致他的研究受到很大的影
响，因为他几乎无法获得大学档案和研究资金。尽管他对和算
的历史以及将和算介绍到西方世界做出了贡献，但直到第二次
世界大战后，三上才获得了学术界的认可。[69]新兴的文化史领域
为他提供了一种方法论和框架，使他能够把和算作为一种"自
下而上"的历史来分析。同时，三上利用国民作为精英中心主
义的对策，构成了他对权威政府及其史学的批判立场。

　　不过，没有考虑阶级和其他权力动态的背景就对民族文化
进行本质化的文化史是有问题的。马克思主义批评家户坂润在
20世纪30年代预言，现象文化史之后将成为法西斯主义的盟
友。虽然户坂润没有提及三上义夫的作品，但他对现象学的批
评实际上阐明了三上历史研究方法存在的问题。户坂润认为，
现象学家着眼于"现象出现和现象消失的舞台，这个舞台可以
是任何事物，如意识或存在……问题是现象的意义总是只在表
层上被检验"。户坂润继续说，这样的方法不会让人深挖到能

观察到的现象背后的更深层次的东西。[70]户坂润发出警告说，自由主义——在他的分析中属于现象学中的"语言学"——很容易就会成为法西斯主义的朋友，因为它忽视了现象背后更深层次的问题。

通过将"日本国民"这一现代观念强加于德川社会，并从"表象层面"审视和算现象，三上义夫的分析确实遭受了挫折。因为三上认为和算是民族性格的表现，而不是具体社会和经济条件的反映，所以他的分析遇到了重复以及历史虚无主义的困境。他把和算描述为一种不切实际的数学，因为它是作为有闲阶级的一种业余爱好发展起来的。但他也解释说，和算并没有发展出一种哲学的综合体系，因为日本人的性格——而不是日本精英的性格，他们更喜欢感性的快乐，而不是哲学和理论上的思考。正因为这个特点，和算的流行超越了精英阶层，成为一种全国性的爱好。在这个重复的循环中，任何东西都可能成为预定的日本性格的反映，而日本性格也可以被用来解释任何历史现象。在这个逻辑中假定的是日本人性格的不变的、永久的性质，而忽略的是社会和经济因素可能对和算历史作出的贡献。而且，数学问题如果是由不变的国民性格造成的，那么它就没有改进的可能。

相形之下，小仓金之助的分析则假定了变化的可能性。在小仓看来，既然日本数学和科学的问题是由于特定的社会和经济条件造成的，那么就还有可能进行改革。日本将会而且应该能够拥抱批判的科学精神和全面的现代化。日本将成为科学为大众而存在，科学家积极参与社会问题的科学日本。

小仓金之助对科学日本的看法与我们在第一部分中讨论的技术官僚的看法非常不同。对于宫本武之辅和他的技术官僚同事们来说，日本之不科学，并不是因为它是半封建国家，缺乏科学精神，而是因为它不允许技术官僚统治本土和帝国。工人俱乐部的技术官僚们主张他们的技术官僚制度是解决劳工问题的"科学"方法，这套制度里工程师是资本家和工人之间的调解人；同时工程师还在日本及其殖民地之间扮演调解人的角色，以维持殖民等级制度。小仓和技术官僚们确实批评了同一件事——日本科学家之间缺乏沟通和合作对日本的科学技术发展产生了有害的影响。但他们对这一问题的分析和解决方案有很大的差异。技术官僚将"科学"定义为理性，即通过技术和科学专长对本土和帝国的理性管理。由技术官僚组成的技术院和科学审议会的成立，就是为了解决这个问题。而应用于社会的科学和其他不会立即对国防和工业技术做出贡献的科学被认为是不必要的。与技术官僚相反，小仓金之助对科学日本的展望建立在提倡普遍的、系统的、批判的科学精神这一理想的基础之上，而且他开始相信社会科学和自然科学领域都需要培养这样的科学精神。为了实现这一目标，他认为有必要在马克思主义分析的基础上对日本科学问题进行正确的认识。马克思主义为小仓提供了一种普遍的标准，他和讲座派的理论家可以以此来衡量日本科学和现代性的地位和问题。

小仓金之助对科学的阶级分析、三上义夫的自由主义文化

史、技术官僚的技术统治主义都从不同视角批判了日本的科学

91 现状。他们的批评都指向类似的问题，例如研究人员之间缺乏

富有成效的合作，学术研究和社会分离等，这些批评来自他们

不同的政治立场、议题以及对一个科学的日本的构想。下一章

将讲述，这种科学策论在 20 世纪 30 年代愈演愈烈，其他马克

思主义知识分子进一步发展了小仓金之助所发起的科学的阶级

分析。

注释

1. Ogura, "Kaikyū shakai no sanjutsu: Bungei fukkō jidai no sanjutsu ni kansuru ichi kōsatsu," *Shisō*, August 1929: 1 - 19.

2. Ishihara, "Senkyūhyaku sanjūnen eno taibō: Kagakukai (1)," *Tokyo Asahi Shinbun*, December 25, 1929, 5.

3. Bynum, Browne, and Porter, *Dictionary of the History of Science*, 145, 211.

4. 同上，211。

5. 这是著名科学史学家阿诺德·萨克雷（Arnold Thackray）的话，引自 Graham, *Science in Russia and the Soviet Union*, 144.

6. Hessen, "Social and Economic Roots of Newton's 'Principia,'" 182.

7. 同上。

8. 有关黑森和德波林-机械论派系的争论，参见 Graham, *Science in Russia and the Soviet Union*, 92 - 93, 143 - 51；以及 Josephson, *Physics and Politics in Revolutionary Russia*, chap. 7.

9. Graham, *Science in Russia and the Soviet Union*, 147. 1938 年，黑森遭到清洗并死于狱中。

10. Ogura, *Sūgakusha no kaisō*, 191. 这本自传讲述了小仓金之助从童年到第二次世界大战结束时的一段生涯。

11. 这所大学成立于 1881 年，是现在的东京理科大学的前身。

12. 有关林鹤一作为数学教育专家的活动，参见 *NKGT*, 12: 144 - 48, 151 - 55。

13. Okabe, "Kagakushi nyūmon: Sūgakusha Ogura Kinnosuke to genzai," *Kagakushi kenkyū* 34, no. 194 (Summer 1995): 140.

14. 同上，141。林鹤一的导师——藤泽利喜太郎（Fujisawa Rikitarō）可能是第一个鼓励统计学向对国家有用的方向发展的数学家。虽然小仓金之助和藤泽并没有直接的关系，但藤泽通过林鹤一所发挥的影响也不能完全忽视。藤泽是第一个在欧洲学习西方数学的日本人，当时统计学在欧洲获得了学术上的尊重。有关统计学作为一门社会科学在欧洲发展的历史，参见 Porter, *Rise of Statistical Thinking*。

15. Ogura, "Sūgaku kyōiku no igi," in *Kagakuteki seishin to sūgaku kyōiku*, 69.

16. 同上，69，74。

17. 同上，67。

18. 引自 *NKGT*，6：286。

19. 同上。

20. Matsubara, *Kyōdo chūshin teigakunen no shizen kenkyū*, 3.

21. *Rika kyōiku* 2, no. 8（1919）；部分复制在 *NKGT*，9：400 - 403。

22. 小仓金之助的《数学教育的根本问题》(*Sūgaku kyōiku no konpon mondai*，1924) 对日本的这一新潮流产生了重大影响。另一部有影响力的作品是森外三郎的《新主义数学》(*Shin shugi sūgaku*，1914)，这本书译自 Götting Behrendsen 所著 *Lehrbuch der Mathematik nach modernen Grundsätzen* 一书。

23. 到 20 世纪 20 年代末，这本英文书经历了多次重印和修订。目前还不清楚小仓金之助当时读的是哪个版本。卡约里是瑞士出生的美国数学史学家，他以《数学符号史》（*History of Mathematical Notations*）(1928—1929 年）闻名于世。

24. Plekhanov, *Kaikyū shakai no geijutsu*.

25. Ogura, "Kaikyū shakai no sanjutsu," 1 - 19.

26. 日本早期的马克思主义著作还包括西川光次郎（Nishikawa Kōjirō）的《人文主义的战士，社会主义之父——卡尔·马克思》(*Jindō no senshi shakai shugi no chichi Kaaru Marukusu*，1902)，以及堺利彦和幸德秋水对《共产党宣言》(*Communist Manifesto*) 的翻译（*Kyōsantō sengen*，1904)。

27. Hoston, *Marxism and the Crisis of Development*, 44.

28. 马克思主义文学评论家平林初之辅（Hirabayashi Hatsunosuke）强调，他觉得"马克思主义比其他任何社会理论都更让人感到亲近"，这不是因为共产党人对马克思主义的支持，而是"因为马克思主义是科学的社会主义"。参见 Hirabayashi, "Kongo no bungaku riron," *Yomiuri shinbun*, January 31, 1927，转引自 Hamil, "Nihonteki modanizumu no shishō," 95 - 96。

29. Ishida, *Nihon no shakaigaku*, 109 - 11；以及 Hoston, *Marxism and the Crisis of Development*, 140 - 41, 146. 马克思主义也吸引了许多关心"社会问题"的学生。20 世纪 20 年代早期，校园里成立了许多马克

思主义的学习小组，其中包括东京帝国大学、京都帝国大学和早稻田大学。1924 年，这些学习小组建立了一个全国性的组织，即学生社会科学联合会。这些左派学生的出现引起了媒体的广泛关注，并为他们赢得了"马克思男孩"和"马克思女孩"的绰号。

30. 这个技术系列包括 Paul Lafargue, *The Evolution of Private Ownership* (*Shiyū zaisan no shinka*, 1921), trans. Arahata Kanson; Harry Wellington Laidler, *The Current Situations of the International Socialist Movement* (*Sekai shakai shugi undō no gensei*, 1922), trans. Sakai Toshihiko; Louis Budin, *The Theory of Marxism* (*Marukusu gakusetsu taikei*, 1924), trans. Yamakawa Hitoshi; 以及 V. I. Lenin, *The Study of Proletarian and Agrarian Russia* (*Rōnō Roshia no kenkyū*, 1921), trans. Yamakawa Hitoshi 及 Yamakawa Kikue。

31. Ishida, *Nihon no shakaigaku*, 106. 这是安德鲁·巴沙（Andrew Barshay）所说的"三大时刻"，即马克思主义塑造经济学领域的时刻、马克思主义塑造其他社会科学的时刻以及马克思主义对二战后的社会科学产生了决定性的影响。参见 Barshay, *Social Sciences in Modern Japan*, 53‑59, chaps. 3‑5。另一个详细研究马克思主义经济学在日本的历史的著作是 Hein, *Reasonable Men*, *Powerful Words*。更为广泛的日本经济思想史著作，可参考 Sugihara 与 Tanaka, "Introduction"; Morris‑Suzuki, *History of Japanese Economic Thought*; 以及 Takanoi, *Nihon no keizaigaku*。

32. 引自 Ishida, *Nihon no shakaigaku*, 112 (emphasis added)。

33. 同上。

34. 参见 Hoston, *Marxism and the Crisis of Development*, 44。霍斯顿解释说："普列汉诺夫的影响力可能部分地与 1904 年在阿姆斯特丹举行的第二国际第六次大会上，日本社会主义者与他有过预先接触（片山潜与普列汉诺夫历史性的握手）有关。"参见 Hoston, *Marxism and the Crisis of Development*, 305。虽然霍斯顿认为普列汉诺夫的《马克思主义基本问题》（*Fundamental Problems of Marxism*）在 1921 年以前就已经翻译成日文（Hoston, *Marxism and the Crisis of Development*, 44），但是我只找到了这部作品 1921 年的译本，翻译自德语译本 *Die Grundprobleme des Marxismus*. 1921 年，山川均（Yamakawa Hitoshi）和山川

菊荣（Yamakawa Kikue）首次将列宁的著作以分册形式进行介绍。见 Lenin, *Shakai shugi kakumei no kensetsuteki tōmen*, *Rōnō kakumei no kensetsuteki hōmen*, 以及 *Rōnō roshia no kenkyū*。

35. 中野重治的《艺术论》（Geijutsuron）（后来改名为《关于艺术》 "Geijutsu ni tsuite"）发表于《马克思主义讲》（*Marukusushugi kōza*）（1928 年 10 月），见 Silverberg, *Changing Song*, 168 - 71。藏原惟昶在同月出版了他翻译的普列汉诺夫的《阶级社会中的艺术》，作为马克思主义艺术理论系列（1928—1931 年）的一部分：Plekhanov, *Kaikyūshakai no geijutsu*。

36. Ogura, *Ichi sūgakusha no kaisō*, 101.

37. Doak, "*Under the Banner of the New Science*," 235.

38. Hiroshige, *Kagaku to rekishi*, 63.

39. Ogura, "Sanjutsu no shakaisei," 1：286 - 97.

40. Ogura, "Kaikyū shakai no sanjutsu," *Shisō*, December 1929：1 - 36；"Kaikyū shakai no sūgaku," *Shisō*, March 1930：1 - 35；"Kaikyū shakai no sūgaku," *Shisō*, May 1930：25 - 43；以及 "Kaikyū shakai no sūgaku," *Shisō*, June 1930：1 - 21.

41. Ogura, *Kagakuteki seishin to sūgaku kyōiku*, 70.

42. 同上，73。

43. 参见 Ogura, "Ideorogii no hassei：Sūgaku," 1：3。

44. 同上，1：6 - 8, 23 - 32, 34 - 40。类似的叙述是由马克思主义科学历史学家阿尔弗雷德·索恩-雷瑟尔（Alfred Sohn - Rethel）提出的，他在 20 世纪 30 年代开始对资产阶级科学的出现进行马克思主义考察，但是他的著作 *Geistige und körperliche Arbeit：Zur Theorie der gesellschaftlichen Synthesis* 一直到 1972 年才写完。和小仓金之助一样，他试图将科学定位于"意识形态上层建筑或社会基础"，索恩-雷瑟尔认为这种努力是马克思主义学术的缺失。Sohn - Rethel 将资产阶级科学定义为"从体力劳动中分离出来的智力劳动的产物"，并将这种分离的最初阶段追溯到希腊几何学。在他的叙述中，智力劳动和体力劳动分离的决定性时刻是文艺复兴时期，在这一时期，"个人的头脑和双手的统一"体现在手工业的知识制造被新兴的自然科学所取代，更具体地说，是精确的科学——"来自体力劳动之外的其他来源的自然知识"。正如小仓金之助那样，索恩-雷瑟尔强调文艺复兴是资产阶级科学的开端，认为社会主义将会而且应该实现智力劳动和体力劳动的理想统一。但是，索恩-雷瑟尔的作品并没有涉及小仓金之助所关注的学界风气的问题。参见 Sohn - Rethel, *Intellectual and Manual Labour*, 2, 111, 133, 123。

　　45. 可参见 Ogura, "Riron sūgaku to jitsuyō sūgaku tono kōshō," 出自 *Kagakuteki seishin to sūgaku kyōiku*, 41。

　　46. Ogura, "Kagakushi no igi," 出自 *Kagakuteki seishin to sūgaku kyōiku*, 182‐83。

　　47. Ogura, "Kindai Nihon sūgakushi gaikan," 出自 *Nihon shihonshugi hattatsuhi kōza* (1932), reprinted in Ogura, *Sūgakushi kenkyū*, 1：256。

　　48. Ogura, "Nihon sūgaku kyōiku no seikishisei," 出自 *Sūgakushi kyōiku*, 1：272。

　　49. Ogura, "Shizen kagakusha no ninmu," *Chūō kōron*, December 1936：312‐15。

　　50. Ogura, *Kagakuteki seishin to sūgaku kyōiku*, 320‐26。

　　51. 同上，328。

　　52. 同上，74。

　　53. 关于和算的问题和解答的例子，参见 Okumura, "Japanese Mathematics," *Symmetry：Culture and Science* 12, nos. 1‐2 (2001)：79‐86；以及 Fukagawa and Pedoe, *Japanese Temple Geometry Problems*。

　　54. 可参见 Ogura, "Kindai Nihon sūgakushi gaikan"。

　　55. 三上义夫的《从文化史看日本数学》（*Bunkashijō yori mitaru Nihon no sūgaku*）是于 1921 年写就的，并于 1922 年 3 月到 8 月间首先连载发表在学术期刊《哲学杂志》（*Tetsugaku zasshi*）（vol. 37, nos. 421‐26）上，其后才于 1922 年以平装本出版。之后分别于 1947 年（创元社），1984 年（恒星社厚生阁）以及 1999 年（岩波书店）以同一标题再版。我以 1999 年的岩波版为参考版本，这一版是以三上义夫本人编辑的 1947 版为底本的。我比较了《哲学杂志》版本和岩波版，发现并无差异。而日本较早时期的数学史研究比如大槻如电（Ōtsuki Nyoden）的《日本洋学年表》（*Nihon yōgaku nenpyō*）(1877) 以及远藤利贞（Endō Toshisada）所著《大日本数学史》（*Dainihon sūgakushi*）(1896) 都聚焦于从时间顺序对科学内部发展进行的叙述。三上的作品是日本第一部分析和叙述数学史的作品。尽管其意义重大，但对其作品发表的评论却很少。参见 Ōya, "Genban kaidai," 275 - 76, and "Kaidai," 285 - 341。

56. 三上义夫还讨论了"算额"和"遗题"，并描述了和算习练者同侪之间以及各个和算学校在和算大会上是如何相互竞争的。参见 *Bunkashijō yori*，48 - 51。

57. 同上，47。

58. 同上，129。

59. 同上，57。三上义夫还将象棋、武术、茶道和音乐列入了民族爱好（kokuminteki shumi）的范畴。

60. 同上，97 - 99。

61. 同上，116。

62. 同上，119。

63. Mikami, "Nihon sūgakusha no seikaku to kokuminsei," *Shinri kenkyū* 125（May 1922）: 326 - 27.

64. Ogura, "Kindai Nihon sūgakushi gaikan," 235.

65. 同上。

66. 佐佐木也强调了这一观点，见 "Kaisetsu"，337 - 38。

67. Ōkubo, *Nihon kindai shigaku no seiritsu*, 59.

68. Mikami, *Bunkashijō yori*, 27.

69. 佐佐木还解释说，对三上义夫将和算介绍到西方的否定评价[*Mathematical Papers from the Far East*，1910 年由 G. E. Stechert（New York）出版社以英文出版]是三上义夫无法获得学术界支持的另一个因素。参见 Sasaki, "Kaisetsu," 317.

三上义夫花了相当多的时间向西方世界介绍日本的数学史。他发表了一些英文著作，当时日本数学的历史几乎还没有外语版本。他于 1913 年出版的《中日数学发展》（*Development of thematics in China and Japan*）是第一部用英语写就的分析中日数学历史的著作。李约瑟的《中国科学文明》（*Science and Civilization of China*）中有一章就是以这篇文章为主要内容的，时至今日，专家们仍在阅读这篇文章。由三上义夫和哥伦比亚大学教授大卫·尤金·史密斯（David Eugene Smith）为普通读者撰写的《日本数学史》（*A History of Japanese Mathematics*）获得了广泛流传。三上义夫是国际科学史委员会唯一的日本成员。他还与《伊西斯》（*Isis*）创始人乔治·萨顿（George Sarton）建立了友谊，《伊西斯》是英语科学史上最古老也是最杰出的期刊之一。佐佐木说三上是"战前世界上最著名的日本科学史家"，这也许不是夸张。考虑到他努力用英语出版日本数学史，并与欧洲、美国建立了知识纽带，日本帝国学士院解雇他的决定令人费解。

70. Tosaka，*Nippon ideorogii ron*，39 - 47.

第四章　科学策论图谱中的马克思主义

20 世纪 30 年代初，马克思主义在日本知识分子之间的受欢迎度达到了顶峰。然而，国家对马克思主义和无产阶级政治的镇压在此后变得越来越严重。正当主要的马克思主义著作在如日中天的劳农·讲座派论争中得以发表的同时（日本资本主义发展史讲座，"*Nihon shihonshugi hattatsushi kōza*"，1932—1933 年；日本资本主义分析，"*Nihon shihonshugi bunseki*"，1933 年），[1] 主要的马克思主义活跃分子如山本宣治于 1929 年被暗杀，以及小林多喜二[①]（Kobayashi Takiji）于 1933 年被杀害；首要马克思主义学者如河上肇和野吕荣太郎[②]（Noro Eitarō）等于 1933 年被捕，这些事件都表明对马克思主义者来说写作马克思主义作品是一项会有性命之虞的事业。《在新兴科学的旗帜下》，这是一本培育出了小仓金之助 1929 年的阶级分析的马克思主义杂志，

[①] 小林多喜二（1903—1933 年），日本无产阶级文学的奠基人，日本无产阶级文学运动的领导人之一。小林多喜二是 20 世纪 30 年代日本最杰出的无产阶级作家。小林多喜二与中国进步文学界有较多交往，对中国现代文学有一定影响。作为日本无产阶级文学作家同盟书记长，1931 年 10 月参与当时处于非法状态的日本共产党。小林成为无产阶级作家同盟一员以后，于 1933 年被特高警察逮捕，当天死于刑讯。——译者注

[②] 野吕荣太郎（1900—1934 年），日本著名无产阶级革命家和马克思主义理论家，日本共产党早期领导人之一。1932 年在 10 月 30 日大镇压后和山本正美、宫本显治等人着手进行党的重建工作，1933 年成为日本共产党最高负责人，同年 11 月带病工作时由于特务告密被捕。因受到刑讯而病情恶化，次年 2 月牺牲于品川警察署。——译者注

只维持了两年时间（1928 年 10 月到 1929 年 12 月）。主要的无产阶级文化刊物《文艺战线》(Bungei sensen，1924—1930 年)、《战旗》(Senki，1929—1931 年) 在 20 世纪 30 年代之初就都不复存在了，同样的情况也发生在曾经活跃的全日本无产者艺术联盟及其继承者日本无产者文化联盟所领导的无产阶级文化运动上。

　　这并不意味着马克思主义的科学话语消失了。恰恰相反，当无产阶级文化运动和政党政治被镇压时，科学成为马克思主义知识分子的主要战线。一个组织诞生于国家对马克思主义的镇压之中，并一直延续到 1938 年，它发展了关于科学与社会关系的理论阐述。这个组织就是唯物论研究会，也就是唯研(Yuiken)，它是小仓金之助在 1932 年帮助组织建立的，一起创建的人还有该组织领导人户坂润①以及他们的同伴、马克思主义学者三枝博音、冈邦雄②（Oka Kunio）、永田广志③（Nagata

---

① 户坂润（1900—1945 年），日本哲学家。京都帝国大学毕业。初时受新康德主义的影响，后逐渐从唯心主义转向唯物主义。1932 年参加唯物论研究会（1938 年被迫解散）的创建工作，并成为主要领导人之一。从《唯物论研究》杂志创刊到 1938 年被迫停刊，始终坚持该刊的领导工作，并参与《唯物论全书》的编辑，致力于马克思主义的传播及对唯心主义哲学的批判。1938 年被捕下狱，日本投降前夕的 1945 年 8 月 9 日卒于狱中。——译者注

② 冈邦雄（1890—1971 年），日本物理学家、科学史家和技术论家，1913 年毕业于东京物理学校，1916—1919 年任九州帝国大学工学部数学力学物理系教研室助教，同时跟随科学史家桑木彧雄（Kuwaki Ayao）从事科学史研究，1925—1931 年任第一高等学校物理副教授，1932 年与户坂润、三枝博音等创立"唯物论研究会"案，战后任镰仓学院教授，1949 年成为日本科学史学会会员，1962 年参加产业教育联盟，紧密结合教育致力于技术史的研究与宣传，1971 年逝世。——译者注

③ 永田广志（1904—1947 年），日本哲学家。毕业于东京外国语学校俄文科。1929 年参加无产阶级科学研究会所设唯物辩证法研究会，1931 年参加反宗教斗争同盟和战斗的无神论者同盟，次年参加唯物论研究会。从 20 世纪 30 年代起开始研究列宁哲学思想，1938 年被日本法西斯政府逮捕，因病保释出狱；1945 年参加民主主义科学者协会。战后为"民主主义科学家协会"的创始人之一。——译者注

Hiroshi)、服部之总①（Hattori Shisō）以及本多谦三②（Honda Kenzō）等。唯研通过它的月刊机关杂志《唯物论研究》在日本马克思主义科学政治的发展中发挥了核心作用。这份杂志从不同的角度讨论唯物主义，如哲学、历史、文学、法律，以及最重要的科学，一直办到唯研解散的1938年。本章考察了唯研的科学论述，也就是我所说的"唯研课题"，以及它如何对20世纪30年代日本的马克思主义策论作出贡献。

唯研的领导人户坂润指出了20世纪30年代在日本占主导地位的三大思潮：自由主义、马克思主义和法西斯主义。他认为，法西斯主义是以"日本主义"的形式出现的，这种意识形态强调以帝国神话为基础的日本的独特性和优越性，并将军事国家获得全国动员的权力合法化。户坂润不认为这三种意识形态之间的矛盾是日本所独有的，他认为这些矛盾是与欧洲的意识形态斗争共存且相互联系的。法兰克福学派的学者也观察到

---

① 服部之总（1901—1956年），日本马克思主义历史学家，明治维新史专家。1925年毕业于东京帝国大学社会学系，留校在社会学研究室担任助手。1930年任中央公论社第一任出版部部长。在这期间，与野坂参三领导的产业劳动调查所发生联系，在《马克思主义讲座》上发表了一系列研究明治维新史的文章。这是用马克思主义方法研究明治维新史的划时代的著作，在理论上超出了一般资产阶级史学，在政治上则给了日本共产党的《二七年纲领》以学术上的支持。1932年5月起，参加野吕荣太郎领导的"日本资本主义发展史讲座"的编写工作。后因遭到了天皇制政府的迫害，停止了日本资本主义发展史的研究工作。战后1949年参加日本共产党。1952年任法政大学教授。——译者注

② 本多谦三（1898—1938年），日本哲学家，东京商科大学教授。在业师左右田喜一郎创办的横滨社会问题研究所有过工作经历，1925年（大正十四年）成为东京商科大学预科及专业部讲师，教授逻辑学。1929年（昭和四年）成为教授。同一时期以《新兴科学的旗帜下》杂志为阵地，以马克思主义为基础展开理论活动。后退会。——译者注

了欧洲的这种意识形态斗争，欧洲的历史学家对此也有很好的记录。[2]为了证明这个颇具争议性和政治性的科学论述，并更好地找到唯研课题在科学策论中的定位，我的分析将20世纪30年代日本更大的知识和政治环境中的三种不同的科学定义置于上下文中进行研究。这一点将通过两张科学策论的图谱来实现，一张是1932年的，一张是1936年的。20世纪30年代是科学策论争议最激烈的十年，因为这三股主要的思潮在争夺对科学的定义以及他们自身的正当性。

1932年的科学策论图谱就说明了自由主义、马克思主义和日本主义是如何定义科学，并争夺科学的正当性权力的。科学政治的格局不是一成不变的，而是随着新的历史事件的发生和新的关键词的出现而变化的。例如，20世纪30年代中期兴起的一股保守的反科学思潮，它强调反对科学知识的"日本精神"，迫使科学的倡导者们去解决日本精神与科学精神之间的关系。1936年的图谱就将展示自由主义、日本主义和马克思主义是如何处理这个问题的。

1932年图谱

1932年11月，东京科学博物馆举办了专题展览"江户科学"（*Edo no kagaku*），以庆祝它成立一周年。大约在"江户科学"展览举办的前一周，马克思主义知识分子成立了唯研学习小组，并开始出版《唯物论研究》月刊。同年八月，政府出于

95 思想管控的目的建立了国民精神文化研究所。从表面上看，江户展览、唯物主义研究小组和日本"精神文化"的国家动员似乎完全不相关，但这三个事件实际上标志着 1932 年政治图谱上的"科学"变化。

　　1931 年，东京科学博物馆作为国立博物馆在上野公园开放，目的是向公众传播科学知识，鼓励发明和发现。尽管它直到 1931 年才开放，但这座博物馆是在第一次世界大战期间及战争刚结束时期，作为促进国内科学和科学教育的一部分而构想和建立的。江户科学展览中展示了各种德川时期的资料，比如草药学和日本数学等领域的文件资料；农业和金矿的开采工具；还有望远镜和摩擦发电机——这是由 18 世纪日本的知识分子平贺源内①（Hiraga Gennai）制造的第一台发电机。此次展览的目的是证明日本在明治时代之前就存在先进科学，以纠正"科学是在明治维新之后才从西方引入"这一普遍假设。³然而，展览的内容部分地违背了这个目的，因为展出的大部分材料都来自德川晚期，当时兰学已经传入日本。因此，它可能消解了德川日本没有科学的普遍假设，但它没有否认科学是来自西

————————————

① 平贺源内（1728—1780 年），平贺源内为日本江户时代的博物学者、兰学者、医生、作家、发明家、画家等。父为白石茂左卫门、母为山下氏的女儿，兄弟很多。通称为源内，亦写成元内，本名为国伦。1776 年（安永五年）他得到了一台荷兰制的静电产生装置，并将它加以复原。1745 年，莱顿瓶在欧洲发明了以后，平贺源内在 1770 年从荷兰人首次得到类似的静电产生装置。1776 年，他将装置改良。该装置中静电的产生是由于当中的玻璃管与镀金棒摩擦而来的，并制造出许多电力的效果。这些发电装置被复制并获日本人采用，并称之为"エレキテル"（即摩擦起电器，荷文原为 elektriciteit）。该装置后被佐久间象山等学者改良。——译者注

方的。

　　尽管如此，展览还是取得了巨大的成功。时年 11 月 3 日，正值该博物馆的开放一周年纪念日，1.3 万名游客参观了博物馆。[4]报纸上的大量广告固然对招徕游客有所帮助，但能吸引如此多游客的主要原因是主题的新颖度。正如博物馆通讯稿所强调的那样，这是日本首次关于科学的历史展览。由于这次的成功，后来许多科学史展览得以在日本举办。但是参观过展览的人也有抱怨。在访客意见簿和游客给博物馆的信中，有人评价说博物馆内空间太小，太拥挤，展品陈列没有标明主题，也没有分类，目录中没有标明展品涉及的领域或行业，而只是标明了出借人的名字。一位游客甚至说："草药学区看起来就像一个二手书店。一些重要的书比如西博尔德① (Siebold) 的书就一本叠一本地堆积在一起，我们连书的内部都看不见。"[5]这些参观者的描述使读者想起自 19 世纪末就在日本广受欢迎的一种博览会：将各种各样的展品并排摆放，脱离了他们的生产背景。这种展览展示了历史资料，却没有讲述任何故事。换句话说，科学是去语境化的。

　　虽然这次展览没有明确的政治议题，但它在政治上并不中立。吉见俊哉② (Yoshimi Shunya) 在他的世界博览会研究中提出："博览会不是工业技术或工艺设计的中立的空间……博览 *96*

---

① 菲利普·弗朗兹·冯·西博尔德（1796—1866 年），德国内科医生，植物学家，旅行家，日本器物收藏家。——译者注
② 吉见俊哉（1957—　 ），日本社会学家，专议都市论、文化社会学。——译者注

会，本质上是文化的战略空间，具有相当的政治性和意识形态性。"[6]同样，小仓金之助在1934年也指出了科学展览的政治性和意识形态性。

小仓金之助发现像"江户科学"这样的历史科学展览是"不符合历史而且不科学的"。[7]正如我们在前一章所看到的，小仓金之助已经开始从历史唯物主义的观点来发展他的阶级科学分析。他认为科学的历史必须是科学本身。小仓对"科学的"历史的定义是以马克思主义为基础的，把科学作为上层建筑的一部分加以考察："只有把科学史作为上层建筑的历史来看待，并考察它与基础经济关系和各种意识形态的关系，科学史才能成为科学的科学史。"[8]对小仓来说，忽视科学与科学生产的社会经济条件之间关系的历史是罔顾历史的、不科学的。小仓虽然对"自由科学教育改革"的教育者所举办的众多科学史展览感到高兴，但同时也对他们的方法论和暗含的政治主张提出了强烈的批评。

正是为了对抗这种对于科学的"不科学"理解，唯研于1932年10月23日启动了。小仓作为唯研最初的七名组织者之一，参观并批评了科学史展览。唯研宣称自己的宗旨是从唯物主义的角度来研究科学、社会和哲学之间的关系。下一节将详细讨论唯研，但这里对唯研关于科学的论点的简要总结足以作为1932年科学策论图谱的第二个标志[9]。对小仓和其他许多唯研成员来说，认为科学独立于社会、经济和政治环境之外，就是对科学的阶级性质的忽视。例如，户坂润在1932年提出：

"自然科学是历史社会的产物。"事实上，自然科学所寻求的研究自由被社会上的各种条件所限制。对唯研的马克思主义者们而言，假设科学独立于社会意味着忽视科学的政治方面。正如另一位作家所说，"'二加二等于四'这个等式只是数学科学中的一条定律……然而，如果这个定律…被属于阶级社会中的某一群体的数学家滥用，那就完全是另外一回事"。[10]唯研马克思主义者认为，把象牙塔里的科学理想化为客观的，即不受社会经济因素的影响，就是遮住人的眼睛使人看不到影响和构成科学的外部因素。户坂润认为："现代资本主义曾经是自然科学的好母亲，但现在不是了；它已经变成了不应该被信任的监狱看守。"[11]换言之，唯研对科学的阶级分析宣称，资产阶级的科学通过对科学去语境化，假装自己是客观的，因此它能够提供唯一的真理，但实际上它反映的是资产阶级的利益。[12]

97

对唯研马克思主义者来说，马克思主义是唯一能够统一、系统地认识自然和社会的科学的社会理论。对他们来说，社会理论应该和解释自然世界的理论一样科学，而且，正如户坂润所言，"唯一与自然科学有同样概念系统的社会科学……是马克思主义的唯物主义。它是唯一的科学的社会理论"。[13]他们认为，一个理论的科学性还取决于它的普遍性。用户坂润的话来说就是"每一门科学，每一种理论，都需要国际化，就其作为一个知识体系的货币价值而言"。即使是哲学理论，因为不能使用方程式而从根本上受到民族语言的限制，也需要能够被翻译。[14]对这些马克思主义者来说，要想做到"科学的"，就需要提出一种普遍的、系统的、批判性的科学，这种科学能够解释作为一个整体的世界的自然规律和社会规律。

为了挑战这种马克思主义的科学观，作田庄一①（Sakuta Shōichi）提出了他的国民（kokumin）科学，即民族（national）科学。作田是京都帝国大学经济学教授，后来成为"满洲国"建国大学②副校长，也是国民精神文化研究所的研究员。作为1932年图谱中的第三个标志，国民精神文化研究所这一机构于1932年设置于文部省之下，它是国家宣传计划中的一部分，之后被称为"教育完全改革"。[15]研究所拥有24名研究员和职工（1942年增加到48名），培养了初中和高中教师，举办了系列讲座，出版了日本古典文学、经济学、俄罗斯研究等书籍。其最终目的是消除左派思想，肃清日本国家政权。[16]该研究所在日本国家意识形态建设中发挥了重要作用。例如，《国体之本义》③（Kokutai no hongi）——一本向日本学生传授国家政治的主要原则，即天皇在日本历史上的核心地位以及臣民对天皇的忠诚的关键教科书——由国民精神文化研究所的研究人员和东

---

① 作田庄一（1878—1973年），日本经济学家，"满洲国"建国大学创设准备委员、首任副校长。——译者注
② "满洲国"建国大学（けんこくだいがく），是一所位于"满洲国"首都新京（今吉林省长春），直辖于"满洲国"国务院的"国立大学"。简称"建大"，俗称"新京建国大学"。1938年5月创校，至1945年8月"满洲国"灭亡而关闭。毕业生共1500名。——译者注
③ 《国体之本义》是日本文部省编纂的通俗教科书。随着国体明征运动的深化，文部省为配合确立总体战体制，彻底"振兴国民精神"，于1937年5月发行。该书由"大日本国体"和"国史中显现出的国体"等两部分内容组成。全书吹捧天皇制度，全面否定民主主义和自由主义。1941年3月文部省又在此基础上发行了《臣民之道》一书，进一步发挥了上述思想。——译者注

京帝国大学教授共同起草的。从 1937 年开始，文部省向学校分发了这本教材，日本所有的学生都背诵了这篇课文。[17]

国民精神文化研究所试图通过作田的"国民科学"，呈现出自己视角下的"科学"，以此削弱马克思主义。后来成为《国体之本义》起草者之一的作田在 1934 年发表了《国民科学的建立》(Kokumin kagaku no seiritsu)。[18]虽然我把三上义夫的文化史中出现的"国民"翻译为"人民"(people)，但是作田庄一的"国民"应该翻译为"民族"(national)。三上义夫的"国民"概念，是把国民看作国家和精英的反概念，而作田庄一则不然。作田庄一的"国民"指的是日本帝国的臣民，其内涵完全由国家定义，是从属于国家的一部分。①

作田庄一认为，他所提出的"国民科学"是研究政治、法律、伦理、经济、卫生等国民生活的新科学。他声称，"国民科学继承了明治初期的'国民主义'，致力于恢复建立我们民族国家的最直接的精神"，但是与"近代科学出现前的明治民族主义不同"，他的国民科学是"科学的"。国民科学是明治民族主义和最新科学的融合："这是最新的发展成果，是名副其实的'新兴科学'。"[19]作田庄一对新兴科学的提及是对马克思主义的蓄意而直接的挑战。正如我们在前一章讨论的《在新兴科学的旗帜下》杂志时看到的那样，马克思主义者习惯地用这个词来描述他们的理论和政治。

---

① 日语原文即为"国民"，为了保持汉字词汇的原貌，便于汉语读者的理解，本文在翻译中采用保留"国民"这一措辞，不根据其内涵进行额外的词汇替换。——译者注

作田的国民科学旨在从民族的角度克服马克思主义科学。作田认为，科学的发展经历了三个阶段。第一阶段是个人主义和资产阶级科学。第二种是马克思主义的"阶级科学"，作田承认它成功地戳穿了资产阶级科学中假设的自由意志的虚假神话。[20]但是第三个阶段，国民科学，是超越马克思主义科学的：

> 　　阶级是一种社会现实。不用说，当阶级意识出现时，从阶级意识的角度来研究现实是可能的，也是必要的，现在已经出现了这样的研究，这是很自然的。因此，我并不否认从阶级意识的角度审视阶级现实的阶级科学的最初正当性……然而，这已经是马克思主义科学能做的最好的事情了……国民生活是超越阶级的。从下面来观察上面是不可能的。[21]

作田宣称，如果说资产阶级的科学是正题，那么无产阶级的科学就是反题，民族科学是必要的合题。① 国民科学将从日本国民的立场产生关于日本国民生活的"系统和经验的知识"。[22]

我称作田庄一称为日本主义者。在 20 世纪 30 年代，这个词被其批评者和倡导者用来形容那些相信日本的独特性和优越性的人。正如我们将看到的，户坂润是日本主义最不留情面的批评者

---

① 此处作田使用了黑格尔的"正反合"三段论，即正题（thesis）、反题（antithesis）与合题（synthesis）三段。黑格尔吸收了三段式的思想，认为一切发展过程都可分为三个有机联系着的阶段：1. 发展的起点，原始的同一（潜藏着它的对立面），即"正题"；2. 对立面的显现或分化，即"反题"；3. "正反"二者的统一，即"合题"。——译者注

之一，并将日本主义视为日本版的法西斯主义。在户坂润的日本主义者名单中，有哲学家纪平正美①（Kihira Tadayosh）、鹿子木员信②（Kanokogi Kazunobu）以及历史学家平泉澄③（Hiraizumi Kiyoshi）等知识分子。[23]一些右翼民族主义者自豪地认为自己是"日本主义"的支持者，例如，诗人影山正治④（Kageyama Masaharu）在 1931 年将自己的右翼团体命名为"全国大日本主义同盟"⑤。对国家政体的绝对性、日本的独特性和优越性以及日本在亚洲的领导使命的信仰是日本主义的特征。由于日本主义的主要原则大多是反科学的，所以它很少在其科学讨论方面被提及。然而，有一些日本主义者开发了一个日本版的"科

99

---

① 纪平正美（1874—1949 年），日本哲学家。1900 年（明治三十三年）毕业于东京帝国大学文科大学哲学科。1905 年（明治三十八年），他与小田切良太郎共同翻译了《哲学科学百科全书纲要》的一部分，在《哲学杂志》上作为《黑格尔哲学体系》一文刊载，成为日本全面研究黑格尔的先驱。1919 年（大正八年）担任学习院教授，在东京帝国大学、东京高等师范学校、东京商科大学等讲授哲学。1932 年（昭和七年），成为国民精神文化研究所成员，指导战时体制下的日本主义，战后被开除公职。著作有《认识论》《哲学概论》《三愿迁入的逻辑》等。——译者注

② 鹿子木员信（1884—1949 年），日本大亚细亚主义哲学家，文学博士。甲级战犯。——译者注

③ 平泉澄（1895—1984 年），昭和时代日本史学家。1895 年（明治二十八年）2 月 15 日出生。研究日本中世史。1932 年（昭和七年）左右开始倾向于国粹主义，成为皇国史观的领导者。1935 年（昭和十年）担任东京帝国大学教授。因战败辞职，在家乡福井县平泉寺任白山神社宫司。著作有《国史学的骨髓》《悲剧纵走》等。——译者注

④ 影山正治（1910—1979 年），日本右翼活动家、思想家、和歌家。1931 年（昭和六年）在国学院大学设立了"日本主义艺术研究会"；1933 年（昭和八年）计划暗杀斋藤实首相等人，参与神兵队事件而下狱；1937 年（昭和十二年）结成日本主义文化同盟；1940 年（昭和十五年）计划暗杀米内光政首相等人，主谋皇民有志决起事件（七五事件）；1944 年应召参加侵华战争，隶属于唐山地区古冶驻屯高射炮第十五连队，次年战败复员。战后创设不二出版社，作为右翼继续活动。后自杀。——译者注

⑤ 原文中标注的罗马音为"zenkoku Nihon shugi dōmei"，对应汉字为"全国日本主义同盟"，但影山正治于 1931 年创办的组织实际名为"全国大日本主义同盟"。全国大日本主义同盟，日本昭和初期的政治团体，主张国家主义。——译者注

学"。[24]作田庄一就是其中之一。在本章之后的内容里，我们将看到另一位日本科学理论家桥田邦彦（Hashida Kunihiko）也是其中一员。

　　马克思主义科学与日本主义科学在认识论方面有一个明显的区别。日本科学理论家强调民族性的认识论。例如，作田认为，只有日本人才能了解日本和日本的民族生活，因为"只有属于日本民族的人才会拥有日本民族的意志"。[25]因此，非日本人提出的理论无助于理解日本。作田庄一认为，康德和马克思对日本一无所知，因此他们关于民族问题的理论无法产生出对日本民族的理解。这一主张直接挑战了马克思主义成立的前提，即科学意味着普遍性，以及对空间特殊性的超越。正如户坂润在上述声明中所宣称的那样，一种科学理论需要具有国际性的"货币价值"才能获得正当性。马克思主义的科学性建立在其认识论普遍性的基础上，而吸引马克思主义学者的正是这种科学本质的普遍性。相反的，对于持日本主义的科学理论家来说，科学不是，或者说不应该是普遍的。

　　借用户坂润的观点，我选择 1932 年的三个现象——"江户科学"展览，唯研和国民精神文化研究所——来描绘出自由主义、马克思主义和日本主义科学领域中的"科学"部分，以此来展现 20 世纪 30 年代各种科学策论的争议性。自由科学的客观性建立在它独立于社会和政治问题的基础之上。然而，对马克思主义者来说，科学的自主性就像意志的独立性一样，是一种幻觉。它也是资产阶级意识形态的一种宣传，因为它有助于维持现状，否定真正科学的马克思主义对社会发展的理解。对日本主义者来说，"科学"需要与国民携手并进。他们声称，像马克思主义者那样无视民族差异，假设"科学预见"① 的普遍性，这本身就是不科学的。

户坂润和其他马克思主义者认为，马克思主义是唯一真正科学的哲学，因此也是唯一有能力挑战非理性的日本法西斯主义的哲学。[26]然而，正如我们所看到的，日本主义理论家们也声称他们主张的科学才是真正的科学，才能帮助他们克服马克思主义科学对阶级的关注。确切地说，20 世纪 30 年代是科学策论斗争最激烈的十年正是因为每一种对立的意识形态都把科学当成彼此竞争的领域。科学成了这些意识形态竞争的主要战场。

100

唯研课题

唯研为马克思主义知识分子参与这一新战场提供了空间。唯研努力去理解作为一种社会发展理论的唯物史观和作为科学哲学的自然辩证法之间的关系，并把这种关系应用于对日本社会的分析之中。唯研与其他马克思主义团体的区别在于其对科学的广泛讨论以及成员中有大量的自然科学家。唯研也不同于其他的左翼团体，因为它能够持续活动并出版《唯物论研究》

---

① 对客观事物发展趋势所作的有科学根据的论断。如门捷列夫根据化学元素周期律的科学理论，预见了当时尚未发现的新元素的可能存在及其物理、化学性质。它以客观事物发展的规律性为基础，在实践中得到检验并有可能成为现实。——译者注

一直到 1938 年，而大多数马克思主义组织在 20 世纪 30 年代早期到中期，已经由于国家的严厉镇压被迫解散了。唯研在 1938 年 2 月战略性解散之前，一直在东京内幸町的一座老旧的木制建筑中的一间"跳蚤遍布"的小办公室里维持着活动。在这个小房间里，唯研团队编辑着《唯物论研究》，除几乎每晚的讲座外，每周（后来是每月）都有很多学习小组。他们的讨论和商业会议都有特别高等警察的警官旁听。[27]他们的杂志订阅读者数量不是很多；司法省的报告称，这一数字一开始大约 4000 人，然后下降到 2500 到 3000 人之间，而且大多数读者来自东京和大阪等大都市的知识阶层。[28]然而，《唯物论研究》这份杂志确实走向了更远的地方：北海道、鹿儿岛、东北、莫斯科、柏林、纽约和阿姆斯特丹。面向非日语读者，每期的封底都印有世界语的目录。[29]唯研还在 1935 年至 1938 年期间，出版了一系列名为《唯物论全书》的作品。[30]考虑到 20 世纪 30 年代中期日本国家对马克思主义的压迫程度，这是一个令人深感敬佩的成就。

有三个因素使这一成就成为可能。首先，唯研有意识地将自己定位为一个学术论坛。虽然最初的组织者都是马克思主义者，但成员中也包括非马克思主义者的著名自然科学家，比如物理学家寺田寅彦（Terada Torahiko）、寄生虫学家小泉丹（Koizumi Makoto）等。[31]他们的出现是组织者深思熟虑努力的结果。1932 年的炎夏，创始成员们穿着湿透的和服徒步拜访这些自然科学家，以此来吸引他们。他们还任命了京都帝国大学哲学家长谷川如是闲①（Hasegawa Nyozekan）为组织的首任秘书长，他是一个从不将自己与马克思主义联系在一起的自由主义者。这些成员中的许多人加入唯研是因为他们对唯物主义理论感兴趣。然而，我们可以怀疑，尽管他们声称对唯物主义的研 101 究没有政治上的兴趣，但事实上，这些非马克思主义成员中的一些人被唯物主义所吸引，将其作为与帝国神话的国家意识形态相抗衡的政治理论。冈邦雄回忆说，1932 年 10 月 23 日，他在唯研的开幕大会上看到了 50 多名观众，这使他相信，"在知识分子中，有相当数量的暗藏的支持我们运动的人"。[32] 但是，长谷川的开幕宣言中却谨慎地强调了唯研对唯物主义的学术探索是严格的非政治性的关注：

> 这个群体只能根据其唯物主义的主体来定义；没有其他限制或领域效力。不用说，我们必须是一个纯粹以学术合作为目的的组织。对于唯研来说，没有什么比陷入学术界盛行的封建小集团系统更致命的矛盾了。最重要的应该是保持论坛的开放、内容广泛，以确保研究的独立性、协作性和统一性。[33]

————————

① 长谷川如是闲（1875—1969 年），日本记者、文明评论家和作家。横跨明治、大正与昭和等不同时期，撰写过多达 3000 部以上的作品，题材包括新闻社论、散文、戏剧、小说和游记，其中代表作有《现代国家批判》《日本的性格》等。长谷川作为大正民主时期的代表人物之一，曾与大山郁夫等自由派人士共同创办了杂志《我等》（其后改名为《批判》）。旧姓山本，本名为万次郎，"如是闲"是其雅号。——译者注

这种从整体来关注唯物主义，而非只关注历史唯物主义（日本知识分子认为历史唯物主义是马克思主义的核心）的意图吸引了不认同马克思主义的科学家和自由主义者。正如长谷川如是闲的演讲所强调的那样，唯研只是在学者之间建立纯粹的学术合作关系，没有任何政治联系。

尽管如此，从一开始，唯研的政治倾向对当局来说似乎是很清楚的。特别高等警察认为唯研是一个"危险的思想团体"。1933年4月，唯研举行了第二次公开演讲，但长谷川如是闲刚一宣布开幕，警察就打断了会议，并立即逮捕了几名与会者。第二天报纸报道了这一事件，包括长谷川在内的许多非马克思主义成员因为害怕特别高等警察而离开了唯研。[34] 因此，到1933年底，大多数唯研的作者都自认是马克思主义者和同情者，尽管我怀疑杂志的订阅者中仍存在非马克思主义者。既然根据《治安维持法》，把马克思主义当作革命理论来讨论是违法的，那么唯研的马克思主义者就从哲学和科学的角度讨论马克思主义。正因如此，唯研决定不支付《报纸法》中规定的纸媒报道时政新闻的特别费用。这一战略使唯研组织的马克思主义政治讨论变得颇为模糊和抽象，却使其活动得以继续。[35] 到1936年，特别高等警察已将唯研从"危险思想团体"的范畴中除名：1936年7月的特别高等警察的秘密报告中把唯研定义为一个"自由学习团体"，认为唯研"事实上是以历史唯物主义的研究为中心，旨在建立无产阶级理论"，断言"这个团体此时不会作为非法集团进一步从事革命活动"。[36]

　　唯研能存活下来的第二个原因是其成员的凝聚力和对团体的奉献。管理财务、印刷和其他杂务的工作人员的报酬很低——大概是一个月 15 日元，如果报酬真的能发下来的话，而当时白领的月工资是从 30 日元到 70 日元不等——而唯研的"秘书"（核心成员们，比如编辑）则从来没有任何报酬。[37] 参与唯研的人都认为户坂润是这个团体真正的主心骨和能量激发者。户坂润，"一个看起来总是干净整洁的绅士"，但是"真的很能喝酒"，他总是非常乐观，非常精力充沛，甚至在唯研的最后几年，当局禁止他和许多其他成员写作的时候，也依然如此。[38] 尽管环境压力很大，唯研成员们一起欢笑，一起在新宿喝酒，在二子玉川河边带着自己的家人们一起野餐。[39] 与此同时，他们非常清楚被逮捕的可能性。成为唯研的会员需要两名现有会员的介绍，以核实身份。[40] 加入组织后，他们经常使用笔名。石原辰郎①（Ishihara Tatsurō）后来回忆说："编辑们并没有试图找出作者的真实身份。我们害怕如果我们知道了，就可能会在被捕和被折磨时暴露他们的真实姓名……而且，我们有一个不成文的规定，那就是'不能探究任何成员在唯研之外的生活'。"[41]

　　第三，也是最重要的一点，唯研之所以能够一直开展到 1938 年 2 月，是因为它对科学进行了持续而广泛的讨论。尽管《唯物论研究》涵盖了广泛的话题，如哲学、文学和宗教，

---

① 石原辰郎（1904—1986 年），日本生物学家、著有『宇宙進化論』（唯物論全書，第 47，1937）、『生物学』（三笠书房，1935）。——译者注

但正如历史学家中山茂（Nakayama Shigeru）所主张的那样，20世纪 30 年代，日本的马克思主义者虽然受到了强烈的镇压，但科学充当了他们讨论马克思主义的掩护。[42]事实上，科学不仅仅是他们的"掩护"。这也是唯研对他们所认为的不合理、不科学的意识形态的知识挑战中的一个重要因素。户坂润坚持主张，唯研视马克思主义为唯一能够批判日本主义和自由主义的真正科学的思想。因此，提高马克思主义的科学性是唯研政治的重要组成部分。正如我们将看到的，这种阐明科学社会主义的"科学性"的努力涉及两个目标：一个是构建相对于当下资本主义体制下科学的"正确"的科学；另一个则是运用马克思主义的"科学"来批判唯研所认为的日本的资产阶级和法西斯思潮。换言之，科学不仅充当了掩盖马克思主义政治的幌子，而且还被选为马克思主义政治的新战线，以对抗唯研所认为的非理性的资产阶级和法西斯意识形态。

　　虽然把唯研作家的作品放在一起并不能充分反映他们之间的多样性和分歧，但这至少可以总结出他们共同的目标和意见，基于他们的共同点，我把他们的课题称为"唯研课题"。用古在由重（Kozai Yoshishige）的话来说，唯研课题的目标"无非就是对统治阶级意识形态的各种面相的斗争"。[43]建立自己的科学定义和理论是这个课题的关键部分。唯研课题的主要话题之一是界定和研究科学的阶级性质，这一话题从一开始就被讨论，并奠定了唯研科学观的基础。与小仓金之助的"阶级社会中的算术"相呼应，唯研课题将科学定义为上层建筑的一部分，其形式和内容由基础结构塑造。唯研的马克思主义作家认为，资本主义制度下的科学是资产阶级的科学，正如资本主义制度下的主流哲学是资产阶级唯心论一样，而社会主义制度下的科学是无产阶级的科学。

对资产阶级科学的问题阐释得最清楚的是生物学家石井友幸（Ishii Tomoyuki)①，他用不同的笔名在唯研杂志上写了很多这个主题相关的文章。石井友幸对科学的基本认识是，"它是上层建筑的一部分，因此，必须把科学中的各种矛盾理解为基础结构中的矛盾的结果"。[44] 石井友幸认为，资本主义制度下的科学是为了科学而科学；也就是说，那是"象牙塔"里的科学——尽管另一位成员认为这句话相较于"钢筋混凝土塔"[45]的说法而言太过友好——这种科学与社会和人民没有什么关系。此外，这种科学还是"个人主义"的、"无政府主义"的，因为研究人员之间很少合作，相互沟通就更少了。据石井友幸所观察，20 世纪早期，科学经历了不断升级的分化和专业化，这使得科学家越来越难以了解其他科学领域正在发生什么。石井友幸解释说，这种科学趋势也是资本主义制度的反映，后者建立在各种劳动的专业化和异化的基础上。《唯物论研究》的其他很多文章里也反复出现了这些资产阶级科学的特征和批判的内容。[46]在唯研的马克思主义者看来，资本主义制度下的科学是

---

① 石井友幸（1903—1972 年），日本马克思主义生物学家、哲学家。著有《生物学与唯物辩证法》（『生物學と唯物辯證法』，彰考書院，1947.11)、《科学政策论》（『科學政策論』，時潮叢書，第 5 编，時潮社，1937.6）等。——译者注

资产阶级的科学，因为它是为资产阶级的利益服务的，也因为它的研究机构是属于资产阶级的，而不是属于人民的。

　　与此形成对比的是，唯研的成员认为，无产阶级科学是为群众服务的科学。唯研课题将苏联科学理解为无产阶级科学的具体化。《唯物论研究》上关于苏联科学的讨论和报道强调，在苏联，科学和技术理想地统一在了一起，因为科学家和工程师在国家计划之下一起工作，以满足国家和人民的实际需要；科学的各个领域相互联系，相互促进辩证发展，每个领域在更大的科学计划中的位置都是明确的，不像资产阶级科学，其专业化使各个科学分支相互隔绝。自然科学跨越式地发展是由于"第一次，科学得以在最合理的社会制度之下发展"。[47]此外，无产阶级科学也在自然科学方面对无产阶级者起到了启发作用。[48]

　　除了促进科学与技术的统一以及科学与社会的统一，唯研的马克思主义者还提倡另一种统一——科学与哲学的统一。这对他们的"科学"策论来说也同样重要，因为对马克思主义者来说，唯一有效的哲学是科学哲学，唯一有效的科学是建立在科学世界观基础上的科学。所以，对他们来说，资产阶级和无产阶级的科学在功能和目的以及哲学取向上都是不同的。户坂润，唯研中最不留情面的科学批判家之一，他的科学观点对唯研的其他作家产生了巨大的影响，他在1933年绘制了科学的阶级分析图，如下所示：[49]

	马克思主义	资产阶级思想
哲学	唯物主义	唯心主义
社会科学	历史唯物主义	唯心历史主义
自然科学	自然辩证法	机械主义

　　根据这张图表，马克思主义哲学是以唯物主义为基础的，马克思主义社会科学是建立在历史唯物主义基础上的，马克思主义自然科学则建立在自然辩证法的基础上。[50]相反，在资本主义社会，资产阶级哲学以唯心主义为基础，资产阶级社会科学以唯心历史主义为基础，资产阶级自然科学则以机械主义为基础。通过这张图表，户坂润主张，资产阶级思想的问题在于它没有促进哲学、社会科学和自然科学的统一，因为唯心主义哲学不承认社会的物质问题，它的社会科学不承认社会的阶级现实，它的自然科学是象牙塔里的科学，因此脱离了无产阶级的需要，脱离了工业技术。"哲学、自然科学和社会科学需要有一个共同的逻辑体系，……一个统一的世界观。"户坂润要求道。[51]对户坂润而言，"唯一与自然科学有相同分类体系的社会科学是马克思主义的历史唯物主义。它是唯一科学的社会理论"。[52]换句话说，马克思主义是唯一能够统一自然科学与社会科学、科学与技术、科学与哲学的科学社会理论。

　　户坂润的体系还表明，对自然和社会的研究都无法避开阶级制度的影响。唯研强调自然科学的阶级性，事实上，他受到了非马克思主义科学家最多的批评，来自唯研的内部和外部的都有。石原纯，一名非马克思主义的物理学家、早期的唯研成员，

105　在《唯物论研究》中表示他不相信阶级会影响自然科学。[53]举个例子，《科学》(*Kagaku*) 是石原纯和其他自然科学家编辑的学术期刊，这本杂志主张，只要正确地观察和理解自然，那么无论观察者属于哪一个阶级，所得到的理解都是一样的。[54]在唯研的马克思主义者们看来，这样的论点是基于科学家可以独立于社会的假设，进一步证明了资产阶级社会把科学家视为象牙塔的一部分。唯研的供稿人石井友幸认为，不能只是因为这是对自然的研究而否认自然科学中科学的阶级特征。因为"科学家是社会存在和理论家，他们呼吸着被社会浸染的空气"，与其他人别无二致。石井友幸还反对那些认为社会研究不如自然研究科学的有关自然科学和社会科学的等级观："社会也是按照一定的科学规律发展的物质存在，而不是按照人的意志发展的。"[55]

　　户坂润更有效地对这一点进行了解释，他引入了科学与哲学统一的理想："不消说，物理意义上的物质和能量等概念，是自然科学所特有的。把这些基本概念无条件地应用到其他科学领域是错误的。然而，创造这些各种基本概念的逻辑范畴系统或逻辑工具并不是自然科学所特有的……'逻辑'必须在所有科学中都是正确的。"[56]正如这段引文所示，户坂润对将自然科学中使用的概念机械地应用于社会研究来描绘自然和社会之间的类比并不感兴趣。与其他唯研作家的观点相同，户坂润认为，重要的是这些用来理解自然和社会的概念背后的逻辑。对唯研的马克思主义者来说，资本主义的逻辑在于资产阶级哲学和科学，后者导致了他们与日俱增的专业化，造成了同社会需要之间的异化。与此相反，他们认为，科学社会主义的逻辑以为无产阶级谋福祉为目的，把他们团结了起来。

　　然而，把资产阶级和无产阶级科学按照机械主义和唯心主义等概念进行分类，既简化了马克思主义科学政治，又在学者中引起了混乱。对石原纯来说，他不相信阶级分析可以应用于自然科学，自然科学中的唯物主义应该理解为实证主义；实证主义只接受可以通过物理感官体验的客观现实，这样可以摆脱任务形式的猜测。[57]不过，对唯研的马克思主义者而言，实证主义是资产阶级的认识论，恰恰是因为它拒绝承认任何一种世界观的影响。[58]对唯研成员来说，不是任何唯物主义都真正称得上是唯物主义，只有马克思和恩格斯提出的历史唯物主义才能算是真正的唯物主义。唯研的马克思主义者们在科学的名义下批判资产阶级意识形态，而他们的目标则是将科学统一在同一个世界观——马克思主义之下。　　　106

　　唯研生物学家在1933年和1934年对优生学的讨论显示了他们如何将科学的阶级分析应用于对特定科学领域的分析。对于像石原辰郎这样的唯研生物学家来说，优生学"无非是封建时代过时的等级观念披上了科学的外衣"。[59]石原认为，优生学的错误是由于它是基于孟德尔主义遗传学的事实，而石原认为孟德尔主义遗传学是机械的。在石原看来，"生物的特性是固定在基因里的，与社会环境无关"的这一假设，就像资产阶级社会学的功能主义一样，是机械的，它把社会分解成各个部分，独立地考察各个部分，而不考虑各部分与整体的辩证关系。[60]另一位唯

研哲学家、生物学家见田石介① （Amakasu Sekisuke）对石原辰郎
的观点进行了详细阐述，并把优生学批判为视生物学为社会问
题根源的生物学主义（seibutsugaku shugi）。见田石介很清楚，
这种生物主义是为资产阶级的利益服务的，这是因为它阻止了
人们批评社会制度，而且还因为它让人产生一种错觉，认为上
层阶级过去一直具有，将来也会一直具有令人向往的好的品
质。见田石介利用达尔文主义的后天特征理论，认为拥有"良
好基因"的知识分子和贵族的阶级地位都是后天获得的，而不
是遗传的。⁶¹ 1934 年，在见田石介讨论优生学后不久，石井友
幸在《唯物论研究》上发表了关于进化论的文章，进一步阐
述了这一点。虽然有生物学家主张遗传学是新达尔文主义，
但石井认为，遗传学忽视了达尔文对后天特征的强调，所以
是对达尔文理论的错误应用。在石井看来，现代生物学正在
见证遗传学和优生学之间的"一场关于达尔文主义应用方法
的阶级斗争"。⁶²

　　然而，唯研对科学的整体讨论仍然是抽象的。《唯物论研
究》的文章从未解释过唯心主义推断与马克思主义世界观的确
切区别。此外，这场讨论聚焦于批判他们所认定的资产阶级科
学，而不是以具体的方式提出一门新的科学。诸如"机械的"
以及"空想主义"等术语有时被用于争论性的指控。1935 年，
一个问题出现了：如何将马克思主义准确地应用于自然研究。

———————————
① 见田石介（1906—1975 年），日本哲学家、马克思主义经济学家，黑格尔研究者，旧姓
　甘粕，婚后从妻姓，笔名"佐竹恒有""濑木健"。——译者注

关于这个问题，唯研很难得出任何具体的答案。[63]马克思主义能够引导出不同于资产阶级科学的更好的自然理论吗？历史唯物主义哲学如何才能应用于自然研究？彼时，苏联在这个问题上的争论已经为唯研成员所熟知了。斯大林在 1934 年发表的文章，当中强调历史唯物主义和自然辩证法的统一，既是认识论又是逻辑关系，更使这一争论愈演愈烈。苏联的辩论以支持新物理学和遗传生物学的德波林学派的失败而告终，结果导致苏联科学否定了量子力学、相对论和遗传学，认为它们是唯心主义和资产阶级的，也就是说，它们是不科学的。苏联物理学家成功地逃脱了政府的完全控制，但生物学家却做不到，正如臭名昭著的李森科事件所证明的那样。特罗菲姆·李森科（Trofim Lysenko）利用他与共产党领导人的政治关系迫害基因研究人员，并将遗传学完全排除在苏联生物学和农业研究之外。[64]唯研成员很熟悉苏联对孟德尔主义的批评，但不知道李森科事件有多恐怖。[65]此外，尽管唯研马克思主义者受到了苏联辩论的影响，但他们并没有简单地在《唯物论研究》上复制它。比如，见田石介在给优生学打上"生物主义"的标签时，并没有完全拒绝遗传学，而是提议以辩证的方式发展遗传学，也就是说，研究基因之间复杂的相互关系。[66]同苏联马克思主义者一样，唯研马克思主义者也讨论了，在研究自然时，自然辩证法和历史唯物主义是否应当构成认识论的问题。但是，他们没有得出具体的答案，甚至连石井在 935 年发表的题为《如何使自然辩证法具体化？》的文章，也都还是抽象的，没有提出在科研项目中运用自然辩证法的明确方法。[67]我认为，这种模棱两可的主要原因在于唯研的自然科学家与苏联的科学家不同，他们没有可以实践自己的科学的实验室，因为到 20 世纪 30 年代中期，日本国家对马克思主义的压制使他们几乎不可能保持研究职位。而如果不能积极参与实验室研究，那么这些马克思主义者所能做的最好的程度，就是石井在《如何使自然辩证法具体化?》中得出的结论，也即"对实践中的资产阶级科学进行考察和具体批评"。[68]到 1935 年，唯研关于如何把马克思主义应用于科学实践的讨论也没有能提出任何答案，而且已经逐渐消失。

　　与此同时在日本，军队对政治的控制力逐渐增强，国家对左派思想的压制不断加剧。不仅是马克思主义，自由知识分子也被审问、逮捕。1935 年，东京帝国大学宪法学者美浓部达吉（Minobe Tatsukichi）提出的所谓天皇机关说——将天皇定义为国家政治系统的最高统治机构——的学说，被军方认为过于自由，即使这已经是对日本君主立宪制的既定解释，它仍被一种将天皇定义为超越宪法的君主的理论①所取代。1936 年，又发生了一次对马克思主义和左派知识分子的大规模逮捕。现在是时候把唯研课题重新放到科学策论的图谱上，把马克思主义知识分子对日本和科学的批判置于这种变化的政治环境中了。

108

---

① 即天皇主权说。——译者注

西方科学加日本精神等于日本科学？

教育改革家神户伊三郎 [①](Kanbe Isaburō)，把 20 世纪 30 年代中期描述为日本科学教育者最坏的时代。1938 年神户伊三郎写道：

> 欧洲大战后（第一次世界大战），我国的科学教育得到了长足发展……但我们的科学教育经历了其他领域所没有的激烈的起伏。最高点在 1919 年左右，最低点在 1935 年左右，彼时对日本精神的召唤达到了顶峰……随着日本精神的呼声越来越高，科学教育越来越被认为是一种过度强调知识的教育。[69]

这一观察结果之所以重要，有三个原因。第一，它证实了第一次世界大战期间以及刚结束后科学与技术的推广对科学教育产生了积极的影响。第二，它告诉我们，日本精神和科学教育在 20 世纪 30 年代中期被认为是不相容的。第三，根据神户伊三郎的观察，最糟糕的时候是 1935 年，而不是他做出这个考察的 1938 年。正如我们在第二章中研究的那样，1937 年的对华战争再次振兴了科学技术的发展。至于"日本精神"和科学之间的紧张关系是如何得到调和的，这将在第五章和第六章

---

① 神户伊三郎（1884—1963 年），日本理科教师、科学教育研究者，第二次世界大战前日本国定教科书的主要教育研究者之一。——译者注

中讨论。现在，我们将集中讨论 20 世纪 30 年代中期日本精神
与科学之间显而易见的矛盾。

　　正如神户伊三郎所观察到的，日本对科学和技术的推广，
尤其是在教育领域，在 20 世纪 30 年代中期遇到了来自那些认
为科学与"日本精神"不相容的人的抵制。当时同样受到质疑
的是科学技术的普遍化，即认为科学技术不是供日本借鉴和复
制的舶来品，而是日本自己能够并且应该生产的东西。20 世纪
10 年代，科学与西方的分离是政府推动研究和发展的核心。它
还让技术官僚们把自己想象成新技术、新文化和新社会秩序的
创造者，同时也激励了小仓金之助和田中馆爱橘推动"科学精
神"的口号，以超越明治时期简单的一分为二的口号——"西
洋科技、东洋道德"。然而，随着日本精神的概念在 20 世纪 30
年代中期更加流行、获得了更多的政治力量，那些持有科学政
治的人需要找到一种方法来解决科学是否与日本精神相容——
如果是的话——要如何相容的问题。

　　20 世纪 30 年代中期关于"知识偏重论"（chishiki henchō
ron）① 以及日本精神的争论显示了自由主义、马克思主义和日
本主义的科学推动者是如何处理这个问题的。所谓的知识偏重
论在 1934 年左右出现在持反科学立场的保守的政治家和右翼
知识分子之间。知识偏重论中最引人注目的发言人之一是松田

_109_

---

① 原文中的采取的字眼为"过度学习"，即"overlearning"，此处保留日文汉字说法。
知识偏重，多称"知育偏重"，指相对于德育和体育，更注重培养知识习得力的教
育。——译者注

源治①（Matsuda Genji），冈田内阁的文部大臣（1934—1936年）。1934 年 8 月，松田源治——彼时正在发起他的废除如爸爸（papa）、妈妈（mama）等日本化外来语的运动——告诉报社记者，他不同意目前的教育课程设置，因为它给学生们灌输了一些无用的知识，比如微积分，他们一辈子都不会用到。松田认为，道德课反而应该得到重视，义务教育年限应该缩短，体育运动应该得到更多的鼓励；根据松田的说法，修习日本武艺的人没有成为左派。事实上，在采访进行的时候，他正在去参加剑道大赛的路上。⁷⁰

　　作为对这种知识偏重论的回应，关于科学精神的论述出现在 1936 年。二二六事件发生后不久，辩论就开始了。1936 年，军队激进的右翼"皇道派"的年轻军官发动了一场未遂政变。在军队内部，皇道派一直在与统制派竞争，后者是由东条英机及其同僚所领导的正在崛起的派系。东条英机等人更倾向于用法律法规的框架来扩大军事力量，而不是通过被皇道派浪漫化了的激进、直接的行动。受到右翼理论家的启发，皇道派人士北一辉（Kita Ikki）——首要的下级军官——要求实行"昭和维新"：推翻政府，直接由天皇统治。2 月 26 日，那是一个雪天，他们占领了陆军参谋本部、首相官邸和东京的其他建筑，刺杀

---

① 松田源治（1875—1936 年），日本明治至昭和前期律师、政治家，九次当选众议院议员。曾任拓务大臣、文部大臣和众议院副议长。——译者注

了大藏大臣高桥是清① (Takahashi Korekiyo) 和其他两名政府官员。昭和天皇被声称效忠于自己的皇道派发起的恐怖行为所激怒，这一未遂政变在四天之内被镇压。在此四年前发生的五一五事件的相关人员得到了公众的同情，并被天皇赦免。[71]然而这一次，罪犯受到了严厉的惩罚，包括北一辉等间接参与的平民在内，很多人面临着死刑处决。[72]此后，统制派成为军队中的主导派系，为第二次世界大战期间的全面战争动员奠定了基础。然而，二二六事件的影响远不止于此，它改变了"科学"政治的格局。

针对二二六事件的激进主义，国会议员和文部省提出了"知识偏重论"。他们认为，一定是知识过剩和缺乏道德训练导致了这种激进主义。[73]二二六事件之前，"知识偏重论"一直被用来指责学校课程是左派学生的激进主义的根源。例如，文部大臣松田源治在1934年发表了关于知识偏重的评论，他将矛头直指左派学生。但如今，在二二六事件之后，这一言论又被用来解释激进右派的行为。知识偏重论的倡导者认为，左翼和右翼的激进主义都是由于缺乏道德教育造成的。

110

———————

① 高桥是清（1854—1936年），曾任日本内阁总理大臣、大藏大臣。在任内推行扩张性财政政策，被称为"日本的凯恩斯"。二二六事件时近卫步兵第三连队的中桥基明中尉率领120人前去刺杀高桥，高桥本人正在卧室睡觉，中桥用手枪对高桥射击，一次把所有的子弹全部打完，另一位叛军军官则拔刀一刀砍去高桥的右臂，又往他的肚子猛刺，有一说是高桥在没有醒来的情况下就这样丧了命，另一说是高桥在叛军踢开棉被时还不忘骂对方"白痴"。根据某些说法，凶手在刺杀后对高桥的家属抱歉说"真是打扰了"。——译者注

但是，二二六事件的相关人士似乎并不这么认为。此次事件的主谋之一、陆军军官矶部浅一①（Isobe Asaichi）在狱中等待处决时写道，作为天皇最忠诚的仆人，他为拯救日本尽了最大努力。他对以农业为主的日本的贫穷感到不安，认为日本之所以如此悲惨，是军队、官僚主义、国会和资本家为了追求金钱和权力而滥用天皇权力的结果。面对 1937 年 8 月 19 日的死刑，矶部浅一从未质疑自己拯救日本和天皇的决心：

> 我的信念是完完全全地实现北一辉的《日本改造法案大纲》……它说的每一个字都是真理……这是对日本国家政治的真实表达。啊，天皇陛下！这政府是多么的糟糕！您为什么要把我们关起来，不让最忠诚最勇敢的人为您效力呢！日本的八百万神明啊！你们为何袖手旁观！你们为何不来保佑这悲惨的天皇！[74]

从矶部浅一的狱中日记中可以看出，他的思想中最突出的是对天皇的忠诚以及不顾一切的保护国家的使命感，这都是道德教育旨在培养的东西。从这个角度来看，二二六事件似乎并不像政府所说的那样，是道德教育的缺失或数学知识的过剩。

田边元（Tanabe Hajime），哲学家，京都帝国大学教授，在

---

① 矶部浅一（1905—1937 年），日本陆军军人、皇道派青年将校。历经陆军幼年学校、陆军士官学校，毕业后成为将校，后因陆军士官学校事件停职，又因散发《肃军意见书》（「肃軍に関する意見書」）遭免官，二二六事件与栗原安秀等计划、指挥，被军法会议判处死刑。——译者注

一篇评论文章中明确阐述了知识偏重论真正的本质，"科学政策的矛盾"①，该文刊登在 1936 年 10 月的自由派杂志《改造》上。田边元认为教育的问题不在于数量，而在于质量。[75]按照田边的说法，这件事显然是"非理性主义造成的，这种非理性主义轻视知识，轻视细心和缜密的思考，妄想仅仅凭借纯粹的动机，就可以为一时情绪上涌而采取的行动辩护"。对田边来说，这才是教育的真正问题。田边元补充说："根据我们的常识，知识是揭示客观真理的东西…… 一个现实所对应的，应该只有一个真相。如果说教育带来了对国家现实的两种对立的认知——左和右——那就不存在知识偏重；相反，这就意味着知识学习还没有达到它的真正目的，即追求科学精神。"[76]问题不在于学校教授的知识太多或教授的道德不够，而在于学校没有培养科学精神。

111　　　田边还有力地指出，政府一方面促进自然科学，一方面压制文化和社会科学，这是互相矛盾的。他指出了一个"众所周知"的事实，即日本学术振兴会（Nihon gakujutsu shinkōkai），一个由国家建立的科学学会，在这里，自然科学优先于人文科学，唯一能得到学会支持的人文科学项目是那些能帮助国家宣传日本精神和亚洲思想的项目，而不是那些可能为学会招致批判的观点。田边元认为政府提出的知识偏重论：

---

① 即「科学政策の矛盾」。——译者注

　　　　只不过是国家企图蒙蔽人们对现实的认识、回避批评
以压制革命意志……并迫使他们接受现状。这是明显的反
民众主义（han minshū shisō）的表现，试图让大众变得无
知、不自立自主。这就是为什么国家存心毫无保留地自相
矛盾的原因。国家通过限制文化、社会科学知识，以培养
学生的情操和忠诚，同时出于国防目的大力发展自然
科学。[77]

　　正如当时许多读者注意到的那样，在 1936 年，这一针对
国家的批评是很大胆的。不到一年之前，美浓部达吉被免去在
东京帝国大学的职位，原因是他对日本君主立宪制的解释过于
"自由"。田边被认为是自由主义者，他有理由担心自己的职业
生涯。早在 1933 年，田边元曾抗议政府干预学术自由，并公
开参与了一场极端右翼人士簑田胸喜[①]（Minoda Muneki）的辩
论，后者指责田边过于自由。同样值得注意的是，国家在不删
除一个字的情况下，允许这篇文章发表。这表明，科学话题确
实为评论家提供了一个提出问题的空间，就像它让《唯物论研
究》得以继续出版一样（尽管最后一段时间出版的《唯物论研
究》的页面充斥着被删减的单词）。

[①] 簑田胸喜（1894—1946 年），日本国家主义者。从东京帝国大学毕业后，在庆应大学
担任教授，之后成为国士馆专门学校的教授。1925 年（大正十四年）与三井甲之等
人成立了原理日本社，从狂热的日本至上主义立场出发，主张"帝大肃学"，并攻击
左翼学者和自由派学者。1935 年成为天皇机关说事件中的导火线角色，结成"机关
说扑灭同盟"。此后，他继续与军部和政府当局合作，在压制思想和控制言论方面发
挥积极作用。战败后，他在自己的家乡熊本县自杀。——译者注

在田边看来，科学精神是对真理的验证所必需的认识论，是"经验精神（即对事实的鉴赏）和理性精神（即对支配事物的系统规则的信仰）的综合"。[78] 虽然田边元常与京都哲学学派联系在一起，这一学派以田边元前导师西田几多郎批判主客二元论著称。但田边对科学精神的定义是笛卡尔式的。他把科学定义为对真理的追求，强调只有把理性和经验辩证地综合起来，科学的"科学性"才可能存在。田边元的逻辑是这样的：理性精神观察现象，并从中发现普遍的规律。为了这个目的，一个人必须从正在观察的事物中暂时抽身，用智慧超越眼前的现象。理性要求暂时否定自然，以获得自然的理想性质，也即改造自然。然后，通过实证实验，将自然带回现实，检验理性、抽象的自然改造的合理性。因此，寻求抽象的理性精神和寻求具体化的经验精神是两种对立的精神，但只有通过它们的辩证统一，科学的科学性才能得以实现。[79] 这种真相是对促使了矶部浅一和其他军官发动政变的那种"真相"的一个反驳。田边元认为这种"科学精神"对于自然科学和社会科学来说都是必要的，并要求学生学习所有的科学来培养这种精神。在他看来，只提倡科学而不提倡科学精神就像"提倡体育，却压制体育精神"一样滑稽可笑。[80]

田边元的文章激发了 20 世纪 40 年代初盛行的对于科学精神的讨论。像板仓胜宣①（Itakura Kiyonobu）这样的历史学家认

① 板仓胜宣（1930—2018 年），日本昭和前期到平成时代的科学教育家。提倡假说实验授课法。——译者注

为这种论述是"自由主义和社会主义"学者对法西斯主义的"抗议"。他们认为，田边元的文章是在对马克思主义者和自由主义者进行严厉的审查和镇压的情况下，挑战"法西斯趋势"的英勇尝试。[81]但是，仔细观察田边元的批判和对科学精神的论述，就会发现有必要对其进行更复杂的解读。学者们通常不对田边元《科学政策的矛盾》一文的结束语加以讨论，在这个部分里，田边元详尽地阐述了"日本精神"。

田边元在这篇长达 15 页的文章的最后 4 页中指出，实践科学精神的理想方式是承认"东方思想"和"日本精神"。正如我们所看到的，田边元将科学精神定义为在特定现实中诱发一般规律的"理性精神"和检验这种规律的"经验精神"的统一。基于这一定义，田边元认为，欲传授日本现实的真相，就需要具备对"普遍的、科学的社会规律的认识"（理性）以及"国家的特殊性"（经验主义）。他宣称，对后者的忽视只不过是一种"罔顾历史的、抽象的理性主义"，他认为这是明治日本盲目追随西方模式所犯的错误。这个错误导致了如今日本的"反动国民主义"。尽管如此，田边元解释说，"这种情绪不应仅仅被视为是反动的，因为只有对国体尊严的信仰，以及神话中所表达的民族情感，才能成为国民行动意志的基础；而且，只有当这种意志被我们在世界上的使命感所巩固时，科学知识才能真正实现"。田边元补充说，这是很必要的，"因为我相信我们民族的历史使命就是要把东方的否定观念和西方的肯定观念结合起来，也即日本精神的直接性和西方科学精神的逻辑性

113　的统一".[82]在他看来，日本应该能够从这样的统一中"创造出一种新的文化"，因为日本国家已经通过"统一印度的神话和宗教思想以及中国的政治和伦理实践，创造了一个完全独特的宗教和政治的统一体"的历史，证明了自己的重要性。[83]田边元在文章结尾提出了一个很务实的建议："今天的日本政治家们应该掌握科学，而不是拒绝科学，这样他们才能够随心所欲地使用科学。"[84]

　　田边元对日本精神的讨论，很可能是他防止审查人员禁止这篇文章的一个策略。与此同时，正如许多学者所注意到的那样，他的著作恰恰是在这个时期开始发生变化，对威权国家进行了积极的反思，甚至支持法西斯主义将独特的民族性提升为绝对理想。田边元后来声称，他的作品并没有支持法西斯主义的意图。[85]但不管他的意图究竟是什么，从批判话语的角度看，他在公开场合说了什么比他可能表达的意思更重要，因为在他的印刷出版的文字中，可以看到科学精神的话语在不断发展。对我们而言，重要的是田边元把日本精神的语言和概念融入对国家压制社会科学的抗议之中的方式。审查制度导致了新的话语规则的产生。如果一个人决定通过参与到政治限制条件下的话语中来挑战权威，打个比方，那么他就需要通过使用和操纵这些条件所设定的规则来玩这个游戏。田边元可以发表直接指责国家操纵国民思想的文章，但他是通过推广独特的日本科学来达成这一点的，而这种日本科学是建立在科学精神和日本精神的融合的基础之上的。

田边元的文章发表一个月之后，桥田邦彦，一位著名的生理学家、东京帝国大学的医学教授，做了一场题为"科学即实践"的讲座。桥田是被户坂润认定为日本主义者的知识分子之一，他很快成为第一高等学校的校长，并在 1940 年成为文部大臣。将 1936 年田边元的文章和桥田邦彦的讲座这两种科学话语实例进行比较，可以看出田边的"自由"批判与日本主义话语的相似之处。

1936 年 11 月，桥田邦彦在文部省主办的日本文化系列讲座上发表了题为《科学即实践》的演讲。在这次演讲中，桥田认为东方文化提供了一种独特的哲学，有望带来一种新的、独特的日本科学。桥田的理论借鉴了西田几多郎在其著作《善的研究》（*Zen no kenkyū*）中探索的美学。《善的研究》这本哲学专著自 1911 年出版以来，作为西方哲学（康德）和东方传统（佛教禅宗）的第一次成功融合，在日本备受赞誉。"在颇具影响力的西田哲学中，纯粹经验"反对主体与客体的分离，而强调两者的佛教统一。

114

然而，田边元主张的"科学精神"建立在笛卡尔的主客体分离的基础上，而桥田邦彦的科学理论则建立在否定这种分离的基础上。[86]桥田认为，西方自然科学和西学的其他分支一样，是以假定的主体和客体的分离为基础的，但东方思想的理想是主客体的统一。此外，根据桥田的说法，在东方思想中，人总是在自然之中，而不是像西方科学所假定的那样在自然之外。在桥田看来，这种差异意味着日本人在实践科学和认识自然方面可以与西方科学家不同，即使是在观察这种最基本的层面上。

　　观察是桥田邦彦"科学即实践"主张的核心。桥田认为观察是科学的基础，他认为观察不应该仅仅是用肉眼看东西，而应该是"用心灵的眼睛"来看（他用的是德语词 auffassen）。[87]在桥田看来，"心灵"并不意味着相对于客观性的"主观性"；它意味着在观察的是观察者自己。桥田断言，西方主客体分离的假设是无用的，因为它将导致认识论的死胡同："甚至确定什么是客观的标准也涉及主观性。如果我们假设客观性存在于主观性之外，并决定什么是正确的，然后，我们就必须不断地寻找最终的客观性，以确保这个'确定什么是客观的'决定是真正正确的。"[88]那么，我们如何才能知道我们的观察是正确的呢？桥田的回答是——东方看待问题的方式。与西田几多郎相呼应，桥田引用了 13 世纪禅师道元①（Dōgen）的代表作《正法眼藏》（Shōbō genzō），以及道元所探索的佛教概念——"物心一如"，也就是说，自然科学中的自然只能以科学家所看到的方式存在。[89]桥田认为，"客体"——被客观化和被观察的事物——是主体的观察本身，因此客体和主体是同一的。根据这种理解，自然科学不是自然本身，而是观察行为的具体化。[90]这是对唯物主义的彻底否定，但参照的是佛教思想，而不是西方唯心主义哲学家，如康德。

　　田边元不赞成桥田邦彦对于主客体分离的拒绝，因为田边

---

① 道元和尚（1200—1253 年），日本佛教曹洞宗创始人，也是日本佛教史上最富哲理的思想家。——译者注

的"科学精神"要求观察者脱离自然，锻炼理性精神。但是，桥田的"科学即实践"，实际上和田边抽象地提出的"日本精神的直接性"是类似的。对桥田邦彦来说，"直接性"即田边元（以及西田几多郎）所判定的东方哲学的特性，意味着观察的直接性，这种直接性否认观察者和被观察者之间的分裂。当田边元讨论西方和东方的统一以及以一种极其抽象的方式创造一门新科学时，桥田则把日本人就像实验室做实验那样的科学研究方式理论化了。这又回到了户坂润"自由主义和日本主义只有一步之遥"的批判当中。 *115*

　　唯研的马克思主义者不同意田边元或桥田邦彦的观点。他们完全拒绝以东方和西方的统一这种角度来讨论科学精神。虽然历史学家忽略了田边的"科学政策的矛盾"的结尾部分，但1936年的唯研马克思主义者们却注意到了。事实上，他们认为这是令人担忧的"法西斯趋势"的一部分，这种趋势甚至出现在了自由主义者之中。在赞扬田边元对"知识偏重论"的适时批驳和对国家的勇敢批判的同时，唯研成员今野武雄①（Imano Takeo）还指出，田边提倡西方和日本的融合，这弱化了他在其他方面的尖锐的批判。今野警告说，田边元把"东方哲学的实践指向性"和"西方哲学的科学性"相融合的理想化构想是一次错误的牵线，就像"把竹子嫁接到树上"一样，是注定会失

① 今野武雄（1907—1990年），日本教育家、数学家、科学史家、政治家，毕业于东京帝国大学理科部数学科，后执教于东京物理学校（现东京理科大学）、庆应义塾大学、法政大学等学校，1933年加入日本共产党，自1940年1月"唯研事件"开始，战前曾三次被逮捕、入狱。战后设立民主主义科学者协会，曾在镰仓学院执教，晚年进行伊能忠敬研究。——译者注

败的努力。在今野看来，这种将东方精神与科学讨论联系起来
的尝试，是在田边这样的有良知的知识分子之中不断升腾起反
动保守主义的标志。"我希望这不会妨碍进步学者。"今野武雄
预言到。[91]

　　小仓金之助也参加了关于科学精神的讨论，他于 1936 年 12
月写了一篇文章——"自然科学家的任务"。这篇文章的开头就
提示说，它是"在各种限制条件下"写成的，要求读者注意审查
制度。尽管如此，这篇文章还是直言不讳地批评了明治以来日本
的科学教育和实践方式。[92]小仓完全同意田边元的观点，即政府
对人文和社会科学的压制与最近大众对一个"科学日本"的呼
吁完全矛盾。和田边一样，小仓金之助也嘲笑知识偏重的论点
是过于简单、反科学的无稽之谈。[93]但是，小仓最终还是对田边
把日本精神和科学精神结合起来的理想化构想保持批判态度。

　　在这篇文章中，小仓金之助将科学精神定义为"虚心学习
过去的科学遗产，同时审视这些遗产，以发现更新的、更准确
的事实，并创造更完美的理论的精神"。[94]田边特别哀叹日本教
育中缺乏科学精神，因为这将阻碍日本科学的发展，对小仓来
说，日本缺乏科学精神不仅仅意味着这样的发展的缺失。小仓
金之助在其最初发表于 1923 年，又于 1937 年在《科学的精神
与数学教育》一书中重印的小论文《数学教育的意义》[①] 中主
张，"科学精神尊重并促进思想自由。现代科学精神的诞生是为

---

① 「数學教育の意義」，『科学的精神と数学教育』，岩波書店，昭和 12 年。——译者注

了打破和克服旧的、固定的宗教形式、民族国家和伦理"。据
他讲，科学精神，是现代性的核心，并且，真正的科学精神只 *116*
能在思想的自由中发展，而不是仅仅通过引进制度和教科书就
能发展。换句话说，在小仓金之助看来，科学精神就是现代精
神，既不是西方精神，也不是东方精神。[95]

　　户坂润把这一点阐释得更加明确。户坂润也拒绝讨论东西
方范式中的科学精神，他在自己 1937 年的文章《什么是科学
精神》中定义了科学精神，其内容如下："科学精神是……一种
普遍的精神。它不是欧洲精神或希腊精神。它既不是日本精
神，也不是东方精神。科学精神是不能类比为这些东西的。我
们可以称其为现实的精神…… 如果日本是问题所在，那么只有
用科学精神才能理解日本的现实。"[96]正如这段话所显示的，户
坂润拒绝将科学精神分为西方或东方，这同时也是一种要把
"日本的现实"纳入科学分析的决心。

　　户坂润所说的现实是什么？这篇文章剩下的部分讨论了日
本学者使用经典文本来解释 20 世纪 30 年代的日本。户坂润批
评这些日本学者依靠佛经等经典的权威来为当代日本的政治和
经济制度赋予合法性——也就是说，这是对日本历史的一种罔
顾史实的滥用，目的是使日益保守的民族主义、军事政府的崛
起和日本对华扩张合法化。

　　户坂润将这种做法称为"引用精神的滥用"。他解释说，只
有当引用被用于证明论点、介绍材料、引起对参考文献的注意
或引导读者时，引用的实践才具有科学性和意义。他补充说，

但当引用的"精神"偏离了实证研究的实践时，它就变成了滥用，因为引用经典文本只是为了利用其权威：

> 最初，文献学和引文精神是建立在文献学的经验主义基础上的。然而，这种文献学和引用的精神开始远离经验主义。不断地引用民族的历史传统，最终会导致该民族历史事实的彻底湮灭。随着对国史的强调，国史的某些部分被迫陷入沉默，某些经典文本本身也被歪曲或否定。[97]

对户坂润来说，强调作为民族传统的某些历史现象，不仅歪曲了历史，也歪曲了当下。他认为，只有真正普遍的科学精神才能理解、分析和指导当今日本的现实。

一名医学博士长山靖生（Nagayama Yasuo）观察到了科学精神话语的兴起，他认为在民族主义、军国主义的日本，提倡科学精神"似乎有些奇怪"。[98]但如果我们把这种现象看作是"科学"政治的一部分，它就没有什么奇怪的了。关于科学精神的论述是对反科学的知识偏重论的批评，但也不能简单地看作是对日本"法西斯思潮"的"抗议"。科学精神的论述是科学政治的另一个方面，它对科学的不同要求与一个新的关键词——"日本精神"发生了冲突。田边元将东西方思想的融合理想化，宣称只有科学精神才能完成日本的这一历史使命。桥田邦彦利用佛教文本《正眼法藏》探索了这种融合，并将日本的科学研究方式理论化。在唯研的马克思主义者看来，这是违反真正的科学精神的，构成了一种滥用引文的行为，会妨碍对日本的真正地科学的认识。唯研的马克思主义者坚持认为，科学精神是普遍的，既不是西方的，也不是日本的，在对民族传统的错误选取的基础上，不可能诞生出一种独特的、固有的日本科学。

1936 年后，厘清民族与科学的关系成为唯研课题的主要目标。通过这个讨论，科学史如今又成为判定何为科学的战场。然而，我们将在下一章看到的是，这一次，马克思主义者不仅要宣称在日本何为"科学的"，还要宣称何为"传统的"。

注释

1. 参见我在第三章的讨论。

2. 可参见 Mazower，*Dark Continent*。

3. Tokyo Kagaku Hakubutsukan，*Shizen kagaku to hakubutsukan* (Tokyo Science Museum's monthly newsletter)，November 1932，4. 展览于 11 月 2 日开幕，当天还放映了电影，并由民族学家柳田国男（Yanagita Kunio）进行了题为"关于江户时期的民间学者"的演讲（"On Independent Scholars in the Edo Period"，日文标题为「江戸期の民間学者について」），同样进行了演讲的还有医学博士藤浪刚一（Fujinami Gōichi）（演讲题目为"The Hardships of Edo Scientists"）（日文标题为「江戸時代科学者の苦心」——译者注）。

4. Tokyo Kagaku Hakubutsukan，Shizen kagaku to hakubutsukan，November 1932，13.

5. 发表这一言论的有科学家谷津直秀（Tanizu Naohide），帝国图书馆管理员高桥好三（Takahashi Yoshizō），科学史家三上义夫，帝国博物馆馆长入田整三（Irita Seizō），陆军学院教员秋冈武次郎（Akioka Takejirō），以及东京帝国大学图书管理员畠山源三（Hatakeyama Genzō）。引文是三上义夫的话，我们在第三章讨论过他的文化史。Tokyo Kagaku Hakubutsukan，*Shizen kagaku to hakubutsukan*，December 1932，6 - 9.

6. 欲了解更多有关日本的展览的信息，可参见 Yoshimi，*Hakurankai no seijigaku*，262 - 63。

7. Ogura，"Kagakushi no igi，" in*Kagakuteki seishin to sūgaku kyōiku*，183（originally published in*Tokyo teikoku shinbun*，March 12，1934）.

8. 同上，182 - 83。

9. Tosaka，"Shakai ni okeru shizen kagaku no yakuwari，" *Yuibutsuron kenkyū* 1（November 1932）：45.

10. "Yuibutsuronsha XYZ，" *Yuibutsuron kenkyū* 2（December 1932）：122.

11. Tosaka，"Shakai ni okeru shizen kagaku no yakuwari，" 45.

12. 可参见 Amakasu [Segi Ken]，"Yūseigaku ni tsuite，" *Yuibutsuron*

kenkyū 20（June 1934）：55‐71。

13. Tosaka, "Shakai ni okeru shizen kagaku no yakuwari," 42‐43（emphasis in original）.

14. 同上，47（emphasis in original）。

15. Monbushō, *Gakusei* 120 *nenshi*, 61‐62.

16. 研究所出版的出版物，如 *Kokumin seishin bunka kenkyūjo shuppan tosho mokuroku* 提供了有关研究所感兴趣的研究的有用信息。欲了解更多有关该机构在日本战时教育中的作用，可参见 Kubo, *Shōwa kyōikushi*, 1：344‐55。

17. 到 1943 年 11 月，《国体之本义》（*Kokutai no hongi*）已经印刷了超过 173 万份。国家精神文化研究所研究员志田延义（Shida Nobuyoshi）根据京都帝国大学教授和辻哲郎（Watsuji Tetsurō）等委员的意见，起草并修改了文本。参见 Abe, *Taiheiyō sensō to rekishigaku*, 27‐28。

18. Sakuta, *Kokumin kagaku no seiritsu*.

19. 同上，4。

20. 同上，11。

21. 同上，14。

22. 同上，18‐20。1941—1944 年，一个著名教育出版社出版了《国民科学》（*Kokumin Kagaku*）系列丛书。系列包括资源、医药、家政学和交通等方面的著作。虽然不清楚该丛书是否与作田庄一的《国民科学》有关，但该丛书的出版目的与作田的主张非常相似。参见 "Kokumin kagaku' kankō no shushi"。山海堂出版社还有一个出版于 1943 年的系列——"国民科学文库"（*Kokumin Kagaku Bunko*），到目前为止，我在这个系列中找到的三本书是关于电力、橡胶工业和电力资源的。

23. 参见 Tosaka, *Nippon ideorogii ron*。鹿子木员信的作品包括 *Kanji to shinri no haji* 和 *Kōkoku shugi*，纪平正美的作品包括 *Shinri towa nanzoya* 和 *Koshintō*。

24. 辻哲夫的作品是历史学家之中少见的对桥田邦彦等日本科学理论家进行讨论（但不是批判）的作品之一。参见 Tsuji, *Nihon no kagaku shisō*。

25. Sakuta, *Kokumin kagaku no seiritsu*, 24.

26. Tosaka, *Nippon ideorogii ron*, 28, 32.

27. 参见 Hirata, "Uchisaiwaichō no jimusho," *Yuibutsuron kenkyū fukkokuban geppō*, no. 1：5；以及 Kozai, "Senzen ni okeru yuibutsuronsha no teikō," *Bunka hyōron* 111 (December 1970)：80。为了避免警方的监视，讨论组织解散的会议没有在他们的办公室进行。*Yuibutsuron kenkyū fukkokuban geppō* by Aoki Shoten (1972 – 1975)；月报号为重印版的卷号。1970 年版本中，原始的 65 卷《唯物论研究》连同其后继的 8 卷《学艺》(*Bungei*) 一起重印，共计 80 卷。

1937 年，唯研办公室从内幸町的木制东北大楼搬到神田岩本町的市场大楼，之后又在 1938 年杂志更名为《学艺》之后搬到了万世桥。森宏一 (Mori Kōichi) 后来回忆说，这个万世桥办公室，是特别高等警察经常到来的地方，他有时会通过与成员玩日本象棋来消磨值班时间。Mori, "Dai jūnanakan Kaidai," *Yuibutsuron kenkyū fukkokuban geppō*, no. 17：3。

28. Kozai, "Senzen ni okeru yuibutsuronsha no teikō," 78。

29. 刈田新七 (Karita Shinshichi) 从唯研成立到最后一直负责办公室杂务，据他说，《唯物论研究》每月都被送往东北、莫斯科、柏林和阿姆斯特丹。有时还会接到来自纽约和南太平洋群岛的订单。Karita, "Mō hitotsu no sokumen," *Yuibutsuron kenkyū* 50 (December 1936)：155。苏联的《真理报》(*Pravda*) 也介绍了《唯物论研究》的存在。Ara, " 'Praurauda' ni shōkaisareta Yuibutsuron Kenkyūkai," *Yuibutsuron kenkyū fukkokuban geppō*, no. 14：5. 然而，很难确切地说《唯物论研究》和唯研成员的书籍在 20 世纪 30 年代的受众范围有多大。特别高等警察指控唯研成员对日本青年产生了强烈影响，也有证据表明，在农村几乎找不到这本杂志。参见 Honma, "Inaka deno 'Yuiken' kan," *Yuibutsuron kenkyū* 50 (December 1936)：151 – 52。

30. 最初的系列是由三笠书房 (Mikasa Shobō) 出版的，这是一个同情左派的出版社。伊豆公夫 (Izu Kimio) 在出版本系列时提到了唯研和三笠书房的策略，如聘请非马克思主义学者介绍著作，先出版军事相关的卷册，后出版其他卷。参见 Date, "Dai jūgokan kaidai," *Yuibutsuron kenkyū fukkokuban geppō*, no. 15：4。本系列的部分再版于 1990 年和 1991 年由久山社 (Kyūzansha) 提供。

31. Oka, "Society for the Study of Materialism," 152. This was origi-

nally published in*Nihon no kagakusha* 5，nos. 1 - 2（1970）：31 - 36，4 - 9.

32. 同上（着重强调）。还可参见 Mori，"Dai ikkan kaidai," *Yuibutsuron kenkyū fukkokuban geppō*，no. 1：1。

33. Hasegawa，"Yuibutsuron Kenkyūkai no sōritsu ni tsuite," *Yuibutsuron kenkyū* I（November 1932）：7.

34. 原始成员服部之总和三枝博音也离开了该组织，但三枝继续以不同的笔名在该杂志上写作，后来担任了该杂志的编辑，这在第五章中有详细论述。

35. 读者们一定已经对这种含糊不清表示了抱怨，因为在 1936 年，户坂润曾解释说，"因为本刊不是根据《报纸法》建立的，也没有支付任何许可费"，所以在讨论社会科学时不容易发表"具体"言论。参见 Tosaka，"Kikanshi gojūgō kinen no tameni," *Yuibutsuron kenkyū* 50（December 1936）：130。

36. Shihōshō Keijikyoku，*Shisō geppō* 1（July 1936）：5 - 6.

37. Ishihara Tatsurō，"Yuiken no shoki no koro no koto," *Yuibutsuron kenkyū fukkokuban geppō*，no. 8：7 - 8.

38. Mashita，"Tosaka Jun no omoide," *Yuibutsuron kenkyū fukkokuban geppō*，no. 2：5；Hasebe Ishirō，"Yuiken hassoku no koro," *Yuibutsuron kenkyū fukkokuban geppō*，no. 2：7；以及 Kamo，"Tosaka Jun no omoide," *Yuibutsuron kenkyū fukkokuban geppō*，no. 5：7.

39. Miyamoto Shinobu，"Watashi no seishun to kenkyū," *Yuibutsuron kenkyū fukkokuban geppō*，no. 11：5 - 6；Mori Kōichi，"Dai jūnikan kaidai," *Yuibutsuron kenkyū fukkokuban geppō*，no. 12：2；以及 Date，"Dai jūyonkan kaidai," *Yuibutsuron kenkyū fukkokuban geppō*，no. 14：2.

40. Yoshino，"Yuiken no yane no shitani," *Yuibutsuron kenkyū fukkokuban geppō*，no. 7：6.

41. Ishihara，"Pen neemu ni tsuite," *Yuibutsuron kenkyū fukkokuban geppō*，no. 1：8.

42. Nakayama，"History of Science," 10.

43. Kozai，"Zadankai：Teikō no kiroku— 'Yuibutsuron Kenkyukai' no katsudō," *Jidai to Shisō* 3（1971）：125 - 26.

44. Ishii〔Ōkawa〕, "Shihonshigikoku no shizen kagaku (oboegaki)," *Yuibutsuron kenkyū* 9（July 1933）: 62.

45. Oka, "Genzai ni okeru kagakusha no tachiba," *Yuibutsuron kenkyū* 12（October 1933）: 147.

46. 可参见 Ishii〔Ōkawa〕, "Shizen kagaku kenkyū ni okeru futatsu no taido," *Yuibutsuron kenkyū* 13（November 1933）: 57 - 62.

47. 可参见 Yamamoto, "Soveeto dōmei no shizen kagaku," *Yuibutsuron kenkyū* 12（October 1933）: 166. 以及 Ishii〔Ōkawa〕, "Shihonshugikoku no shizen kagaku（oboegaki）," *Yuibutsuron kenkyū* 9（July 1933）: 63 - 64.

48. Ishii〔Ōkawa〕, "Shizen kagaku kenkyū ni okeru futatsu no taido," 57 - 62.

49. Tosaka Jun, "Shakai ni okeru shizen kagaku no yakuwari," *Yuibutsuron kenkyū* I（November 1932）: 44. 以及 Ishii〔Ōkawa〕, "Shizen kagaku no tōhasei ni tsuite," *Yuibutsuron kenkyū* II（September 1933）: 46 - 50.

在 20 世纪 30 年代日本马克思主义知识分子中，自然辩证法指的是恩格斯发展的自然辩证法，他认为自然和历史遵循同样的辩证规律。然而，如何准确地将自然辩证法应用于自然科学，是日本马克思主义者面临的最具挑战性的问题之一。对此我也会简单讨论。要参考西方马克思主义对这些术语的有价值的解释，可参见 Bottomore, *Dictionary of Marxist Thought*, s. vv. "dialectical materialism," "dialectics of nature," and "historical materialism"。

51. Tosaka, "Shakai ni okeru shizen kagaku no yakuwari," 35.

52. 同上，42（emphasis in original）。

53. Ishihara, "Butsurigaku jō no gainen ni taisuru yuibutsusei no imi ni tsuite," *Yuibutsuron kenkyū* 12（October 1933）: 5 - 11.

54. Takahashi, "Shizen kagaku to shakai kagaku no kaikyūsei no mondai ni tsukite," *Kagaku* 3, no. 11（November 1933）: 460 - 61.

55. Ishii〔H. K.〕, "Kyakkanteki shizen hōsoku no tankyū to shizen kagaku no kaikyūsei," *Yuibutsuron kenkyū* 15（January 1934）: 105.

56. Tosaka, "Shakai ni okeru shizen kagaku no yakuwari," 30.

57. Ishihara, "Butsurigaku jō no gainen ni taisuru yuibutsusei no imi ni tsuite," 5 - 11.

58. 可参见 Ishihara [Nakajima], " 'Shizen benshōhō no gutaika' ni taisuru kengi," *Yuibutsuron kenkyū* 29 (March 1935): 90 - 108。

59. Ishihara, "Idengaku to Yuibutsuron," *Yuibutsuron kenkyū* 4 (February 1933): 105.

60. Ishihara, "Menderizumu ichi hihan," *Yuibutsuron kenkyū* 3 (January 1933): 71 - 77; 以及 Ishihara, "Idengaku to yuibutsuron," *Yuibutsuron kenkyū* 3 (January 1933): 95 - 105.

61. Amakasu, "Yūseigaku ni tsuite," 55 - 71.

62. Ishii, "Shinkaron no hanashi (4)," *Yuibutsuron kenkyū* 23 (September 1934): 134. 在此一年之前发表的一篇文章也宣称,"达尔文主义的明确继承人必须是无产阶级"。参见 "Yuibutsuronsha XYZ," *Yuibutsuron kenkyū* 12 (October 1933): 163。

63. 1934 年和 1935 年,唯研分别向科学家和哲学家发送了调查问卷,题为"自然科学家对哲学的要求是什么?"和"哲学家对自然科学和科学家的要求是什么?"受访者包括非唯研知识分子,甚至包括那些在唯研杂志中受到批评的人,如篠原武司(Shinohara Takeshi)和纪平正美(他回复了很长的评论)。参见 "Shizen kagakusha wa tetsugaku ni taishite nanio yōkyū suruka," Yuibutsuron kenkyū 22 (August 1934): 65 - 70; 以及 "Tetsugakusha wa shizenkagaku naishi shizenkagakusha ni nanio yōkyū suruka," Yuibutsuron kenkyū 30 (April 1935): 76 - 91。

64. 参见 Josephson, *Totalitarian Science and Technology*, 15 - 38; 以及 Graham, *Science in Russia and the Soviet Union*, 121 - 34。大多数唯研的自然科学家也专门地讨论生物学和物理学,但一个明显的例外是宫本忍(Miyamoto Shinobu),他写了医学的阶级特征。参见 Miyamoto, "Shakaiteki ningen no bunseki," *Yuibutsuron kenkyū* 37 (November 1935): 5 - 24; 以及 Miyamoto, "Igaku no kagakusei yōgo no tameni—Ōta Takeo shi ni kotaeru," *Yuibutsuron kenkyū* 39 (November 1936): 156 - 69。

65. 例如,介绍苏联生物学,石井友幸将其描述为基于达尔文主义的准确评估的生物学。参见 Ishii [Ōkawa], "Matsumoto Shigeru yaku, Daawin shugi to marukusu shugi," *Yuibutsuron kenkyū* 20 (June 1934):

118。但是在《唯物论研究》中，李森科的名字没有被提到。此外，在石井的文章后 10 页，还出现了《十字路口的科学》日文翻译版的广告，这本书中有第三章我们提到的黑森批评"机械论"的科学史论文。日文版的李森科论争是在战后初期才出现的。参见 Nakamura Teiri, *Nihon no ruisenko ronsō*。

66. Amakasu, "Yūseigaku ni tsuite," 57.

67. Ishii［Ōkawa］, "Sōgō kagaku no kiso jōken?" *Yuibutsuron kenkyū* 32（June 1935）：48 - 57.

68. 同上，56。

69. Kanbe, *Nihon rika kyōiku hattatsushi*, 270 - 71, quoted in *NKGT*, 3：17.

70. Matsuda, "Monbu daijin no chiiku henchōron," in *NKGT*, 4：171.（最初发表于 *Osaka Asahi shinbun*, evening ed., August 21, 1934。）

71. 五一五事件指的是 1932 年海军军官发动的另一场失败的政变，他们刺杀了首相犬养毅（Inukai Tsuyoshi）。

72. 北一辉的《日本改造法案大纲》（*Nihon kaizō hōan taikō*, 1926 年）极大地鼓舞了皇道派的成员。这部作品于 1920 年首次非公开出版，但是用的是另外一个题目——《国家改造案原理大纲》（*Kokka kaizōan genri taikō*），很快就被禁止了。1926 年出版的刊物修改了原始稿，以避免审查。北一辉没有直接参与政变，被判处死刑；积极支持政变的皇道派领导人真崎甚三郎（Masaki Jinzaburō）被判无罪。更多关于二二六事件和军队内部冲突的细节，参见 Nakamura Takafusa, *Shōwashi*, 1：chap. 2。

73. Tanabe, "Kagaku seisaku no mujun," *Kaizō*, October 1936：18.

74. Isobe, "Niiniiroku jiken gokuchū nikki," 168, 178.

75. Tanabe, "Kagaku seisaku no mujun," 18 - 34. 关于田边的更多信息，参见 Makoto, *Individuum*, *Society*, *Humankind*；Heisig, *Philosophers of Nothingness*；以及 Unno and Heisig, *Religious Philosophy of Tanabe Hajime*. 有关田边学术最优秀的日文讨论之一，参见 Ienaga, *Tanabe Hajime no shisōshiteki kenkyū*。

76. Tanabe, "Kagaku seisaku no mujun," 19.

77. 同上，20。

78. 同上，23。

79. Tanabe, "Kagakusei no seiritsu," *Bungei shunjū*, September 1937: 50 - 61.

80. Tanabe, "Kagaku seisaku no mujun," 24.

81. Itakura, "Kyōgaku sasshin undōka no kagaku kyōiku," in *NKGT*, 3: 19, 30.

82. Tanabe, "Kagaku seisaku no mujun," 30.

83. 同上，32。

84. 同上，33。

85. 比如，可参见 Heisig, *Philosophers of Nothingness*, 134 - 38。田边元在战时的政治立场和京都学派一样，是学者们争论的焦点。田边元被认为是京都哲学学派的一员，但由于重大的知识和政治分歧，在他的后半生里，他和西田直二郎没有什么交流。如果读者对深入了解田边的战时哲学感兴趣，我推荐阅读他的"种的逻辑"（shu no ronri）以及本章中所讨论的他的文章。

86. 这次演讲后来作为他书中的一个章节被出版了。参见 Hashida, *Gyō to shite no kagaku*。

87. 同上，25。

88. 同上，27。

89. 和西田直二郎一样，桥田是 13 世纪禅师道元的杰出著作和中国明代学者王阳明的《传习录》的忠实读者。Hashida, "*Seibō genzō* no sokumenkan."田边元也研究了《正眼法藏》，但是他对道元和尚的研究著作 "*Shōbō genzō*" no tetsugaku shikan" 并不包含关于科学的讨论。

90. Hashida, *Gyō to shite no kagaku*, 29 - 30, 43. 为了验证这一观点，桥田邦彦在解释通过主客体统一的观察实践时，也引用了西田的"没有行动者的行动"（hataraku mono naki hataraki）的概念。参见 *Gyō to shite no kagaku*, 32。

91. Imano, "Kagaku seisaku no konpon mondai," Yuibutsuron kenkyū 49 (November 1936): 31.

92. Ogura, "Shizen kagakusha no ninmu," 305 - 28 (originally published in Chūō kōron in December 1936).

93. 事实上，小仓金之助早在 1934 年就写过文章，指责文部大臣松田源治在参加剑道大赛的路上发表其"知识偏重"的言论，并将松田缩短学年、增加道德课程的计划与法西斯意大利的：反动教育"进行了比较。Ogura, "Sūgaku kyōiku no kaizō mondai—Matsuda bunsō no danwa ni kanshite," in *Kagakuteki seishin to sūgaku kyōiku*, 188‑220（最初发表于 *Chūō kōron*, October 1934）.

    94. Ogura, "Shizen kagakusha no ninmu," 327.

    95. Ogura, "Sūgaku kyōiku no igi," in *Kagakuteki seishin to sūgaku kyōiku*（1937）, 69.（最初发表于 *Nihon chūtō kyōiku sugakkai zasshi* 5, nos. 4‑5［1923］: 74。）

    96. Tosaka, "Kagakuteki seishin towa nanika," *Yuibutsuron kenkyū* 54（April 1937）: 32.

    97. 同上, 30。

    98. Nagayama, "Kaisetsu: Kagaku to sensō to Unno Jūza," 270.

第五章　构建日本科学传统

　　在 1937 年与中国的战争以及 1941 年与美国的战争爆发后，随着国家战争动员的加强，对于日本精神和"独特的日本"事物的讨论也日益盛行。由于审查条例致使对天皇和皇权的公开讨论难以开展，这一话题的讨论者们大多从文学、哲学、语言、风俗等方面的研究入手，以探讨日本的传统。由是，日本历史成为日本理论家和日本国家的丰富矿藏，从中可以提取和验证日本"传统"。20 世纪 30 年代后半叶，由于所谓的皇国史观的兴起，历史写作在政治上变得更加重要。皇国史观由平泉澄及其帝国大学中的同事们一起推动，同时受到文部省的允准，这一史观遵循国体思想，将神道神话编入官方国家历史。

　　本章研究的是，从 1936 年到 1945 年，唯研的马克思主义者是如何通过主张日本历史上的科学传统来批判地干预这种话语的。因此，主张"科学的"和主张"日本的"两者同时构成了唯研新课题的核心。本章聚焦于一位唯研成员，他在 1938 年唯研组织解散后继续着唯研的新课题，他就是三枝博音。作为马克思主义哲学家和历史学家，三枝博音对德川时期的日本科学传统进行了探索，将德川时期的某些文献奉为日本的经典科学文献。有鉴于战时日本国家对科学日本的推动，我对三枝博音课题的成功保持质疑。虽然三枝博音对科学的定义和那些居于战时日本国家对科学技术的推广背后的技术官僚们不同（参见第二章），但他对日本科学史的研究以及对 18 世纪日本新兴现代性的"发现"，最终为技术官僚所提倡的"科学的日本"提供了历史方面的支持。换言之，他对日本事物的论述进行的批判性干预同时使他的学术与国家的战争动员相融合。这一过程并不简单，本章将对此进行说明。

要理解 20 世纪 30 年代晚期唯研课题是如何从对资产阶级科学的批判转向对日本科学传统的建立的，我们首先需要考察唯研马克思主义者对于民族的讨论，以及他们的科学政治是如何构建民族这个术语的含义的。

民族与科学

"民族"最初作为主要话题出现在《唯物论研究》中是在1936 年。在 1936 年 9 月的那一期中，唯研的编辑——很可能就是户坂润——询问了唯研成员他们是如何定义民族的。但是，有人提出了关于翻译的问题。"'Nation'这个词有时被翻译成'国民'（kokumin），有时被翻译成'民族'（minzoku）。民族和国民需要被区别开来，这自不待言，但是为什么'Nation'被翻译成这两个词，它的意义是什么？……我们应该早一点讨论这个问题，但现在澄清'民族'与'Nation'的关系还为时不晚。"

《唯物论研究》的编辑将这一问题作为翻译问题提出，有两个层面上的重要意义。在一个层面上，它阐明了近代日本民族主义（nationalism）和民族（nation）的特征问题，特别是在20世纪30年代，"民族"一词在公共话语中占据了前所未有的空间；在另一个完全不同的层面上，它提醒我们，在用英语讨论日本的民族主义和民族问题时，我们面临着翻译问题的双重挑战。正如唯研编辑的提问所揭示的那样，在日语中有很多与民族（nation）、族（nationality）、人民（people）、民族国家（nation-state）等有关的词汇。[2] 1923年，社会主义者、政治学家大山郁夫（Ōyama Ikuo）已经指出，语言学上的和翻译方面的混淆是一个严重的政治和知识问题。为了帮助英语读者，我可能只会提供这些单词在当前字典中的定义，但这样的策略不仅导致了历史的不准确性，而且忽略了每一个术语所包含的复杂性，尤其是当英语单词本身就常常模棱两可的时候。例如，一本当代日语词典《大辞林》（*Daijirin*，1995），将"国民"（kokumin）定义为"国家（kokka）的成员，或那些拥有该国家（kuni）公民身份的人"。虽然从明治时期开始，国民一词确实倾向于表示一个国家的法律和政治层面上的成员资格，但是这个20世纪晚期的定义会忽略掉历史上词汇的重要用法，比如福泽谕吉（Fukuzawa Yukichi），一位有影响力的明治启蒙知识分子，他用国民这个词来指代积极参与国家建设的有良知的公民；1923年，三上义夫在自己的和算文化史中使用了国民一 *120*

词，用来指平民主义意味上的、相对于国家的人民。同样的，依赖于当代对民族的定义也是成问题的。1995 年的词典将"民族"（minzoku）定义为"拥有共同归属感的群体，即'我们'。它通常指的是一群有着共同起源、语言、宗教、生活方式、居住地等的人。民族是通过政治和历史形成的，它的界限和观念是变化的。它通常与国民（kokumin）不相重叠；通常情况下，多个民族在一个国家（kokka）之下是共存的"。正如我们后面将看到的，这个定义也排除了"国民"这个词在两次世界大战之间和第二次世界大战时期日本的其他重要用法。[3] 因为即使是同一个术语，也会根据其意思被翻译成不同的英语单词，所以我根据语境来翻译这些术语。因此，作为一名历史学家，我关心的是尽可能准确、仔细地解读这些词的每一个表达，而不是试图达成一个单一的翻译规则。

另一方面，唯研在 1936 年的关注点在于认识到这一翻译问题的政治意义并找到解决之道。3 个月后的 11 月刊上刊登了 8 名唯研成员对编辑提问的回答。他们都指出了将"nation"翻译成"kokumin"（国民）和"minzoku"（民族）所造成的混乱，以及将"nation""people""ethnicity"（种族）和德语词"Volk"都翻译成"minzoku"所造成的混乱。根据广川恒（Hirokawa Wataru）（很可能是个笔名）对文献的简要调查，"Volk"一词被很多人翻译成"minzoku"，也被一些人翻译成"kokka"和"kokumin"。[4] 早川二郎（Hayakawa Jirō）最简洁地阐述了这次合并的政治意义："我们不应该忘记，将'nation'

翻译成'kokumin'和'minzoku'这种双重翻译背后有一个巧妙的'计划'。"根据他的说法，对这两个术语的随意、互换使用是一个深思熟虑的计划（大概是资产阶级国家安排的），为的是混淆一个国家中的政治和种族两种成员身份，在现实中这两种成员身份没有也不应该必然重叠。早川二郎补充说，这种混淆也有助于转移人们对民族主义话语的批判性关注："例如民族艺术，听起来像是大众艺术，不像是会提及国家政体的纯粹性的右翼民族主义。"①⁵另一位撰稿人森宏一更具体地将这种融合归因于法西斯主义问题。⁶然而，找到克服这种混淆和歧义的方法并不容易。早川在作了上述陈述后，继续认为，由于此时不可能从日语中去除"民族"一词，因此有良知的学者所能 ₁₂₁ 做的最好的事情就是意识到将政治、文化和种族类别混为一谈的危险，并通过用对应的英语或世界语进行解释来明确他们是如何使用这些术语的。⁷

　　这一期杂志所收集的所有答案都在强调民族的历史建构性质，拒绝任何生物学或种族的先验性。面对着如同洪流一般的令人困惑的"国家"（nation）相关词汇，他们中的许多人使用约瑟夫·斯大林对国家的定义作为他们的锚。斯大林的《马克思主义和民族问题》（*Marxism and the National Question*，1913年）强调了国家的建构主义性质，将其定义为"一个历史演变的、

---

① 原文采用的词汇为"right-wing nationalism"，翻译时保留英文含义，采取了"右翼民族主义"的译法。但作者同时标注了日文的罗马音——kokusui shugi，即国粹主义。——译者注

稳定的语言、领土、经济生活和心理构成的共同体，并以文化共同体的形式表现出来"。他主张，"民族……不是种族的，也不是部落的现象"，并且"作为一个民族，它在一定的历史条件下呈现出积极的政治形态"。[8]与斯大林的定义相呼应，儿岛初夫（Kojima Hatsuo）在《唯物论研究》中主张说："今天的人种（jinshu）是一个'历史性'的人种。就民族和国民的定义而言，世上没有纯粹的、生物学的人种。"[9]正如斯大林承认民族主义的积极贡献——前提是它作为反对资产阶级帝国主义斗争的一部分，唯研作家并不完全排斥民族的概念，因为这是他们支持中国和朝鲜反殖民运动的一个重要概念。为了将国民和民族区分开来，他们中的许多人将前者定义为具有独立国家（state）① 的民族（例如，日本对比中国和韩国）。[10]

马克思主义建构主义对民族的定义不仅挑战了假定日本自神话时代以来就在天皇统治下保持一个同质的、不变的民族的国体意识形态，而且挑战了流行于 20 世纪 30 年代的"科学"话语中的关于民族的种族化概念。[11]在 20 世纪 20 年代和 30 年代，关于日本混血起源的人类学理论已经确立。"混血起源"说虽然挑战了明治日本国体意识形态提出的日本纯血假设，但是"科学地"将日本天皇及其同化政策下各民族的存在合法化。例如，人类学家鸟居龙藏（Torii Rūzo）在 1920 年提出，"正如人种学者、语言学家和历史学家明确指出的那样，

---

① State 的德语是 Staat。——译者注

韩国人和日本人是一样的民族","民族"（Minzoku）指的是具有相同生理特征和语言历史的族群。[12]日本优生学家在 20 世纪 30 年代末开始获得制度上的权力，特别是通过新成立的厚生省，他们把韩国人和中国人视为与日本人不同的民族，反对他们融入日本民族。[13]然而，不管民族是被用来同化被殖民者还是用来隔离他们，这些论点在 20 世纪 30 年代都被当成科学理论提出。

122

唯研马克思主义者的"科学"观拒绝接受这种种族主义观点。《唯物论研究》杂志中对民族主义及其与科学关系最早、最具实质性的批判之一是石井友幸对"民族生物学"的分析，刊登在 1936 年 10 月刊上。这一领域是由金泽大学的生物学家古屋芳雄（Koya Yoshio）在 20 世纪 30 年代中期开发的，并与民族卫生学流派联系在一起。古屋曾公开赞扬纳粹的优生学政策，是建立日本民族卫生学会的核心人物，并于 1942 年到 1943 年，以及 1950 年到 1957 年两次担任该学会会长（这学会至今仍存在），与此同时他还供职于厚生省。[①][14]他的民族生物学研究不仅仅是对不同民族和种族的生物学研究，还体现了他的信念，即民族差异会产生不同的科学。石井对这一领域及其主张持高度批评态度。他否定了科学的民族主义性质，认为民族主义的科学研究应该有别于科学的民族研究。例如，"德国物理学"认为德国人会开发出一种新的物理学，仅仅因为自己是

① 2017 年，该组织更名为日本健康学会。——译者注

德国人，这是"可笑的无稽之谈"，石井写道。[15]对他来说，由古屋芳雄开发的生物学的民族研究可能会变得像纳粹法西斯统治下的德国科学一样"不科学"。[16]在石井看来，民族的概念是有问题的，因为它非历史性地对民族进行了固定性质的假设。一年之后，冈邦雄表示了对石井观点的赞同，认为"宗教可以成为科学研究的对象，但绝不可能成为科学的基础"。同样，冈邦雄也认为"民族是各种科学研究的对象，但它永远无法定义科学"。[17]

针对这种不科学的民族的用法，唯研的讨论很快发展为对日本民族的文化特征，即所谓的日本事物的批判性评估。《唯物论研究》的 1937 年 3 月刊以森宏一题为《何谓"民族的"》的文章为首，这篇文章批评了日本事物的随意性。森宏一惋惜地说，不仅是小林秀雄这样抛弃马克思主义的人，一些共产党党员和自由主义学者也开始庆祝"民族的和日本的东西"。[18]人们的目光指向《万叶集》——一本 8 世纪的日本诗集，认为它是真实的日本情感和思想的具体化。森宏一嘲笑说，但是，世界上"所有原始民族的感情和思想可能都是共同的"。而且，德川幕府时期的"义理人情"概念也经由横光利一①（Yokomitsu Riichi）等文学作家之口，被说成是日本事物，但这种观念在所有经历过封建社会结构的社会中都是很普遍的："不得不说，从某一个历

---

① 横光利一（1898—1947 年），日本小说家，1923 年参加菊池宽创办的《文艺春秋》，发表了《蝇》和《太阳》，引起文学界的注目。横光提倡新文学以快速的节奏和特殊的表现为基础，从理想的感觉出发进行创作。——译者注

史时期随意选择文化现象而完全忽略了其他的历史发展来界定
民族文化的性质是一种武断的做法。"[19]

123

　　这一点在 1937 年 3 月的一次以"当代思想的各种问题"
为题的圆桌讨论以及 1937 年 4 月的《唯物论研究》"评论日
本"特辑中得到了进一步的讨论。在圆桌讨论会上,唯研的文
学评论家岩仓政治① (Iwakura Masaji) (讨论中假托笔名"Kuwaki
Masaru",即严木胜) 主张,"通常强加在我们身上的传统有点儿
像一个幽灵,自诸神时代以来一直是神圣的,从未被打破。这
就是我们受到的有关传统的教育"。与此评论相呼应,早川二
郎建议唯研应该"科学地衡量和检查我们想要保留或想毁掉的
传统……以科学的方法"。[20]几个月后,岩仓在《论传统的阶级
性》中继承了早川的观点,提出了他对"幽灵"传统的观点,
即所谓的传统是精英主义的,也是不科学的。他宣称:

　　　　"传统"不属于大众。此外,应该明确的是,这种"传
　　统"是建立在一个不科学和模糊的概念之上的,完全不同
　　于一个在科学层面具有意义的传统……"传统"是当权者
　　的专断建构,他们主观地从历史中选择对自己有用的东
　　西——比如说,日本民族的宽容、纯真和团结。但凡我们

————————————

① 岩仓政治 (1903—2000 年),日本小说家。在大谷大学哲学课师从铃木大拙。二战前
　曾参与过一段时间的无产阶级文化运动,但此后"转向",1939 年的作品《稻热病》
　成为芥川奖候选作品。战争时期,他作为日本文学报国会小说部会的干事,在全国
　进行演讲。战后住在富山市。对战时的行为进行自我批判,一边参与社会变革的运
　动,一边继续文学活动。——译者注

用一点逻辑来思考，我们就会发现它们中的大多数都是其
他民族的共性。[21]

　　岩仓提出了摧毁这一幽灵传统的三个步骤：第一步，批判
理论家的"传统"，并说明这种传统的阶级性质；第二步，"将
真正的传统与这种武断的建构进行对比"；第三步，以真正的
传统为基础构建日本的未来文化。[22]岩仓认为，"我们的传统"，
是"科学思维"的传统："科学思维在德川时期就已经在某一阶
层中出现并一直存在。今天的日本人试图继承这一光荣的传
统，但它却被压制为'西洋科学主义'。相反，'东方的直觉主
义'被宣传为'好传统'。"他认为，这完全否定了传统的阶级
性质。[23]据岩仓说，群众创造了他们自己的反宗教和反独裁的传
统，这在历史上的叛乱和起义中可以看到。岩仓认为，要建立
一个受到世界尊重的民族文化，"科学精神"是必要的。[24]此处，
岩仓的对"科学精神"的用法与小仓金之助对"科学精神"的
用法遥相呼应。小仓金之助曾主张"现代科学精神诞生于打破
和克服旧的、固定的宗教形式、民族国家和伦理的尝试"。[25]
　　那么，所需做的就是呈现人民反抗"幽灵"——精英阶层
出于自身目的所构建的那种传统的传统。只有用能够驳倒反动
民族主义者对传统的滥用的日本的科学传统，才能对抗这个幽
灵。现在，唯研的科学政治，既包括了对"科学"的要求，又
包括了对"传统"的呼吁。

对日本科学的追认

唯研课题中对日本科学传统的调查研究是由三枝博音实施的。三枝博音是唯研的七名创始人之一，最初的几年里还是《唯物论研究》杂志的编辑。他是一名哲学家，一名历史学家，并且还是一名教育家，认识他的人都记得他的安静而幽默的性格、"友好的微笑，"以及他一生都保留着的广岛口音。[26]考虑到他作为知名学者和公众人物的形象，关于他的研究这么少，这是很令人惊讶的。三枝博音为日本的技术史奠定了基础，并培养了战后几十年间发展这一领域的许多学者。1960年，三枝博音被选为日本科学史学会的第三任会长，这是日本最大的科学史学家组织。三枝博音还在1946年创建了镰仓学院——一所私立文理大学，目的是在公民之间"培养一所科学的、独立的……以及真正的民主精神"。[27]财政困难和"过于左派"的名声迫使镰仓学院于1950年关闭，但这所学校的理想为新成立的横滨市立大学所继承。1961年，三枝博音成为横滨市立大学的学长，一直到他1963年因火车事故去世。①

三枝博音花了几年时间协助他的佛教住持父亲，并进行布道。之后，三枝从1916年到1922年在东京帝国大学学习西方哲学。最初，他对现象学感兴趣，但在军队服役一年之后，他的兴趣转向了黑格尔哲学和马克思主义。苏联的建立也激励了年轻的三枝博音。尽管他有佛教背景，但他还是成为"战斗无

① 在日本，所谓"学长"是四年制大学或短期大学等学校的校长。——译者注

神论者同盟"的一员。① 20 世纪 20 年代末，三枝博音将精力
投入马克思和黑格尔的相关阅读上，并在德国留学半年
（1931—1932 年）期间参加了在柏林举行的黑格尔诞生 100 周
年纪念活动。这一时期他的大部分著作可以概括为对唯物主义
的哲学探索和对资产阶级唯心主义哲学的批判，他还是唯研批
判哲学唯心主义的主要幕后力量，尤其是对新康德主义的批
判，这一主义从 20 世纪 20 年代开始在日本知识分子中极为流
行。三枝博音和户坂润一起，特别批评了新康德哲学家西田几
多郎。他们将其称之为"崇拜的哲学"，三枝博音批评西田几
多郎的哲学是既不建立在科学上，也不建立在现实生活中。²⁸

125

　　三枝博音在 1933 年作为唯研的主要组织者入狱一个月后，
开始对日本历史产生了兴趣。被逮捕的结果是，他被迫辞去了
教职。写作是他养活妻子和四个孩子的唯一手段。为了避免被
禁止写作，三枝博音在 1933 年决定撤销他的唯研会员资格，
继续以笔名为《唯物论研究》撰稿。大约就在这一时期，来自
三枝博音家乡广岛县的、与三枝博音亦师亦友的日本医学史家
富士川游②（Fujikawa Yū）告诉三枝："学习外国的哲学固然是
很重要的，但这可能是你了解日本人思想的一个好机会。"²⁹三

---

① 即"戦闘の無神論者同盟"，于 1931 年正式结成，1934 年 5 月由于弹压终止活
　动。——译者注
② 富士川游（1865—1940 年），日本医学者，医学史家。安芸国（今广岛县）人。1904
　年出版了《日本医学史》，系统描述了日本医学从古代至明治中期的发展状况，该书
　标志着日本的医学史成立。正是富士川游将三枝博音引导向日本哲学和科技史研究
　的道路。——译者注

枝博音确实从 1934 年开始了这个问题的研究，他在富士川游的资料室中阅读了德川时期的文献，并协助编辑了富士川游的作品。与此同时，三枝博音在唯研课题活跃的几年里一直深入参与其中：他继续频繁地用各种各样的笔名为《唯物论研究》撰写文章，并至少到 1937 年初都在参加唯研的研究会议。[30]

就像其他唯研知识分子一样，三枝博音认为，展示日本的科学传统是挑战右翼知识分子和国家对日本民族的专断描述的最有效方式。1937 年 3 月，就在当月的《唯物论研究》批评了日本传统的"幽灵"之后，三枝博音紧接着在一家主流日报《东京朝日新闻》（*Tokyo Asahi shinbun*）上发文写道："知识分子应该从日本历史中发现我们的盟友。通过这种做法，我们应该重新定义什么是'日本的'"。[31]为了呼应《唯物论研究》上的讨论，三枝博音慨叹说，近来日本的反动主义没有找到日本历史的正确方向。三枝积极主张对日本历史上的科学精神进行考察，而不是去接受"像'富士山'（fujiyama）、'切腹'（Harakiri），乃至于'侘'（Wabi）和'幽玄'（yūgen）等过时的非理性概念"。[32]

三枝博音 1937 年的作品《日本的思想文化》是他重新定义日本传统的代表作。三枝认为，只从艺术以及建筑等领域或是在对主人的忠诚等观念中寻求"日本事物"太过局限，他敦促读者去关注日本的思想史，寻找"日本的知性"。[①] 三枝博音

---

① 即智慧、智能、理智。译文中皆直接采用日文汉字词"知性"来表述这一概念。——译者注

认为，关于日本事物的论述的问题在于，这种论述通常要么只强调普遍性，要么只强调特殊性。也就是说，日本人对事物的论述坚持日本性质的独特性，而忽略了日本的普遍性；而对这种论述的批判强调了普遍性，因此忽略了日本的任何特殊之处。[33]与这种现状相反，三枝博音认为，需要承认的是，尽管知性是普遍存在的，但知性的表现方式却因民族而异。在三枝看来，西方知性和日本知性的区别在于后者缺乏抽象性，在他看来，这是日本人没有像西方那样早发展出现代自然观的原因。[34]但是，对三枝博音而言，这并不意味着日本没有人发展出现代的自然概念："我们应该寻找过去那些更接近我们思想的知识分子，把他们的学问系统地呈现出来，拿出那些能迫使反动知识分子重新思考的材料来。"[35]

为了探寻日本的现代知性的起源，三枝博音将目光投向了18世纪日本儒学思想家三浦梅园①（Miura Baien）："欧洲的自然概念的出现，需要发展与之相适应的时间和空间概念……根据我的研究，空间是事物的容器这一新概念，以及时间作为历史时间的规定，是从三浦梅园开始的。"[36]在三枝博音的学术研究中，三浦梅园是一个重要的人物，就像与其同一时代的儒学

---

① 三浦梅园（1723—1789年），日本江户时期思想家、自然哲学家，本职为医生。师承朱子学及古学派，又接触西方自然科学知识，在学术上自成一派，称"条理学主张"一元气"世界观，表现出唯物主义倾向和辩证法思想。在伦理思想上从一元气世界观出发，认为人与万物皆自然界之一物，且又有差异。其著作《玄语》构筑了自己独立的学术体系——条理学，并因此闻名。主要著作还包括《赘语》《敢语》，三部著作并称为"梅园三语"。——译者注

家荻生徂徕[①]（Ogyū Sorai）是丸山真男关于（尽管是尚未完成的）日本现代性的讨论中的重要人物一样。荻生徂徕是参与到国家事务当中的德川幕府学者，和徂徕不同，梅园是备后（大分县）的一名医生，他远离政治和知识界的中心，终其一生都很少离开自己的家乡。[37]尽管如此，梅园还是与同时代的学者们保持着个人以及学术上的联系，获得了西学知识，并且教出了帆足万里[②]（Hoashi Banri）等学生。然而，就像另一个不知名但重要的德川思想家安藤昌益（Andō Shōeki）一样，直到明治时期"被发现"前，梅园之名一直鲜为人知。但即使在那时，也只有少数人讨论梅园。[38]三枝博音是第一位通过梅园的著作《玄语》（Gengo，1775）对梅园哲学进行系统分析的学者。这是梅园的一部内容高度复杂的皇皇巨著，据说花费了23年、共易23稿才完成。[39]三枝博音对三浦梅园的研究最早见于20世纪30年代的各篇文章之中，在《梅园哲学》（Miura Baien no tetsugaku，1941年）和《梅园哲学入门》（Baien tetsugaku nyūmon，1943年）达到了巅峰。十年之后，三枝博音凭借前者获得了博士学位。[40]

---

① 荻生徂徕（1666—1728年），字茂卿，号徂徕，又号蘐园，日本江户时代著名学者、思想家、文学家。日本古学派创始人，该派以所重在古文辞，称古文辞派，不但给日本唯物主义哲学做了准备，又宣扬汉文学，对考证学派影响很大。——译者注

② 帆足万里（1778—1852年），江户后期儒学家、经世家。与三浦梅园、广濑淡窗并成为"丰后三贤"。万里潜心研究经学、史学以及经世之学，与此同时在三浦梅园的影响下，对自然科学的研究产生了兴趣，在年届四十之时学习荷兰语，研究欧洲的天文学、物理学、医学、地理等知识。——译者注

最吸引三枝博音的是他在梅园著作中发现的辩证思维以及梅园的自然观。梅园将他的基本认识论方法描述为"看作对立，理解作整体"（*hankan gōitsu*——反観合一）。梅园的哲学是建立在二分思想的基础上的。比如说，梅园认为抽象的东西（*mei*——名）假定了具体的东西（*shu*——主）。相似的，太阳和阴影形成一对，生与死为一对，等等。对梅园而言，宇宙的真相——包括人类世界和自然世界——只能被理解为这些二分、互补的组合。三枝博音认为这是类似于黑格尔的辩证法。梅园哲学的另一个重要概念是条理（jōri）。三枝博音认为，梅园的"条理"具有两层意思：第一层含义是"逻辑"，即梅园发现西方人所擅长的对世界的理性分析；第二层含义是指辩证思维。[41] 梅园的目的是通过辩证法的认识论阐明世界的规律，而梅园相信这可以在自然之中找到答案。与他同时代的其他人不同，梅园并没有试图从过去的伟大思想家那里寻找真理。事实上，他认为学者们没有用自然来验证伟大思想家的话，人们也没有接受过有关质疑自然现象是如何发生的训练。三枝博音认为这样的自然观可以在一些早期的德川博物学家的朴素的构想中找到，如贝原益轩① （Kaibara Eken）、平贺源内和小野兰山② （Ono Ranzan），但只有梅园把自然看作事物的运作，看作可以观察和

① 贝原益轩（1630—1714 年），日本江户前期的儒学家，初学陆王学，后奉朱子学，为朱子学海西学派代表人物。著有《慎思录》《大和本草》。——译者注
② 小野兰山（1729—1810 年），日本江户时代的植物学家及医生，为本草学专家。1803 年，发表《本草纲目启蒙》，他收集并整理草本在医学上的应用，共 48 卷，此书使其获得了"日本的林奈"称号。——译者注

分析的物质。用三枝博音的话说，这是日本历史上"真正的科学精神"的首次体现。因此，在三枝博音看来，梅园是日本第一个真正的科学和现代知识分子："梅园默默地完成了探索科学思维的伟大工作。这帮助日本为其科学的未来做好了准备。我认为，我们的当务之急是把梅园看作是一位实现了这一工作的科学家来理解。"[42]

作为科学家的梅园不仅帮助三枝博音找到了日本历史中的科学精神，还帮助三枝博音重新定义了"日本精神"。1941 年，三枝博音被要求为《现代哲学辞典》（*Gendai tetsugaku jiten*）撰写有关"日本精神"的词条。他用梅园定义了日本精神。因为"让'日本精神'一词被某种政治运动所垄断，是误解'真正的'日本精神的主要原因"。[43]辞典中的这一词条的存在，是三枝博音为这个词重新定义的话语阵地争夺行为的体现。根据三枝博音的观点，当代日本人称之为"精神"的东西，最初是梅园通过"神"的概念探索出来的，"'神'的概念创造出了所谓的'精神'"。梅园的"神"象征着一种动态的历史建设的意识以及这种建设中人的能动性，并于"理"（逻辑）和"天"（自然本身）的静态概念形成了对比。三枝博音反复论证说，梅园的"神"并不是像这个字的字面意思会让人引起的设想那样，指具体的一尊神，相反，"梅园的'神'相当于我们所说的'日本精神'中的'精神'…… 有人说，日本精神缺乏历史基础，但是梅园的著作应该能够纠正这个观点"。[44]通过追溯梅园思想中的日本精神的起源，三枝博音试图将日本精神重新定义和改造为现代的、科学的。

以上例证也说明梅园对于三枝博音尤其重要，因为审查制度使得在日本人们无法在写作中使用马克思主义来推动科学精神。三枝博音解释说：

> 　　过去曾有一种建立在唯物主义基础上的科学主义，那些感叹新兴的日本主义思潮的知识分子希望国家政策能包括科学主义。他们认为，存在一种法则管束着自然界和人类世界，因而对于国家来说，想要发展就必须要珍视科学知识。但是在今天，即使是这种科学主义也无法在没有诸多限制的情况下被接受。而且，尊重科学本身也可以理解为对国家危机缺乏兴趣。[45]

三枝博音还说，这种对科学主义的压制，很大程度上是因为日本唯心主义者主张，日本的政治、经济、艺术甚至自然科学都应该以日本精神为基础。在这样的政治氛围下，梅园使得三枝博音能够在不违背日本精神的情况下，推动科学精神。

三枝博音意识到，主张日本的科学精神涉及了普遍性和特殊性的问题。如果科学精神是普遍的，就像唯研马克思主义者们所宣称的那样，那么这将直接违背日本精神，因为日本精神天生就是独特的、特殊的。三枝博音认为，"欧洲思想吸引日本知识分子的正是它的普遍主义……欧洲思想教会了他们逻辑和科学事物的普遍性。但是，这种普遍主义与今天所谓的'日本精神'并不相符。这给我们带来了最大的问题"。[46]对三枝博音来说，这个问题不仅仅是一个论争方面的问题，更是一个知识和政治上的重大问题。"我们认为需要提倡科学思维，这一点是没有错的……但是，我们也需要去应对那些质疑普遍主义的日本主义者所提出的挑战，即如何处理'各国独特的'历史的问题。"[47]对此，三枝博音的答案是通过普遍的东西来理解日本的东西。

而书写日本科学史则是三枝博音通过世界事物理解日本事物的方式。这也是三枝博音对唯研的"幽灵"传统批判的一个具体形式的尝试。户坂润和其他的唯研成员曾批评日本主义者和日本当局为武断地构建日本事物而对《万叶集》和其他日本"经典"文本进行的知识滥用。为了挑战这一点，在第二次世界大战期间，三枝博音提出了一套全然不同的经典，这就是记录了日本的科学传统地《日本科学古典全书》（*Nihon kagaku koten zensho*）。

《日本科学古典全书》的意义在于它将日本经典奉为科学，同时叙述了日本在德川时期见证了本土现代科学的出现。这本多卷本的丛书由三枝博音与两位文学教授狩野亨吉（Karino Ryōkichi）、新村出（Niimura Izuru）以及两位科学史学家桑木彧雄、小仓金之助共同编纂，它将儒家和其他德川文本指定为日本的科学经典文本。[48]这套书的第一卷题为《科学思想》（*Kagaku shisō*）。这一卷包括了三浦梅园、山鹿素行（Yamaga Sokō）、帆足万里等人的著作，用三枝博音的话来说，这些人

"相信科学或科学的事物对人类或者我们民族生活的发展而言

129 是必要的"。⁴⁹这套计划发行 15 卷、实际出版了 10 卷的丛书，由 3 卷草药学和医学（第 6、第 14、第 15 卷）、2 卷矿业（第 9、第 10 卷）以及 1 卷农学（第 11 卷）、1 卷水路运输（第 12 卷）、1 卷冶金（第 13 卷）、1 卷理学（第 6 卷）。①⁵⁰三枝博音在他的丛书的导言中宣称，这些卷的目的是"证明日本现代科学在江户时代就已经存在……除了从西方'引进'科学，日本还发展了自己的现代科学和技术"。⁵¹

　　《日本科学古典全书》的出版标志着三枝博音对幽灵传统的抗议取得了重大胜利，但这也意味着这种尝试的失败。这套多卷本丛书很成功地将江户儒学家们奉为现代科学思想家，而这种遵奉的意义则取决于具体的战时科学政治图谱，而后者又受到国家积极的科学技术动员的影响。科学的建设从来都不是在政治真空中进行的。20 世纪 40 年代初，科学策论的图谱发生了变化，这使三枝博音寻找日本科学历史的工作变得复杂和困难。

　　到 1941 年，日本科学传统的建立不再是对当局的激进批判。正如我们在之前章节里看到的，国家本身就开始积极地推动用于战争目的的科学技术，技术官僚发起了他们的科学-技术运动。记录日本科学历史的文献受到了国家的欢迎，此时的

_____

① 即第 1 卷，第 1 部：科学思想篇；第 6 卷，第 2 部诸科学篇：理学；第 9—10 卷，第 3 部产业技术篇：采矿冶金；第 11 卷，第 3 部产业技术篇：农业・制造业・渔业；第 12 卷，第 3 部产业技术篇：海上交通；第 15 卷，第 2 部诸科学篇：本草。——译者注

国家在构想一个科学日本以及帝国的未来。我们知道这一点是因为在 1941 年，为了纪念神话中所说的日本建国"2600 周年"（1940 年），① 日本国家命令日本学者编纂《明治前日本科学史》。这套计划发行多卷的日本科学史直到 20 世纪 50 年代才得以出版，因为与美国的战争愈演愈烈，使得如此大规模的计划难以实施。[52]没有史料记载能确切地告诉我们这部选集最初是如何构思和讨论的，但是三枝博音的《日本科学古典全书》让我们能够看到在审查严格的 20 世纪 40 年代早期，什么类型的日本科学史是被允许和鼓励的。既然三枝博音编纂的这套丛书是由主流报纸公司出版的，那么可以肯定地说，《日本科学古典全书》的目标和内容是符合国家利益的。此外，三枝博音还是受国家委托编纂《明治前日本科学史》丛书的学者之一。也就是说，三枝博音自己建立日本科学历史的计划不仅获得了战时日本政府的容忍，而且还得到了政府的赞赏。

　　让我进一步阐述战时的政治环境。1937 年 9 月，与中国的战争开始两个月后，日本国家发起了国民精神总动员运动，通过对所有可能批评日本与中国的战争的学术和活动，还有支持对中国发起战争的以天皇为中心的意识形态加以审查，以进一步加强国家控制。这使得仅存的少数左派团体和劳动团体不得 130

① 即所谓"皇纪两千六百年"。神武天皇即位纪元，又称日本皇纪或简称皇纪，是日本的纪年方式之一，以日本神话中的第一代天皇神武天皇的即位元年开始起算，比现行西历早 660 年。即西元 2022 年等于皇纪 2682 年，以此类推。皇纪在明治时代起由官方采用，但二战后被官方弃用。——译者注

不在逮捕和生存之间做出选择——为了生存，他们必须在天皇意识形态下支持战争。日本劳动总同盟——左翼政治派系中较为保守的一端，为了表示对政府的支持，决定不参加罢工，社会大众党公开表示支持日本对中国的战争。对日本帝国主义和意识形态持批判态度的极左人士被关进了监狱，其中包括以京都为阵地的马克思主义团体"世界文化"成员。为避免成员被捕，唯研于 1938 年 8 月自愿解散。户坂润和其他几人立刻开办了一份新的杂志，《学艺》(*Gakugei*)，[53] 但三个月后，户坂润和其他 12 名前唯研马克思主义者因违反《治安维持法》而被捕。

对那些在日本战时被下狱的"思想犯"来说，死亡就在眼前，而且是实实在在的可能。例如说，1933 年小林喜多二(Kobayashi Takiji) 在酷刑中被严重毁伤的尸体，至今仍历历在目。入狱不仅意味着失去出版的能力，而且可能永远无法养家糊口了。每个战时日本的知识分子，不管是不是马克思主义者，都面临一个决定：找到一种不会被封禁或者被逮捕的批评方式、入狱或者是在文章中全力支持战争和战时政府。1945年，户坂润因营养不良在监狱中去世，去世时间仅仅就在日本投降的前一周。这就是提出批评的知识分子所面对的现实。许多有能力承担生活负担的左派知识分子干脆停止了写作。

三枝博音选择继续出版著述。他通过撰写关于日本科学传统的历史来继续着唯研课题，而对于日本与中国的战争和日本意图掌握亚洲殖民领导权的诉求，他则不去批评。1937 年末，当唯研开始讨论解散的时候，三枝博音参加了昭和研究会（Shōwakenkyūkai），这是一个由精英知识分子在 1933 年成立的政策研究小组，到三枝博音加入时，这个团体已经染上了很浓重的政治色彩，作为第一届近卫内阁（1937—1939 年）和第二届近卫内阁（1940—1941 年）的智囊团而存在。该研究会的政治目的是为日本在亚洲的帝国主义提供意识形态和战略。受到三木清的邀请，三枝博音成为昭和研究会文化部门下的一员，而三木清本人也是一名从马克思主义转向而来的哲学家。[54]他是为了避免被捕而寻求加入政府批准的组织，还是为了反映他对战时状态的全力支持，这与我们此处的分析无关。三枝博音没有留下任何关于他战时活动的记录，此外，我们永远无法了解他内心最深处的想法，或者其他人的，尤其是当时的政治形势错综复杂。对我们的批评话语分析来说，重要的是三枝博音在 *131* 这种情况下发表了什么，以及它是如何挑战、呼应和强化战时日本流传的话语的。

　　三枝博音的战时著述暧昧地混合了他以前的观点和新的主张。在一些情况下，1938 年之后的新主张很微妙而不易察觉的，但是另一些地方，变化则是极为明显的，比如他对文化的新定义（我们很快就会讨论到这个问题）。例如，三枝博音于 1939 年发表在舆论杂志《中央公论》（*Chūō kōron*）上的文章《东亚共协体的逻辑》，同月（1939 年 1 月），昭和研究会文化部门发表了《新日本的知识逻辑》报告书。[55]在这篇文章中，三枝博音认为东亚协同体需要提供一种对整个世界都有意义的意识形态。三枝博音也不是不知道东亚协同体背后的殖民现实，因为他曾感叹日本人的逻辑与被殖民者的逻辑之间存在差距："由日本人来书写东亚协同体的逻辑，这对日本人来说是一件好事。然而，对于东亚的其他民族来说，情况却并非如此。这给知识分子蒙上了一层阴影。"然而，该文章最终主张将东亚协同体的逻辑普遍化。毕竟，三枝博音坚持说："不管哪个民族写的，真理就是真理。"⁵⁶这篇文章揭示了三枝博音战时著述的矛盾本质。一方面，三枝博音希望日本的逻辑是普遍的逻辑，是对世界来说有意义的东西，这间接地警告了日本帝国主义的所有自私的辩解。但是，另一方面，推动"日本逻辑"普遍化的想法，很容易被理解为希望日本的殖民统治进一步扩大的要求。

三枝博音在自己1943年的作品中对文化的定义与他在早期作品中的观点有着最明显和最剧烈的变化。然而，细察之下，即使是在对文化的定义中我们也能看出，三枝博音的很多观点其实并没有改变。1933年，他将自己的著作命名为《文化的危机》，他所说的"文化"指的是"非理性"的资本主义的没落资产阶级文化。⁵⁷十年之后的1943年，三枝博音出版了《日本文化的构想与现实》（*Nihon bunka no kōsō to genjitsu*），他赞许地以民族为基础而讨论文化："文化是我们国民体现和经营帝国的精神、创造生命的基础。"⁵⁸三枝博音认为，这种在1931年九一八事变后出现的民族特有的"文化"意识，赋予了文化这个概念新的意义。与日本主义者的言论类似，三枝博音认为，日本现在需要的是"日本精神的整合，以及对科学和技术的推广"。与此同时，三枝博音解释道：

> 毕竟，思考科学和技术就是思考一些普遍的东西。一个国家的科学技术的进步意味着这个国家获得了世界的认可……世界只有看到科学技术的伟大，才会承认一个国家的伟大……我们必须反思我们的民族精神中迄今为止一直被忽视的这方面。[59]

三枝博音的这个说法借用了日本主义者关于科学整合以及日本精神的语言，同时也说明了三枝博音作品中一个颠覆性的元素，因为他提倡的科学技术是普遍的，而不是"独特的日本的"科学技术。

因此，三枝博音的历史写作计划是关于展现日本的现代科学历史，而非一种独特的日本科学。三枝博音也很清楚，只要科学的定义严格建立在现代西方科学的基础上，他就必须得出这样的结论：在从西方引进科学之前，日本根本不存在科学。因此，要建立日本科学传统，就需要三枝博音定义什么是"科学的"。他通过技术和智识的概念做到了这一点。1939年，三枝博音在首篇技术史著作《日本的知性与技术》中写道："日本没有严格意义上的科学史，但有技术史。哪里有技术，哪里就有知识。"[60]换句话说，技术——"接受人类的秩序/法则"——要存在，就必须有知识——"对自然起作用的精神"。[61]他对技术和知识的这些定义是建立在他于 20 世纪 30 年早期形成的对恩格斯历史唯物主义的理解基础之上的。在《唯物论研究》的创刊号（1932 年 11 月刊）上，三枝博音发表了宣言，题为"新唯物论的立场"，其中引用了恩格斯的唯物史观来批判唯心主义哲学。对三枝博音来说，科学意味着运用辩证法，对他来说，这意味着遵循自然法则。[62]这样，技术史既满足了日本知识分子的历史论证，又满足了三枝博音的辩证唯物主义信仰。

　　三枝博音用来论证技术辩证法的另一个重要概念是开物（kaibutsu）。开物，或者说"揭示"是三枝博音著述之中连接科学和技术的核心概念。在《日本科学文明思想史》中，三枝博音将文明的历史定义为"开物的历史"："教化意味着揭露隐藏着的、埋葬在土壤里的东西。"[63]三枝博音认为，日本的医学和草药学等科学直到德川早期才发展起来，因为在此之前没有"开物"的概念。彻底改变日本科学的是一本中文书籍，《天工开物》(*Tenkō kaibutsu*)（字面意思是自然创造和人类揭示），它在 18 世纪的日本被阅读。三枝博音认为，随着开物概念的出现，自然被视为人类可以研究的东西，这一观点对现代科学的出现是必要的。[64]三枝博音认为采矿是开物最好的例子，这就解释了为什么《日本科学古典全书》有两卷都是关于采矿的内容。开物的概念很好地满足了三枝博音的目的，不仅因为它支持了三枝的"现代科学出现在 18 世纪的日本"的观点，还因为技术是"开物"的具体化，是人与自然之间的互动。

　　三枝博音的技术观也是对 20 世纪 30 年代中期的所谓战前技

术论争的回应，这是一场马克思主义者和其他知识分子之间关于技术本质的论争。1937 年晚些时候，三枝博音以他的文章《技术学的边界》(*Gijutsugaku no gurentsugebito*) 加入了技术论争。[65]到这个时候，尽管还存在很多争议，但主要的马克思主义参与者，如户坂润、冈邦雄、相川春喜等人已经达成一致，认为"技术是一种劳动手段的体系"。三枝博音将技术定义为具有三个基本特征："作为动态过程的手段"，"在过程中使用自然物质材料的手段"以及"作为具体的人类的欲望的手段"。[66]三枝博音的定义与其他马克思主义者的定义不同，因为他从定义中去掉了劳动的概念，强调了劳动与自然和人类欲望的关系。他在 1941 年的著作《技术的思想》中提出，技术"不应该仅仅被理解为工具、机器或个人的技能，而是……将自然资源和国家土地进行整合和理性研究"。[67]

在这里，三枝博音的技术概念与我们在第二章中讨论的技术官僚的殖民视野非常相似。以技术官僚为中心的日本帝国主义符合三枝博音对技术的定义的三个基本特征：在这一过程中，东亚被赋予了"自然资源"的职能，以供日本用来实现自己的具体愿望。然而，三枝博音在他的战时著述中从未使用过"科学技术"这个词。考虑到 20 世纪 40 年代初这个短语被广泛使用的情况，完全不使用"科学技术"一词很有可能是三枝博音对技术官僚有关科学的定义表示异议的故意选择。对三枝博音来说，科学并不是指在实验室中产生的为工程师或军事技术而服务的知识。毋宁说，它指的是普遍的知识。

但是，三枝博音对技术的定义也明确支持了国家的战争动员。他将技术的意义扩展到一个更加抽象和象征的层面。最初版的文章《技术学的边界》刊登在大河内的杂志《科学主义工业》（*Kagakushugi kōgyō*）上。两年后，三枝博音修订了将这篇文章，将它收录于《日本的技术与知性》，并增加了一部分新的内容：

> ［技术］是一种过程，通过技术，人类的生活会正确而美好地实现物质化……每个人都知道，今天的世界观与政治有关，而政治与技术有关。可以说，政治也是一种技术。我选择支持对技术的扩展定义……如果不考虑技术，精神将毫无意义。只要精神动员是政治性的，那它也是技术性的。只有作为日本人正确、完善地建立日本文化所必须经历的过程时，精神动员才具备意义。[68]

在他看来，技术不仅限于机器和生产系统；在政治、科学和艺术中也可能有技术。当日本的马克思主义关于技术的争论陷入停滞，过于死板地把技术作为生产机器时，三枝博音的定义为技术概念化提供了新的视角。同时，三枝博音对技术的定义还肯定了国家的精神总动员运动，该运动的目的是消除所有左翼思想，并加强民族主义和军国主义。

对于三枝博音在战争时期的"嵌合体"式的作品，评论家们给出了各种评价。1965 年，《科学史研究》（*Kagakushi kenkyū*）的两期追悼刊上发布了三篇对三枝博音学术的解读文章，提出了解读三枝博音以及许多其他战时知识分子著作的常见选择范围。首先，在对三枝博音有关技术的讨论进行考察时，历史学家镰谷亲善（Kamatani Chikayoshi）主张，三枝博音在 1938 年后否认了马克思主义，这是一个十分明显的政治转变——转向的案例。[69]同样讨论了三枝博音的技术概念，历史学家坂本贤三（Sakamoto Kenzō）评价说，这是三枝博音为了在自己的作品中提出可以批评的内容而战略性地采取的一种"伪装转向"。为了证明自己的观点，坂本强调了三枝博音的"伪装转向"所带来的"扭曲"，即三枝博音在"抵抗"和"接受国家政策"之间的差距。[70]第三名历史学家大森实（Ōmori Minoru），聚焦于了三枝博音的科学史及其成就，丝毫没有提及三枝博音的政治转变。[71]

　　但是，通过融合/参与的概念，可以更好地理解三枝博音在知识和政治上的暧昧行迹。因为三枝博音对科学的定义和写日本科学史的目标在 1938 年前后没有改变，一些人确实会同意大森实的做法，先不管三枝博音是否转向，而是进一步去考察三枝博音的学术成果。与其通过三枝博音的两种相互对立的动机——对国家政策的抵制和接受——之间的"鸿沟"来分析他的作品，承认坂本贤三的说法更有意义：三枝博音的"抵抗"实际上成为渴望在日本推广科学技术的战时国家的一种受欢迎的努力。科学的话语为三枝博音在出版物中继续他的唯研课题提供了空间。然而，虽然通过公共话语挑战"不科学"的日本，三枝博音的"科学日本"构想却被纳入了战时"科学技术推动"之中。通过记录日本民族的科学传统，三枝博音最终在日本主义对民族文化颂扬中添加上了一段科学的过往。

如果把三枝博音的日本科学史叙述重新放在 20 世纪 40 年代初的日本科学史论述中，我的观点就能更清楚地展现。1938年以后，大量关于日本科学的文章和书籍涌现，到 1940 年，日本科学史已经成为学术和非学术科学杂志上的热门话题。[72]事实上，日本科学史学会于 1941 年 4 月成立，这反映了日本科学史的普及程度。20 世纪 40 年代初，尽管纸张日益短缺，但科学的话题，尤其是日本科学，还是继续在书籍、期刊、杂志和报纸上被讨论。我们将在下一章研究细节，但这里我们将重点分析日本科学史。如果阅读过大量关于战时日本科学史的出版物，读者就会注意到它们在叙述和方法上的一个主要特点：马克思主义外史研究法和大正文化史对国史的重视的奇怪地结合在一起，但是这两种方法都没有提出任何批评。我们还记得，由小仓金之助等马克思主义历史学家提出的外史方法，分析了科学发展与社会和经济条件的关系。而大正文化史是对精英史学的挑战，试图把国民史书写成为国史。我们在第三章中讨论过的三上义夫的《从文化史看日本数学》，就是将日本科学看作日本人性格的反映，对其加以批判分析的第一部也是最好的代表作。战时马克思主义外史研究法以及对日本人性格的自由主义、反精英主义的探索的奇怪结合，缺乏对日本政治经济体制的马克思主义批判，以及对三上义夫所发现的那种消极日本性格的批判。相反，它利用科学史来颂扬日本国民、日本民族和日本帝国的科学品格。

　　这一点在《科学作家》（*Kagaku Pen*）杂志的 1940 年"日本科学史"新年特刊中体现得很明显。① 《科学作家》是 1936 年由石原纯、中谷宇吉郎等科学家和其他对散文、评论和文学作品感兴趣的人共同创办的《科学家作家俱乐部》（*Kagaku Pen Kurabu*）月刊。[73] 作为一本面向普通读者，但由科学家编辑和撰写的杂志，它涵盖了与科学、文学和政策相关的各种主题。在 1940 年的特刊中，9 位科学家和非科学家发表了一些短文，主题涉及范围从"科学精神的发展"到"建筑研究中的日本古代城郭"都有。该杂志被认为是政治中立的杂志，而且编辑都是科学家，因此是一个十分便于我们观察相应日本历史领域状况的对象。当然，后一项事实并不意味着所有文章的内容都得到了科学家的认可，但它确实提出了一种被实践科学家所接受的论述。吉冈修一郎（Yoshioka Shun'ichirō）的"日本数学史"最清楚地说明了当外在主义方法和文化历史方法的批判冲动消失时会发生的事情。吉冈修一郎是一位数学家，他在战前和战后的日本发表了大量关于数学、数字、医学和哲学的著作。他的文章与近 20 年前发表的三上义夫的《和算的历史》非常相似，他还引用了三上义夫的作品来表述和算是一种"爱好"。但是，吉冈修一郎的最终主张却与三上义夫截然不同。吉冈写道，在

136

────────────

① 本文依照英文翻译 "Scientist - Writers Club" 将 "科学ペンクラブ" 组织及其机关刊物 "科学ペン" 译为 "科学作家"。——译者注

德川时代，"许多日本人只是单纯地喜欢数学……事实上，那个时候，人是不能靠着当数学家来谋生的……数学研究只是一种爱好。这一事实表明了日本人在数学方面有很高的天赋"。就像本期特刊的大多数文章一样，吉冈修一郎认为德川时代是日本科学发展的关键时期。他把德川时期称为"日本的文艺复兴"，这与三枝博音将西方文艺复兴与 18 世纪的日本进行对比的说法相呼应。吉冈修一郎确实认识到了和算的缺点；他引用小仓金之助的话指出，"行会式"的地方主义阻碍了和算的发展。然而，吉冈解释说这是"封建制度"和"工业不发达"的结果。他坚持认为，这些负面特征"与日本人的数学天赋无关"。事实上，吉冈修一郎认为，一个事实进一步说明了日本人的数学天赋：即日本人有远见地用西方数学取代了不切实际的和算，并且很快就擅长于此。[74]

芳贺檀（Haga Mayumi）的文章"日本民族与科学"之中也充斥着对日本科学人才和传统的颂扬。芳贺檀，日本浪漫主义派作家，他主张"有爱美爱真的历史渊源的日本精神和现代科学精神就像家人一样亲近。'既然'千百年来，对真理的追求是日本的传统和准则。……日本可能是第一个创造那种对基于科学与原则统一的新型生活加以肯定的新宗教的国家"。[75]芳贺檀用来支持这一说法的一个例子，不是其他，正是佛教僧侣道元——日本主义者桥田邦彦以其为基础发展了他的"科学实践"理论（尽管芳贺檀没有提到桥田邦彦）。芳贺檀在赞扬日本近代科学的成功和迅速的同时，也确实承认了日本在科学发展方面仍然落后于西方国家。尽管如此，他还是相信日本会从西方科学技术中独立出来。谈到宫本武之辅的"亚洲开发技术"理想，芳贺檀坚持认为，创造力是实现这一目标的关键。[137]毕竟，他写道："日本从世界各地引进并吸收了各种科学技术，并通过日本精神的创造性，从其中创造出了独特的美。"他总结说，西方科学经常被用来毁灭人类和文明，而"日本将会把科学提升为美"。[76]

不过，在七篇大肆赞扬日本科学天赋的文章中，有两篇文章很容易被解读为对这一种论述的批评。由前唯研成员、历史学家加茂仪一（Kamo Giichi）撰写的"日本科学思潮史"讨论了我们现在已经熟悉的三浦梅园以及三枝博音一直在研究的其他德川学者。但他将德川时代描述为一个伴随着理性、科学的思想而出现的"市民社会"的时代。[77]加茂仪一坚持用外在主义的观点来解释日本科学思想的兴起，他还反复强调，出现于18世纪的那种现代的、科学的思想是"市民阶级的智力武器，代表了早期阶段的理性资本主义，反对封建制度下精英阶级的儒家思想"。[78]将"市民社会"指定为一个明确的资产阶级，并强调日本现代科学思想的阶级性质，这是对三枝博音等人将科学史作为民族史的一种形式的主流叙事的明确批评。

日户修一（Nitto Shūichi），一位日本东京帝国大学的流行病学家，在他的文章"论当代日本医学"中提出了最明确的批评。它以对科学话语中的民族主义的直接批判开始："人们谈论日本医学、美国医学、德国医学、法国医学等，但这完全是无稽之谈。"[79]在被要求写德川时期的医学时，他"故意决定反而去写一篇对日本当代医学的评论"，这表明他拒绝加入日本科学天赋的讨论。整篇文章集中论述了他发现的日本医学和科学领域的问题，如对西方医学的崇拜、掌权的教授对研究课题的审查、科学家之间缺乏建设性的评论、学术集团造成的伤害，等等。他的大多数批评都是对小仓金之助十多年前指出的观点的重申，但该杂志的其他文章中则没有谈及。日户修一这篇文章被收录进杂志的可能性很大——事实上，它被插在了杂志的最后，似乎是为了避免引起审查机构的过多注意——这不仅是因为他是一位知名的科学家，也因为编辑们同意他的批评。

由各路政界人士和专业人士共同参与的《科学作家》特刊，以一种鸟瞰战时日本科学史的方式展现了日本科学史的面貌。它说明了三枝博音的日本科技史——将德川的儒家经典奉为科学的日本科技史——已经在知识分子之间流传开来，并且被用于赞颂日本科学天赋。在这种论述下，批评是存在的。或者更确切地说，正如《科学作家》特刊所做出的示范，评论家们在赞美日本文化的同时，也能够表达他们对日本科学的批评。然而，对日本科学的批判并不一定意味着对战时状态或帝国战争的批判。我们已经看到，大约同一时期的技术官僚们批评并试图接管国家的科学政策，但这是为了给国家和战争做出更多贡献。

对日本科学的批判和称颂赞美并存也是小仓金之助战时著述的特点。随着太平洋战争的加剧，小仓金之助也开始支持国家的战争。将他早期的作品与他 1944 年的著作《战时下的数学》进行比较，可以清楚地看出他的论点是如何变化的。十几年前，小仓金之助曾提倡大众科学，现在他要求日本人"为帝国建立数学"。[80]"今天的数学"，他主张说，应该通过军事技术的发明和工业生产的增加来"履行自己作为摧毁敌人的武器的职责"。[81]在这部作品中，他早期提出来的对日本"封建主义"和"官僚政治"的批判毫无踪影，反而出现了"日本精神"等新概念："没有日本精神，就不可能建立日本数学。同样，如果我们不能成功地把数学作为武器进行彻底的发展，那就意味着我们没有尽到对前线英勇的士兵的责任。"小仓金之助对和算的评价也变得积极起来。[82]虽然他仍然批评和算的秘传性，但他不再将其描述为"封建的"。他把它描述为"艺术"，就像三上义夫在自己 1923 年的文化史著作中所说的那样，而小仓金之助还曾对此加以批评。小仓甚至称赞和算是"日本数学天赋"的化身。[83]

然而，就像三枝博音一样，小仓金之助也保留了他早期的许多观点。事实上，小仓早前的抵抗逻辑继续支持着他 1944 年的工作，并在某种程度上促使他提倡"为了帝国的数学"。正如我们在他 1936 年的文章《自然科学家的任务》中看到的，小仓对日本科学家的批评之一是，他们自私，没有社会意识。在整个战争年代，小仓都没有改变这一观点。他继续鼓励科学家积极投身社会需求。他还继续要求科学与社会需求直接相关联。但是到了 1941 年，科学家参与社会活动，就意味着他们要卷入战争相关的活动之中。在其 1941 年的文章《战时自然科学家的职责》中，小仓断言，"就像军官为国家抛洒自己的血一样，科学家的专业知识和才能——即使他的名声超越了国界——应该完全献身于民族事业"。[84] 小仓还继续推动数学、科学和技术的系统和有计划的统一，不再是为了无产阶级科学的建设，而是为了日本帝国的数学。换句话说，他对日本科学和科学家的批评并没有从根本上改变。他继续倡导科学与社会接触，摆脱学术派别，并要建立在更系统的计划的基础之上。然而，他的语言发生了变化，现在他对"科学日本"的构想被塑造成了"帝国的科学"。

在描述 20 世纪 30 年代末的科学史时，历史学家中山茂认为，"在'科学'的掩护下，即使是法西斯煽动者也难以渗透，科学史为左派自由主义者提供了一个庇护，使他们免受政府审查的目光和警察的思想控制"。[85] 然而，到了 1938 年，科学史领域失去了需要"掩护"的关键地位。事实上，科学成了日本民族主义的又一个可以歌功颂德的领域。中山茂等学者认为，三枝博音等知识分子的理性思想主张是对战时国家的一种抵抗，但我的分析显示，他们捍卫理性，但同时也支持战时国家和日本帝国主义。

正如 1938 年唯研对传统的讨论所做出的结论那样，科学传统的科学建构对日本马克思主义至关重要。然而，当三枝博音将德川时期的某些文本尊奉为日本的经典科学文献时，他促成了"科学"日本的民族自豪感。换言之，与日本主义者对经典的滥用不同，三枝博音在"正确"引用经典文献的基础上重新定义日本民族的这一项任务，是与战时科学技术推广相一致的。三枝博音和小仓金之助对科学的定义与技术官僚的科学-技术的定义之间的差异是仍然存在的；然而，颇具讽刺意味的是，通过建立日本的科学传统，三枝博音和小仓金之助为技术官僚试图构建的那种"科学日本"提供了一个科学的过往。

注释

1. Kikanshi henshūbu, "Shoka no iken o shirusu," *Yuibutsuron kenkyū* 47 (September 1936): 45.

2. Doak, "What Is a Nation and Who Belongs?" 292.

3. *Daijirin*.

4. Hirokawa, "Minzoku ni tsuite," *Yuibutsuron kenkyū* 49 (November 1936): 38–40.

5. Hayakawa, "'Kokumin' to 'minzoku,'" *Yuibutsuron kenkyū* 49 (November 1936): 49.

6. Mori, "Minzoku to kokumin oyobi Nation," *Yuibutsuron kenkyū* 49 (November 1936): 52.

7. Hayakawa, "'Kokumin' to 'minzoku,'" 50.

8. Stalin, 转引自 Davis, *Nationalism and Socialism*, 163; Stalin, *Marxism and the National Question*, 引自 Bottomore, *A Dictionary of Marxist Thought*, 344。在此之前，为了准备唯研关于民族的讨论，在唯研杂志的 1935 年 4 月刊上，松原宏（Matsuoka Hiroshi）发表了斯大林对国家定义的大纲，森宏一于 1936 年 5 月在一个唯研研究小组发表了他关于民族的论文，使用了斯大林的定义，并提出了他对日本流行的、具有纳粹倾向的关于民族的生物学思考的关注。"Hōkoku kakubu kenkyūkai, minzokuron to sekaikan," *Yuibutsuron kenkyū* 44 (June 1936): 966.

9. Kojima, "Minzoku naru gainen ni tsuite," *Yuibutsuron kenkyū* 49 (November 1936): 51.

10. 可参见，例如 Tosaka Jun, "Minzoku to kokumin: Minshū・jinmin oyobi kokka" 以及 Ōta Takeo [Ōta Tenrei], "Minzoku to kokumin," *Yuibutsuron kenkyū* 49 (November 1936): 43, 37。

11. 有关日本民族的人类学和民族主义话语谱系，包括国体意识形态的优秀研究，可参见 Oguma, *Tan'itsu minzoku shinwa no kigen*。

12. 转引自同上，154。

13. 更多关于日本战前和战时优生学的资料，可参见 Ōtsubo Sitcawich, "Eugenics in Imperial Japan"。

14. 古屋还以同样的标题出版了一本书。他的著作包括《民族生物学概论》（*Minzoku seibutsugaku gairon*）（1933 年）以及《民族生物学》

(*Minzoku seibutsugaku*)（1938 年）。

15. Ishii，"Minzoku seibutsugaku ni tsuite，"*Yuibutsuron kenkyū* 48（October 1936）：100‐101.

16. 同上，103‐5。

17. Oka，"Torusutoi no kagakuron，"*Yuibutsuron kenkyū* 59（September 1937）：17.

18. Mori，"Minzoku teki narumono towa nanzoya?"*Yuibutsuron kenkyū* 53（March 1937）：7，9.

19. 同上，13‐14。

20. "Gendai shichō no shomondai，"*Yuibutsuron kenkyū* 53（March 1937）：69‐71.

21. Kuwaki Masaru［Iwakura Masaji］，"Dentō no kōsatsu—dentō no kaikyūsei ni tsuite，"*Yuibutsuron kenkyū* 57（July 1937）：12.

22. 同上，13。

23. 同上。

24. 同上，15‐17。

25. Ogura，"Sūgaku kyōiku no igi，"in *Kagakuteki seishin to sūgaku kyōiku*，69.

26. 例如，可参见 Hasegawa Ichirō，"Yuiken hassoku no koro，"in *Yuibutsuron kenkyū fukkokuban geppō*，no. 2：7。有关三枝博音的生平，参见 Iida，*Kaisō no Saigusa Hiroto*。作者饭田贤一是三枝博音的学生，他自己也是日本科学技术史学家。

27. Saigusa，"Kamakura Daigaku haikō shimatsuki，"*Chūō kōron*，February 1951，转引自 Iida，*Kaisō no Saigusa Hiroto*，148。有关更多镰仓学院的内容，可参见 *Asahi Jaanaru*，October 1969；Takase，*Kamakura Akademia danshō*；以及 Maekawa，*Kamakura Akademia*。

28. Saigusa，"Nishida tetsugaku no konpon mondai，"*Yuibutsuron kenkyū* 18（April 1934）：5‐27. 三枝博音在《唯物论研究》上关于新康德哲学的其他文章包括 "Yuibutsuronsha ha Kanto wo ikani yomuka，" *Yuibutsuron kenkyū* 3（January 1933）：12‐33；"'hihonron' no yuibutsuronteki kiso，"*Yuibutsuron kenkyū*（June 1933）：21‐34；以及 "Nihon ni okeru ishoku kannenron no tokushoku，"*Yuibutsuron kenkyū* 11（Septem-

ber 1933)：5 – 25。

29. Saigusa，"Fujikawa Yū sensei nit tsuite—botsugo nijūichi nen kin-en,"出自 *Saigusa Hiroto chosakushū*，4：342.

30. 最后一次可考的三枝博音参与唯研研究小组的记录是 1937 年 2 月 6 日，他发表了关于日本历史上自然概念的演讲。这一演讲吸引了 15 人，出席人数比任何其他研究小组都多。参见 "Kagaku kenkyūkai hōkoku,"*Yuibutsuron kenkyū* 53（March 1937）：174 – 75。

31. Saigusa，"Nihon shisōka sai,"*Tokyo Asahi shinbun*，March 18，1937，14.

32. 同上切腹自杀是一种仪式式自杀。"Wabi"（侘）和 "yūgen"（幽玄）被日本人和西方人广泛认为是日本美学的代表。侘常与寂（sabi）一起使用；侘寂是源自佛教对无常的主张的一个概念。幽玄指的是可见事物背后的美；例如，它经常被用来形容能剧的深度和美感。

33. Saigusa，*Nihon no shisō bunka*，1 – 15.

34. 同上，8：260 – 64。

35. 同上，408。

36. 同上，133。

37. 由于三浦梅园的非主流地位，丸山在他 1952 年的著名著作中将梅园排除在德川儒学的讨论之外。参见 Maruyama，*Studies in the Intellectual History of Tokugawa Japan*，178。罗斯玛丽·默瑟（Rosemary Mercer）反对这种对梅园的描述。参见 Mercer，"Picturing the Universe," *Philosophy East and West* 48，no. 3（July 1998）：478 – 503。

38. 最早的关于梅园的作品包括：Nishimura，"*Miura Baien*"；Tsuchiya，"*Miura Baien no gengaku*"；以及 Oyanagi，"*Miura Baien*." 第一部三浦梅园的作品集是 *Baien zenshū*，出版于 1912 年。三枝博音的著作是第一部专门研究梅园的长篇著作。

39. "玄"这个字很难翻译成英文，这里我的翻译基于三枝博音对这个字的理解；他把"gen"（玄）解释为黑格尔的"理念"（Idee），即"完全实现的真理"或"宇宙的自我"。参见 Saigusa，*Baien tetsugaku nyūmon*，214。其他人，比如墨瑟，在"Picturing the Universe"中，将梅园的"玄语"这一书名翻译为"深言"（Deep Words）。

40. 这两本著作被收入《三枝博音著作集》第五卷（*Saigusa Hiroto*

chosakushū）。以下参考文献，除非另有说明，标注页码均为《三枝博音著作集》中的页码。

41. 三枝博音在很多地方都介绍了梅园的"条理"概念。关于梅园对"条理"的双重用法，可参见 Saigusa, *Baien tetsugaku nyūmon*，174。

42. 同上，206。

43. Miki, *Gendai tetsugaku jiten*，395，s. v. "Nippon shugi"（Saigusa）。

44. 同上，394，s. v. "Nippon seishin"（Saigusa）。

45. Saigusa, *Baien tetsugaku nyūmon*，219. 这段引文是题为 "Baien no riko no tetsugaku" 一章的一部分。这篇文章最初刊登于《中央公论》1938 年 6 月刊，再版于三枝博音的《日本的知性与技术》一书（*Nihon no chisei to gijutsu*）（Tokyo：Daiichi Shobō，1939），属于该书"梅园的精神论"（Miura Baien no seishinron）这一部分之下。第二次再版于"梅园哲学入门"（*Baien tetsugaku nyūmon*）。

46. Saigusa, *Baien tetsugaku nyūmon*，222.

47. 同上，224。

48. 最初的计划是出版"十二卷，加上索引、参考文献和编年表的增补卷。但是，随着研究的进行，我们计划再增加两卷，也就是 15 卷、15 册书"。尽管准备了更多的手稿，但最终在 1942 年至 1949 年间只出版了 10 卷。Saigusa, "Nihon kagaku koten zensho no hensan nii tsuite," in *Nihon kagaku koten zensho*，1：3.

49. 这些德川时期的儒学家后来在三枝博音 1956 年的著作中被分析为日本的唯物主义者。其中包括贝原益轩、荻生徂徕、太宰春台（Dazai Shuntai）、富永仲基（Tominaga Chūki）、三浦梅园、皆川淇园（Minakawa Kien）、镰田柳泓（Kamada Ryūō）、山片蟠桃（Yamagata Bantō），以及安藤昌益。

50. 其中第 8 卷、13 卷、14 卷和 15 卷在 1945 年后出版。

51. Saigusa, *Nihon kagaku koten zensho*，1：1 - 2.

52. 随着 1954 年到 1973 年之间 28 卷的《明治前日本科学史》的出版，该项目宣告完成。有关战后对这个项目的简要介绍，参见 Ogata, "Fukkokuban no kankō ni attatte," i - iii.

53. 关于唯研的战略解散和逮捕，参见 *Yuibutsuronkenkyū fukkoku-*

ban geppō，nos. 17，18。

54. 昭和研究会还有其他三个部门：政治部门、经济部门、世界部门。1940 年 11 月，许多核心成员迁往大政翼赞会，昭和研究会就此解散。关于昭和研究会的意识形态，参见 Ishida，*Nihon no shakaikagaku*，136 - 48。有关内部人士的记录，参见 Sakai，*Shōwa kenkyūkai*；其中三枝博音的活动在 154 - 57 页。有关三木清的战时作品分析，参见 Iwasaki，"Desire for a Poetic Metasubject，" 159 - 80；以及 Harootunian，"History's Actuality." 出自 *Overcome by Modernity*，358 - 414。

55. 这篇报告在 1940 年以《新日本的思想原理》（*Shinnihon no shisō genri*）为题，由昭和研究会发表。参见 Sakai，*Shōwa kenkyūkai*，157。

56. Saigusa，"Tōa Kyōdōtai no ronri，" *Chūō kōron* 616（January 1939）: 118.

57. Saigusa，*Bunka no kiki*，in *Saigusa Hiroto chosakushū*，7: 17 - 21（originally published in 1933）.

58. Saigusa，"Hensha no kotoba，" 2.

59. 同上，16。

60. Saigusa，*Nihon no chisei to gijutsu*，出自 *Saigusa Hiroto chosakushū*，10: 291。

61. 同上，294。

62. Saigusa，"Shin yuibutsuron no tachiba，" *Yuibutsuron kenkyū* 1（1932）: 8 - 27. 也可参见 Saigusa，"Shizen ni tsuite，" *Osaka gakuhō*（July 1933），收录于 *Saigusa Hiroto chosakushū*，1: 397。

63. Saigusa，"Nihon kagaku bunmei shisōshi，" *Nihon hyōron*，2600th year specialed.（January 1940）: 271. 1940 年是日本人认为的皇纪两千六百年纪念年。

64. *Natural Making and Human Disclosure*（自然创造和人类揭示）是我对于"天工开物"的翻译。有关中国百科知识的学术研究，可参见 Sung，*Chinese Technology in the Seventeenth Century*。

65. 有关这场论争的详细研究，参见 Nakamura Seiji，*Shinhan gijutsu ronsōshi*。

66. Saigusa，"Gijutsugaku no gurentsugebiito，" 89.

67. Saigusa，*Gijutsu no shisō*，119.

68. Saigusa, *Nihon no gijutsu to chisei*, 10：404.

69. Kamatani, "Saigusa Hiroto to gijutsu no kenkyū—tokuni 1937 - 1945 senjiki ni okeru," *Kagakushi kenkyū*, no. 75 （July - September 1965）：101 - 13.

70. Sakamoto, "Saigusa Hiroto shi no gijutsushi hōron," *Kagakushi kenkyū*, no. 74 （April - June 1965）：59 - 71.

71. Ōmori, "Saigusa Hiroto no Nihon kagaku gijutsushi kenkyū," *Kagakushikenkyū*, no. 74 （April - June 1965）：49 - 58.

72. Nakayama, "History of Science," 10.

73. 该俱乐部于 1936 年成立，最初有 180 名成员。据创刊号编辑介绍，《科学》杂志的目标是"将其作为一本综合杂志来发展，并完全由科学家来发展，这也是本杂志的独特性所在"。此外它的目的还在于"做一本既能丰富大众生活又能让专家留在办公室的科学杂志"，并且"探索和普及科学精神"的杂志。Nagata Tsuneo, "Henshū kōki," *Kagaku Pen* 1，no. 1 （October 1936）：132.

74. Yoshioka, "Nihon sūgakushi," Kagaku Pen 5，no. 1 （January 1940）：28 - 36, esp. 30 - 32.

75. Haga, "Nihon minzoku to kagaku," *Kagaku Pen* 5，no. 1 （January 1940）：73.

76. 同上，80。

77. Kamo, "Nihon kagaku shisō chōshi," *Kagaku Pen* 5，no. 1 （January 1940）：81 - 88.

78. 同上，85。

79. Nitto, "Gendai Nihon igakuron：Kinsei Nihon igakushi josetsu," *Kagaku Pen* 5，no. 1 （January 1940）：89. 日户修—以其战时反对隔离麻风病人的研究而闻名。

80. Ogura, *Senjika no sūgaku*, 120.

81. 同上，112。

82. 同上，2。

83. 同上，89 - 94。早在 20 世纪 30 年代初，小仓金之助的思想中就已经出现了社会需求和军事需求的混淆。例如，在他 1933 年关于明治早期的文章中，小仓把海军数学家荒川重平 （Arakawa Shigehira） 和中川将行（Nakagawa Masayuki）描绘成东京帝国大学官僚数学家的反面，因为他们比任何人都要早地提倡实用数学、数学术语的系统翻译，以及横写（与传统的竖写相反）。在这一分析中，应用数学的概念模糊了社会需求和军队需求之间的区别。

84. Ogura, "Gen jikyokuka ni okeru kagakusha no sekimu," *Chūō kōron*, April 1941（收录于 Ogura, *Senjika no sūgaku*）。小仓金之助在战后如是哀叹自己的战时作品："我们是懦夫，没有坚定的独立思考，向权力做出了屈服。" Ogura, "Ware kagakusha taru o hazu," *Kaizō*, January 1953，出自 *NKGT*, 6：462–65。

85. Nakayama, "History of Science," 10.

第三部分

通俗科学

第六章 "惊奇"的动员

在两次世界大战之间以及第二次世界大战期间的日本，大多数对学习科学有兴趣的日本人都不是读马克思主义的《唯物论研究》，也不阅读技术官僚的著作。对于那些没有受过哲学和理论训练的读者来说，唯研马克思主义者的著作难度太高了。技术官僚也同样不是为了大众消费而写作的。在两战之间和二战期间的日本，普通读者所消费的科学是诸如《科学画报》(kagaku gahō)、《儿童科学》(Kodomo no kagaku) 等所谓的"通俗科学杂志".[1]在第一次世界大战的战中和战后，随着科学技术的推广，以及印刷大众媒体在大正日本的迅猛发展，科普杂志这一类型于 20 世纪 20 年代初出现。与《少年俱乐部》①(Shōnen kurabu) 和《国王》(Kingu) 等同样于 20 世纪 20 年代开始出版的广受欢迎的杂志一起，通俗科学杂志在两次世界大战之间的日本大众消费文化中占据了较小但仍然重要的空间。这些杂志不仅在日本本土流通，而且还在整个日本帝国——日本、朝鲜和中国流通。到 1940 年，它们甚至成为政府的推荐杂志，军方开始利用这些先锋杂志的技术来出版杂志。

----

① 此时日语中的"少年"更多指年轻的男性，《少年俱乐部》也是主要以男孩为目标对象的杂志。——译者注

　　本章以《科学画报》和《儿童科学》为中心，介绍了 20 世纪 20 年代至 40 年代中期日本的通俗科学文化。由于种种原因，科普杂志成为科学策论的重要阵地。通俗杂志对科学的表述不同于唯研成员和技术官僚对于科学的表述；它与科学的阶级性质或工程师的地位无关。杂志书页中的科学是一种充满了惊奇感觉的商品——惊奇，在日语中主要表述为"kyōi"（驚異）一词，编辑们认为这对于学习科学的渴望而言是一个必要条件。大量令人惊叹的自然和科学事业的照片和插图被用来向读者传达惊奇的感觉。此外，观察、实验和标本收集等行为也被加以强调。

　　通俗科学杂志的出版是大正自由教育运动的一部分，对文部省建立的科学课程至关重要。正如我们在第三章中看到的，像小仓金之助这样的自由教育改革者要求学校的科学教育要更好地激发孩子们的好奇心，并使用视觉和其他辅助手段来促进他们的学习过程，而不是专注于教科书的记忆。

　　但是，正如唯研成员户坂润所预测的那样，通俗科学文化的自由主义很容易被战时国家所采纳。惊奇世界（the world of wonders）被用来给读者提供关于武器和战争的兴奋。基于 1941 年的《国民学校令》重大理科课程改革表明，这个"惊奇"的世界被有效地动员起来，以创造出理想的帝国臣民——科学和技术能力强，同时对天皇和国家忠诚的臣民。

包装惊奇与奇观

在战前的日本，最受欢迎的通俗科学杂志是《科学画报》，它是《儿童科学》和《科学知识》（*Kagaku chishiki*）的兄弟杂志。原田三夫（Harada Mitsuo）参与了这三本杂志的创作。原田曾在北海道帝国大学学习农业科学，并在东京帝国大学获得植物学博士学位。据其自传显示，他在东京学到的遗传学和胚胎学给了他很大的启发，使他想要"向人们解释大自然的惊奇（kyōi）、神秘（shīnpī）和不可思议（fushgi），使他们感到惊讶，满足他们的求知欲"。[2] 在 20 世纪 10 年代，原田为这个目标发起了几项创新项目——出版了一本面向年轻读者的科学杂志，并且还制作了教育科学电影——但他所有的尝试均以失败告终。对于这些具有创新性的、雄心勃勃的目标，他并不是一个最精心的计划者。不过，最大的障碍在于，没有一个欣赏原田开创通俗科学教育类型的资金支持者。[3]

第一次世界大战给原田三夫带来了新的机会。因为国家对 [144] 科学和技术的推动激发了"自由教育改革运动"，出版商们终于对为大众制作科学杂志和书籍的想法产生了兴趣。诚文堂（Seibundō），一家总部设于东京的专门出版教育材料的出版社，于 1920 年成功推出了原田三夫儿童科学周边故事系列《孩子们想听的故事》。[4] 当科学知识普及会邀请原田三夫担任他们计划推出的杂志《科学知识》的编辑时，原田立即接受了邀请，并为实现自己梦想的巨大机会和前景感到高兴。广泛地在报纸上刊登了整版广告，《科学知识》的第一期（1921 年 7 月）销量喜人。出版发行的第一天，原田就站在银座附近的一家书店外，很高兴地看到这本杂志当天至少卖出了 50 本。[5] 但是，原田参与《科学知识》工作的时间很短暂。在创刊号发行后，一场内部冲突迫使他离开了编辑职位。两年后，他创办了自己的杂志《科学画报》，其后一年，又创办了《儿童科学》。《科学知识》针对的是受过教育的大众，《科学画报》和《儿童科学》则针对的是受教育程度较低和较年轻的读者：《科学画报》的读者年龄在 18 岁、19 岁或更年长的范围，而《儿童科学》的读者年龄在 10 岁至 15—17 岁这个范围内。[6] 与《科学知识》相比，这两本杂志使用了更简单的语言，大多数汉字旁边都标注着读音，还使用了大量的图片和插图解释。

这三家杂志都将科学展现为读者可以也应该通过它们的页面获得的各种知识。不同于马克思主义的科学观，这些通俗科学杂志中的科学与阶级分析或任何对科学及其政治和经济背景的批判性考察无关。相反，这些杂志以"海洋科学"和"地震科学"等形式提供快速而简单的知识。1923 年的关东大地震实际上极大地增加了像《地震科学》这样的杂志和书籍的销量，这些杂志和书籍推销的是关于地震的简化而最新的知识。[7] 对于通俗科学的推动者来说，科普就是传播最基本、最新的科学知识。像原田三夫这样的科学推动者把科学包装起来，加上彩色的封面，让大众能够消费。

原田三夫认为，科学需要用简单而形象的方式来进行解释和展示，以便其普及。由于科学家和学者们倾向于使用的语言对于普通读者来说甚为难解，所以原田三夫根据《科学美国》(*Scientific American*)、《大众力学》(*Popular Mechanics*)、《科学等与生活》(*Science et vie*) 等国内外科学杂志上的学者采访、学术著作和报道，亲自撰写文章。杂志之中还包含了涉及各学科的 145 照片及插画，以方便读者对材料的理解。

仅仅是简单的语言和插图还不足以普及科学。原田三夫认为，人们还需要对科学感到兴奋。原田三夫编辑工作的创新之处恰恰在于让读者对把科学作为知识来获取这件事产生兴趣。原田用"惊奇感"作为通向科学的大门，而《科学画报》的使命就是帮助读者看到和感受大自然的奇妙。"大自然充满了美丽和奇迹……这个充满美丽和惊奇的世界是只有追求科学的人才能享受到的。"[8]对于原田来说，在学习科学的过程中最重要的是惊奇感，但这在日本的学校教育中却被忽视了。他在第一期的《科学画报》上解释说，西方社会之所以能取得进步，是因为许多西方人在追求自然界丰富多彩的奇观方面，会将眼界拓展得尽可能大。相反，日本小学和中学的科学教育只是对书本的死记硬背，这让学生感到厌烦。"想象一下吧，"原田呼唤道，"亲身去看看东京会有多么有趣，而只看旅游指南又会有多么无聊。"[9]原田三夫宣称，《科学画报》"将引导你进入大自然奇观的内在殿堂"。[10]该杂志将科学介绍为有趣而精彩的东西，以培养读者对更深奥的科学知识的兴趣。[11]原田三夫很快就离开了《科学画报》的编辑职位，但继任的编辑冈部长节（Okabe

Nagasetsu）继续强调了同一个重点。"科学家,"冈部解释说,"是那些追寻惊奇感的根源,寻求发现原因和规律的人".[12]这种对"惊奇"的兴奋被大胆地表现在杂志的很多期特刊的标题当中,像是"海的惊奇,山的惊奇","身体的惊奇",以及"精神现象的惊奇"等。[13]

　　这种惊奇感也是《儿童科学》的核心概念。《儿童科学》第 1 期（1924 年 10 月）的封面是一幅漂亮的插画,画上是一轮月亮,下面有一个眼神中充满梦幻的男孩。这本杂志的首期宣告了自己的任务,即"在天堂和地球之间有一些令人惊讶的、奇妙的和有趣的东西。只有学者了解这些,但他们太忙于自己的研究,没有告诉你所有的事……本杂志的工作之一就是通过挑选男孩和女孩会特别喜欢的东西来向你介绍这个世界".[14]在这份声明中,原田三夫还明确表示,杂志的最终目的是教育:让读者明白"科学是对自然规律的阐明。许多人所认为的科学只是真正科学的应用。通过了解规律,人类可以顺应自然,过上轻松和幸福的生活;而通过应用科学,我们可以推动我们的社会走向更高的文明。"[15]《儿童画报》不像学校里的科学,强迫孩子们记住自然法则,而是旨在激发孩子们对自然的惊奇感。[16]

146

　　根据原田三夫的说法,只有走进大自然,看到大自然,才能感受到这种"惊奇感"。正如原田所说:"那些不懂自然科学的人就是那些只看西洋镜前招牌的人。科学家们真的会走进去,看到里面有趣的东西。"[17]原田三夫将科学和西洋镜这两个事物牵扯到一起,这并不像看起来的那么牵强。卢德米拉·乔丹诺娃(Ludmilla Jordanova)在她对 18—20 世纪科学文化的女性主义分析中表明,"观看"(looking)和"揭示"(unveiling)是欧洲男性科学家探索自然的核心主旨和隐喻。[18]在日本,像棚桥源太郎(Tanahashi Gentarō)这样的科学教育改革家也强调了视觉对于科学知识学习的重要性,他特别注意视觉娱乐,在 20 世纪 10 年代末和 20 世纪 20 年代初,设计了许多科学展览。[19]《科学画报》和《儿童科学》则是将"观看"和惊奇感紧密联系在一起的名为"科学"的西洋镜的入口。

读者在这些杂志上都看到了什么?杂志都独特地以"非凡"照片的画报版面作为开始,这些照片有,宇宙中刚刚诞生的一颗恒星,纽约摩天大楼全景的两页图中飞行的一架大飞机,以及非洲野生动物。[20]在《儿童科学》中,除了照片外,还附有两页折叠式彩色插图,展示了各种机器的工作原理和生物的多样性。许多照片和插图显然是从外国杂志上摘取的,为了不让读者对文字感到厌烦,整个杂志从头到尾都插入了这些照片和插图。收音机、动物、城市建筑、植物、飞艇、星星和船只等各种事物的图像都是相当随意地组合在一起的。在开篇的图片部分的几页之后是文章部分,这部分的主题和图片中呈现的物体一样范围广泛:从如何制作收音机到如何理解性欲,从飞机的力学原理到人类消化系统的工作原理,从天文学的最新消息到最佳徒步旅行路线。[21]科学、技术和自然的图像和主题的并置是随机的,这反映了原田三夫对科学的定义,即科学意味着为了更高的文明而对自然规律的阐明和对这些规律的应用。杂志页面展示了大自然的奇迹和自然规律，以及将这些规律应用于技术的奇妙成果。

在这些流行杂志中，各种材料、人物、主题的并置可以与世界博览会和百货商店相媲美。吉见俊哉在对世界博览会和日本博览会的研究中提出了从 19 世纪的世界博览会到 20 世纪初诞生的百货商店之间的传承。他认为，百货商店提供了一种从博览会继承而来的体验，就是"观看"："'看'（seeing），也就是一种通过注视、四处走动、比较产品、发现其中的'新奇'并享受的体验。"[22]这种"看"的体验似乎也被科普杂志继承了下来。相似之处是显而易见的：观者可以看到来自世界各地的各种材料，全集中在一个地方；可以悠闲地享受浏览；并通过观看、阅读或购买的方式来消费它们。[23]此外，尽管日本的科学杂志并没有以图解的方式呈现文明的种族等级，这些文明等级实际上构成了世界博览会（如芝加哥博览会，1893 年）和日本的博览会（如东京大正展览，1914 年），[24]尽管如此，他们还是把西方人描绘成科学的实践者，把非西方的"异域"民族描绘成为自然世界的一部分。在非洲和南太平洋这样的"异域"地方，看到不同民族的陌生习俗和外表，会产生一种惊奇感。这些民族从来没有作为科学的实践者或技术的发明者出现过。它们就像奇异的花朵和动物一样，是惊人地有趣的自然秩序的一部分。[25]

吉见俊哉将这方面的视觉娱乐称为"戏法"（misemono）表

演。他从资本主义、帝国主义以及诸如西洋镜、奇怪表演等戏法这三个角度来看待世界博览会和日本博览会。"Misemono"是一个日语术语，指的是"街头展示和表演"，吉见俊哉用它来指代日本展会当中大众娱乐的那一方面，这种娱乐从 1910年代开始越来越凸显；例如，1922 年的和平纪念东京博览会，就以"阿拉伯馆飞翔的美女"和"十字架上燃烧的圣女贞德"等花样博得了大众的喜爱。[26]《科学画报》和《儿童科学》也正是在这种"戏法"式大众娱乐、资本主义以及帝国主义的交汇处诞生的。为了吸引读者进入被称为自然奇迹的"西洋镜"，通俗科学杂志提供了关于自然、异域人民和科技企业的非凡图像的"戏法"娱乐。杂志中探索的惊奇世界不可能存在于大正消费文化之外。在大正消费文化之中，大众娱乐和大众传媒围绕着城市中心的白领和工人阶级建立起来。最后，它采用了西方帝国主义的种族等级制度。而且，正如我将在下一节中要讨论的，日本的科普文化是日本帝国主义的一部分。

换句话说，这些科普杂志代表了日本马克思主义者所定义的那种资产阶级自由主义的科学。我们可以回顾一下马克思主义历史学家、数学家小仓金之助对科学史展览的批判。就像东京科学博物馆的江户科学展览一样，这些杂志在展示科学时，没有提及其产生的社会和经济条件。值得注意的例外是，在 20世纪 30 年代的头两年，《科学画报》有几篇文章讨论了阶级；《儿童科学》中刊登了一则虚构故事，讲述了一个贫穷的[148]男孩为了改善辛苦劳作的母亲的健康状况，立志成为一名研究维生素的生物学家。[27]除了这些例外，杂志上也没有提到阶级、无产阶级科学或马克思主义，即使在 20 世纪 20 年代末和 30 年代初，马克思主义影响了日本的大量知识分子的时候。

然而，大众科学也有自己的反主流的策论。首先，它非常明确地支持非学术学者。这些杂志断言，这种做法可以保证科学不是也不应该是学术科学家的专属。[28] 1926 年，一位非学术昆虫学家，名和靖（Nawa Yasushi）去世时，《科学画报》刊登了一篇很长的讣告，因为这位学者在昆虫爱好者中很有名。名和靖发现了一种新的蝴蝶物种，并率先为农民开展昆虫教育，但为了维持他的研究和他的私人昆虫博物馆的运营，他面临着持续的经济困难。讣告中称："这个国家的历史真正属于那些不会被记录在历史中的普通人。同样，这个国家科学文化的真正进步，也只能用那些不知名的专家在远离东京的群山之间为他们的研究所付出的辛劳来衡量。"在预算和设施上依赖政府是一种奴隶心态，冈部长节带着怒意写道："哪怕有富人为了庆祝自己的 88 岁生日，愚蠢地花钱请女演员跳裸体舞蹈，都没有一个企业家愿意建立一个昆虫博物馆……我们怎么能期待这个国家的未来呢？"[29]《科学画报》还花费很多功夫介绍了诸如植物学家牧野富太郎（Makino Tomitarō）以及海洋生物学家青木熊吉（Aoki Kumakichi）等非学术性的科学家。[30]事实上，原田不得不离开《科学画报》编辑的位置正是因为他严厉批评了那些对科普没有兴趣的学术科学家。

从该杂志对学术科学所建立的边界的侵犯中也可以看出它

的反主流立场。杂志内容涵盖了诸如心灵科学之类的话题，所谓"心灵科学"就是对灵魂和鬼魂的研究，这在 20 世纪 20 年代是被学术学者认定的伪科学。[31] 比如说，在 1923 年出版的《科学画报》上，人们可以阅读到一系列介绍人和动物之间发生性行为的民间故事的文章，并了解催眠。[32] 该杂志还赞助了一项"心灵科学实验"，这是 1926 年 2 月与一位唯心主义者进行的一项公开实验，并且发表了一份关于实验过程中所发生事情的详细报告。[33] 1927 年 10 月号的《心灵现象的惊奇》，涉及了精神、心理和心理学的全部范围；1929 年 7 月号的《心灵问题圆桌讨论会》用了将近 10 页的篇幅，邀请了心灵科学的专家、科学家和一个名为粕川幸子①（Kasukawa Sachiko）的灵媒。[34] 虽然这些文章和特集的主旨是科学地分析所谓的精神（心灵）现象，这样人们就不会被愚弄，尽管如此，这些杂志还是把这一主题视为被称为科学的知识体系的一部分。[35]

不可否认的是，作为杂志营销的一种方式，编辑们利用这些话题来激发消费者的哗众取巧的求知欲。在这一点上，通俗科学杂志的页面上的惊奇感，在看到不寻常事物的好奇心和了解不熟悉事物的欲望之间起到了中介作用。

在原田三夫看来，通过普及科学来传播科学知识对国家的进步至关重要。他在第一期《科学画报》上发表的一篇宣言中清楚地阐述了这一点："在日本，没有多少人（国民）真正知道

① Kasukawa Sachiko，音译。——译者注

科学是什么。他们误解科学，而且……对科学的进步漠不关心。然而，没有科学的进步，文明的进步就没有希望……我是一个爱着日本的真正的日本人。这恰是我批评日本的原因。我要推进我们国家的科学文明，把我们国家建设成为第一流的国家。"³⁶虽然在这篇文章里原田三夫强调自己是日本人，但他和作田庄一以及桥田邦彦这些日本主义者是不一样的，因为他从未设想过一种独特的日本认识论。相反，对原田来说，科学意味着一个普遍的知识体系，而普通民众对科学知识的理解程度有多高，则是衡量一个民族文明进步的普遍标准。

为建立民族科学文化，杂志宣传的不仅仅是惊奇感和"看"的感觉。对原田三夫的杂志而言，进行科学活动与惊奇感和"看"是一样重要的。在下一节中，我们将考察读者们"做了"什么而不是他们"看了"什么，也就是说，进入20世纪30年代，读者通过《儿童科学》杂志参与到了日本帝国的大众科学文化建设之中。

现代皇帝和他的科学臣民

除了精美的封面和令人兴奋的照片，《科学画报》和《儿童科学》最为吸引读者的是它们的无线电制作指导。20世纪20年代初，当这些杂志的第一期问世时，日本人已经对美国的无线电热潮有所耳闻。1920年，第一个广播电台在美国开办。而日本则一直在热切地等待有关这项新技术的信息。两家杂志

都刊登了一系列"如何制作收音机"的文章，解释说只要 50
钱，"连小孩也能制作收音机"。①有兴趣的读者通过出版商以及
与国外的业余无线电爱好者交流，喜欢用编辑原田三夫卖的材 *150*
料在家自制收音机，这种自制收音机甚至早于 1925 年日本第
一次广播。37

　　虽然"如何制作收音机"的文章在 1924 年底就已经停止
刊登了，但当政府制定法律禁止私人收音机以调节电波时，对
"做科学"的强调继续在杂志上出现，尤其是在《儿童科学》
杂志上。杂志举办的模型制作大赛就是一个很好的例子。这项
比赛于 1927 年首次举办，持续到 20 世纪 40 年代初。《儿童科
学》的青少年读者送来了他们制作的飞机、轮船和建筑物模
型；评委们选出的获奖模型不仅在东京市中心的三越百货商店
展出，还登上了杂志的封面。这本杂志鼓励模型制作，是因为
它涉及创造力，这与通常认为模型制作只是对原作的复制的那
种假设正相反。事实上，在《儿童科学》和《科学画报》中，
创造力都得到了高度的推广，这些杂志每期都有几页的篇幅刊
登"发明咨询室"，在这个版块里，咨询师——原田三夫，以
及后来的专利专家——回答了有关专利法和专利程序的问题。
在《儿童科学》中，"做科学"也通过"科学实验报告"版块得
以被鼓励，这是一个展示不同学校如何在课堂上进行实验的连
载部分。通过这些活动和书页，这本杂志确保人们可以通过观

---

① 明治时期至昭和时期的日本货币单位。1871 年日本颁布《新货条例》，引入元、钱、
　厘的货币单位。十厘合一钱，一百钱合一日元。——译者注

察和实践两种方式来获得充满惊奇的科学知识。[38]

　　《儿童科学》的读者不仅喜欢参加杂志为他们举办的模型制作和发明竞赛；他们还在日本帝国内部形成了自己的科学研究圈子，并建立了自己的网络。但首先，我要介绍这个帝国的首领——天皇，然后再介绍他年轻的科学臣民。

　　从东京科学馆开馆的一段插曲可以看出，科学文化是如何在帝国主义的框架下立足的，还有皇室又是如何呈现在公众面前的。20 世纪 20 年代，正值《儿童科学》等科普杂志开始娱乐读者、普及科学之时，日本国会也启动了建立日本第一个国家科学博物馆的计划。尽管建立科学博物馆的需求以前就存在，但经历了第一次世界大战后，日本国会才开始认真对待这一需求。作为促进国内科学技术生产的一部分，1920 年国会批准了一项建立博物馆的提议，以促进公共科学教育；十年后，东京科学博物馆最终于 1931 年在上野公园开放。

　　11 月 3 日，东京科学博物馆开馆日，天皇夫妇正式参观了博物馆，庆祝其开馆。日本和欧洲的报纸都用照片报道了这一事件，在诸如“现代日本——裕仁天皇莅临翻新的东京科学馆
151 博物馆”的标题下，强调了天皇的现代和科学的形象。[39]法国报纸《画报》（*L'illustration*）采用的标题是《现代视野中的传奇皇帝》（*Vision moderne d'un empereur de legende*）：“看看皇帝的态度……他的注意力不像一个指挥官那样集中。这显示出了皇帝本人是博物学、微生物学和化学方面的专家。”[40]这位昭和天皇确实是一位自然科学家，对海洋无脊椎动物有着特殊的兴趣。

虽然政府精心挑选并分发给大众媒体的照片建立起了裕仁天皇
最广为人知的形象——日本帝国军队最高指挥官，但天皇作为
科学之友的形象也通过照片和文章广为传播，就像上面描述的
那样。[41] 1932 年，天皇为成立"日本学术振兴会"捐赠了 15 亿
日元，这也给他树立了积极倡导科学的形象。

在科普杂志上，天皇的家人也以科学的支持者和实践者的
身份出现。《科学画报》1923 年 9 月刊的第一页刊登了裕仁皇
太子和他的兄弟秩父宫雍仁亲王当时登山的故事，并解释说，
他们的旅行不仅仅是徒步旅行，也是对自然的科学观察。同一
期杂志还刊登了一张占据了两页的阿斯特拉·托雷斯号（Astra
Toress）的照片——这是日本海军购买的最大的飞艇，并告诉
读者，裕仁太子的远房表亲山阶宫武彦王将这张照片寄给
了《科学画报》杂志社，"以倡导鼓励科学"。山阶宫武彦王以
"飞机王子"闻名，他甚至还邀请了原田三夫和另一位《科学
知识》杂志的记者到他家。在那里，武彦王放映了一部关于飞
机的德国电影（这在其他地方是没有的），以及另一部他自己
制作的关于日本海军飞艇 SS3 的电影。[42]像这样的事件肯定是政
府精心策划并下令公开的。政府利用科普媒体塑造了皇室作为
科学开明赞助者的形象。反过来，科普杂志也利用这些图片来
提升它们在大众媒体中的地位。

如果你是《儿童科学》的 14 岁读者，你可能不会在杂志
上看到天皇，因为《儿童科学》没有刊登与天皇家庭有关的文
章或照片。但你会在杂志上了解到东京科学博物馆开幕的消

息，可能还会和你的父母一起参观它在 11 月 3 日举办的一周年展览——"江户科学"，成为超过 1.3 万的参观人数中的一个。11 月 3 日，这一天被定为"博物馆奠基日"，以纪念天皇夫妇一年前参观博物馆开幕。[43] 全国庆祝的 11 月 3 日为明治纪念日（明治天皇的生日），是每年博物馆指定的免费入场日。你可能会在第二年回到博物馆去看 1933 年的两周年展览——电子通信演示博览会，1.5 万名参观者欣赏了由日本工程师发明的电视机，还观看了两部电影：《"满洲国"概况》和《一部电影历史：美国的形成》。由于描绘美国建国的英雄形象的电影是和东北的电影一起上映的，你可能会认为东北的建立和美国的建立一样英勇壮阔、势不可当。[44]

你不仅会在电影中看到东北，还可能会与你在《儿童科学》的读者区认识的东北朋友通信。《儿童科学》先后以"读者来信"和"聊天室"为标题的读者版块，实际上是《儿童科学》区别于其他科普杂志的地方，因为杂志为这一版块提供了大量的空间，而且读者群体的亲密程度也由此发展起来。在每一期的结尾，平均有三到四页的版面，都用来介绍年轻读者们的来信，他们渴望报告他们对这本杂志的兴奋之情以及这本杂志中他们喜欢的部分。20 世纪 20 年代早期的几期杂志收到了许多来信写信人都对第一本专为儿童打造的科学杂志感到激动。"哦，多么棒的一本杂志。多么漂亮的封面！……有了我最喜欢的《儿童科学》杂志，我将非常努力地学习科学。"一位读者写道，许多其他类似的信件中也有如此内容。[45] 读者常常告诉编辑他们是如何开始购买这本杂志的:"我在书店看到过《科学画报》,但它对我来说太难了。去年9月,我发现了《儿童科学》……读了这本书,世界变得更加光明了。"[46]就像这个来自东京的男孩一样,很多人喜欢《儿童科学》是因为他们的父亲和兄长所阅读的《科学画报》对他们而言难度太高了。还有很多信件告诉编辑他们从哪家杂志转投了忠心:"我以前订阅《日本少年》(*Nihon shōnen*),但现在我买《儿童科学》了。"事实上,选择一本值得花费他们每月少量零花钱购买的杂志似乎是一个严重到足以破坏友谊的问题。一位来自广岛的忠实读者甚至不再和他的朋友说话,因为他的朋友坚持选择40钱的《少年俱乐部》(*Shōnen kurabu*)而不是50钱的《儿童科学》。[47]由于经常有很多年轻读者访问这个专栏,编辑不得不在1925年4月的那期杂志上宣布,长的信件、不是用明信片写的信,或者没有回信地址的信将不再被收录在内。[48]

《儿童科学》的读者社群是个人的,跨越了性别界限,遍及整个帝国。读者们不仅介绍了自己,还介绍了加入社群的朋友们。这些信件,可能会附上照片,通常会附上名字,甚至新读者的地址。"我要介绍我的朋友宫馆四郎①(Miyadate Shirō) 先生。我们的朋友若居五郎②(Wakai Gorō)先生说他也会买这本杂志。""你猜怎么着。我们要新添一个读者啦。明田川荣

① Miyadate Shirō,音译。——译者注
② Wakai Gorō,音译。——译者注

作①（Akitagawa Eisaku）君，住在下涉谷 1768。"⁴⁹到了 1930 年，读者们开始相互通信——许多人写信要求相互通信，许多年轻人似乎已经作出了回应。例如，群马县的一个男孩在 1935 年将自己的信息公布后，收到了 80 封信。⁵⁰如果没有收到笔友的回信，他们就会发布这样的信息："山口县的吉道②（Yoshimichi）君，你收到我的明信片了吗？请给我回信。"⁵¹ "读者来信"部分是一个亲密的私人空间，读者不仅可以与编辑沟通，还能与其他读者成为朋友。

虽然写信的大多是男孩，但女孩也是这个亲密社群的一部分。1925 年，一位读者建议将《儿童科学》的标题改为《男孩科学》（Boys' Science），因为普通读者年龄太大了，不应该被称为"儿童"。一位女孩立即作出回应，认为"我认为它应该保留'儿童'这个字眼，因为女孩也读这本杂志"。她要求："实话说，请在封面上交替画上男孩和女孩。"另一个女孩也要求在封面插图中出现女孩。⁵²她们没有失望：从 1925 年 4 月起，大多数月份的封面上都同时出现了男孩和女孩。有时封面上只有女孩，比如 1927 年 2 月的那期，两个女孩——更确切地说是两个年轻女人——在雪山中狩猎。然而，并不是所有的请求都得到了答复：一个女孩要求编辑写一些与家政有关的科学，但编辑似乎没有听到她的声音。⁵³整个 20 世纪 30 年代和 20 世纪 40

---

① Akitagawa Eisaku，音译。——译者注
② Yoshimichi，音译。——译者注

年代早期，几乎每一期的读者区都有女孩子的身影。她们中的许多人是姐妹，她们像介绍杂志给她们的兄弟一样喜欢科学；还有从父亲那里得到杂志的女儿们；以及对科学感兴趣的高中生。在她们的信中，她们反复鼓励其他女孩给编辑写信，也鼓励她们互相写信，有时会特别提到她们的名字。[54]一些男孩也为女孩们发出喝彩。[55]

　　这些信件来自帝国各地及其他地方。20世纪30年代，读者网逐渐扩展到中国、朝鲜和美洲（墨西哥和洛杉矶）。有几个月，读者区竟然出现了三到四封来自日本本土以外地区的信件。信件的作者大部分是日本儿童，但也有来自韩国和中国的男孩。[56]比如，新潟的一个男孩向东北的笔友们发信息询问："东北的畑山①（Hatayama）君，最近怎么样?"[57]这并不是一件罕见的事情。在整个帝国范围张开的读者网络并没有显示出日本本土及其殖民地之间的等级差异。我发现只有一封信明确表达了 *154* 对日本的赞赏：一位中国台湾的本土读者对日本殖民政府对他的科学教育表示了深切的感谢，正因为接受了这些教育，他才成为中国台湾某化学研究所的研究员。[58]然而，除了这封信，没有任何日本本土和殖民地之间的中心-边缘关系的迹象。

　　20世纪30年代，随着读者网络向帝国扩张，一种新的活动在读者社群中流行了起来：互相交换自己收藏的昆虫和植物标本、邮票和明信片。读者们很喜欢这个交换机会，尤其是在

---

① Hatayama，音译。——译者注

地理位置偏远的地区，比如中国台湾地区和北海道，因为这将极大地丰富他们收集的昆虫、植物、邮票和描述当地风景的明信片。比如 1933 年 12 月的那期，一个在上海的日本男孩要求交换邮票的信，马上就被岛根县的一个集邮的男孩回应了（尽管这个上海男孩要的是东北的邮票！）。[59] 由于要求交换邮票的读者太多了，1934 年，大阪的一位读者抱怨说，这本杂志被滥用为集邮杂志。而另一位读者马上反驳了这种说法，认为集邮可以是科学研究的一部分。[60] 这种讨论没有进一步深入，整个 20 世纪 30 年代，要求交换各种收藏品的信件一直在继续。

编辑对这样积极的读者表示欢迎，但当读者们开始组织自己的科学小组时，编辑感到尤为开心。在第一期出版后的三个月内，读者们自发组织了科学学习小组，并开始在"读者来信"版块中汇报他们的活动。1925 年 3 月，水户市大约 10 名男孩组织了一个科学少年团，并汇报了他们每周做实验和阅读的集会；一个来自京都的男孩让他所在城市的其他读者响应他，这样他就可以组建一个类似的学习小组。[61] 随后，来自福冈、广岛、茨城县和其他许多地方的信件开始报告他们自己团体的成立和活动。[62] 原田三夫知道后非常激动。"之前就有文学和类似的学习小组。但在《儿童科学》出版之前，科学研究小组从未存在过。"他兴奋地写道。很快，一个单独的"儿童科学小组报告"栏目被设立，与"读者来信"栏目并立。[63] 和"读者来信"版块一样，科学学习小组的网络也随着日本帝国的扩张，扩展到了日本本土以外；比如，编辑收到了来自创立于奉天

（沈阳）的"东北爱好与科学"小组的汇报，还有来自台北的拥有 58 名成员的"男生科学小组"。[64]

正如《儿童科学》的读者网所展示的那样，"惊奇"的世界同时也是科学的帝国世界。这个世界的领袖是天皇，天皇是科学之友。讲座派马克思主义者认为天皇是日本封建主义的残余，但是在科普文化中，天皇象征着现代、进步和科学。《儿童科学》杂志还通过《台湾的矿脉》和《"满洲"发现的矿脉》等文章，向年轻读者介绍了笔友们生活的地方，与此同时，用自然资源的地图和覆盖它的无线电网络来勾勒出帝国的样貌。[65] 但是，随着 20 世纪 30 年代日本军队的扩张，读者在杂志上看到的不再仅仅是矿产、鱼类和无线电。下一节将讨论在科普杂志中对武器的报道以及 20 世纪 30 年代末 40 年代初科幻小说创造的"科学"日本的乌托邦。

"惊奇"与战时科幻小说

20 世纪 20 年代，《科学画报》和《儿童科学》都强调了科学对世界和平做出的贡献。例如，原田三夫在 1927 年 11 月的职责宣言中宣扬和平，强调科学的国际性："真正的科学家都无一例外地热爱和平……科学研究是不分国界的……这本杂志是为科学与和平而存在的。"[66]然而，在 20 世纪 30 年代，人们对新武器和未来战争的幻想越来越多；到 20 世纪 30 年代末，科学与和平之间的联系已经完全从杂志的页面上消失了。

在 20 世纪 30 年代初发生的一个明显的变化是军官以作家的身份出现。《科学画报》杂志上的第一个例子是 1929 年 4 月中的"最新特殊武器"刊，在这篇文章中，军官们作为卷首文章的作者出现，并且参与了讨论未来武器和战争的圆桌会议。海军军官的第一次出现是在 1930 年 5 月号上，身份是卷首文章的作者，这之后也经常出现；1931 年 5 月刊是海军特刊，同年 1 月、6 月刊也专门刊登了与海军有关的内容。"满洲国"成立后，军队形象继续出现；1933 年 3 月号刊登了与四名军官进行的"国家动员圆桌讨论"；1933 年 4 月号的封面上有一个防毒面具，该期杂志中包括一名军官紧急呼吁成立防毒面具协会的内容，以及一名美国将军关于可能发生的太平洋战争的文章的翻译。在《儿童科学》杂志上，军官们也开始以作者的身份出现，从 1930 年 4 月的那期开始，1932 年 2 月刊专门报道了战争相关的话题，所有内容都是由军官撰写完成的。军事相关文章的突然出现和增加，有很大可能是由军方首先发起的。当时海军正在发动一场大规模的反对国会的运动，后者已经于 1930 年 4 月接受了伦敦海军条约。在国内和国际裁军趋势下，唤起民众对武器的热情对海军和陆军都有利害关系。此外，军队出现在流行杂志上是为入侵东北辩护的宣传的一部分。[67]

　　然而，日益好战的内容并不是杂志被强迫刊登的；这是编辑立场、市场价值和读者要求的综合结果。这些杂志对军方的支持在编辑的后记部分表现得很清楚。《儿童科学》的编辑为九一八事变欢呼，向读者解释说"为了正义而战是好的"；《科学画报》的编辑宣布支持日本退出国际联盟。[68]读者也欢迎关于武器和一系列中国北方的军事"事变"的报道。早在 20 世纪 20 年代末,专门报道最新武器的杂志就引起了读者的注意。《科学画报》的 1927 年 4 月刊"武器特辑"打破了销售记录;在 1929 年 1 月发给读者的调查问卷中,许多人要求对武器进行更多的报道。[69] 1929 年 4 月,《科学画报》再次发行"最新武器特刊",随后在整个 20 世纪 30 年代和 40 年代早期也都有类似的特刊。[70]在这些文章中,惊奇感不再来自自然。现在,惊奇感是由"最新科学战争前线的奇迹"这样的标题唤起的。[71]

我们很难在《儿童科学》的读者中发现这种强烈的偏好,因为在 20 世纪 30 年代,他们给编辑的大部分信件仍然是关于交换邮票和信件往来的。但是年幼的青少年会和他们的哥哥姐姐一样在报纸杂志上接触武器,因为《儿童科学》杂志也出版了许多关于最新武器和军队的特刊。[72]一个能反映孩子们对军事技术的兴奋程度的指标是模型制作比赛:1933 年的第四次模型制作大赛从读者那里收到了数量和质量都显著增加的战舰模型,而商业船只和建筑模型在数量和质量上都下降了。[73]

虽然文章和照片以最先进的武器和战舰的"惊奇"吸引了许多读者,但杂志的另一部分以未来的战争和假想出的武器让他们兴奋:科幻小说。自从 20 世纪 20 年代中期以来,科幻小说已经成为《科学画报》和《儿童科学》的一大吸引力,它以侦探、疯狂的科学家和虚构的技术为特色;然而,在 20 世纪 30 年代——尤其是在 20 世纪 30 年代末——40 年代初,用假想武器进行战斗的未来战争成为这些杂志中科幻小说的主要主题。

科幻小说是战时日本文化的重要组成部分。[74] 20 世纪 30 年代末 40 年代初，海野十三（Unno Jūza）、平田晋策（Hirata Shinsaku），以及山中峰太郎（Yamanaka Minetarō）等作家的科幻小说占据了青少年和更年轻读者的书架。在评论他的战时记忆时，著名评论家鹤见俊辅（Tsurumi Shunsuke）特别提到了科幻小说："平田晋策的《飞潜艇富士》、南洋一郎（Minami Yōichirō）的《'银虎号'潜艇》、海野十三的《漂浮的飞行岛》和山中峰太郎的《隐形飞机》，这些战时的科幻小说是如何在当时的孩子们的脑海中保持鲜活的呢？"[75]东京大学文学教授佐伯彰一（Saeki Shōichi）回忆说，20 世纪 30 年代末，平田晋策作品中对未来战争的描写吸引了许多男孩读者。当平田的作品在《少年俱乐部》杂志上连载时，当时还是一个小男孩的佐伯彰一"迫不及待地等待新一期的出版，然后立刻如饥似渴地阅读它"。[76]这些评论证明了科幻历史学家横田顺弥（Yokota Jun'ya）所称的"昭和少年（1935—1945 年）的基于军事故事的科幻热潮"。[77]

《科学画报》和《儿童科学》在 20 世纪 20 年代的科幻小说发展和随后的"热潮"中发挥了核心作用。在美国，《神奇故事》（*Amazing Stories*）等杂志在 20 世纪二三十年代开创了这一类型，[78]并在市场上建立了粉丝基础，但是在日本还没有专门的这种类型的杂志。相反，日本的科幻小说是于 20 世纪 20 年代在大众科学杂志和文学杂志《新青年》(*Shinseinen*)中发展起来的。20世纪20年代末，原田三夫和这些杂志的其他编辑通过举办有奖比赛积极鼓励科幻小说——日本的第一场"科幻小说有奖比赛"就是1927年由《科学画报》杂志举办的。另一个鼓励科幻小说的方法是在几乎每期杂志中都刊登科幻小说。[79]

科幻小说是通俗科学杂志超越"科学"既定边界的另一个例子。就像心灵科学，专业科学认为这是不科学的，科幻小说也是一个不合理的领域，日本现有的文学界和科学界都不认为它是文学或科学。虽然日本得马克思主义者在20世纪二三十年代对科学与文学的关系进行了广泛的讨论，他们也并没有把科幻小说当回事。[80]在《唯物论研究》中，他们讨论了诸如文学中的现实主义和文学的阶级性等话题，但只有一种参考——而且是消极的一种——指向了科幻小说。在1934年的一篇文章中，矢岛祐利(Yajima Toshinori)认为，科学和文学的富有成效的互动应该产生出的是"科学文献"，如让-亨利·法布尔的《昆虫记》(*Faaburu konchūki*)或由科学家撰写的"科学随笔"(kagaku zuihitsu)，而不是"所谓的科幻小说……这只会让孩子们开心，从科学的角度来看毫无意义"。他把科幻小说称为"把两条腿放在（科学和文学）两个世界的杂技"，对这两个领域都没有好处。[81]

到底什么是科幻小说，这个问题直到今天还在被讨论。[82]我在这一章中所指的科幻小说是字面意义上被当时的日本编辑和作者认定为"科学小说"的那种作品。"科学小说"这个日语词作为一种流派的名称出现，比英语短语"science fiction"（科幻小说）在 1929 年开始使用的时间稍早。[83]在日本，"科学小说"一词早在 20 世纪 20 年代中期就已经在《科学画报》和《儿童科学》杂志中被频繁使用。[84]当我们讨论自认的科幻小说时，我并不是有意忽视早期的作品——例如，日本明治时期押川春浪翻译的儒勒·凡尔纳的冒险故事——这些小说被大多数评论家视为科幻小说，但在当时并不被称为"科幻小说"。我把重点放在我自认的科幻小说上，是想考察日本人在 20 世纪 30 年代和 40 年代初是如何定义和讨论这一类型与科学的关系的。[85]

那些更严肃地看待科幻小说的人认为矢岛祐利的评价如此之低，是日本人不科学的证据。例如，海野十三在 1937 年写道："在我看来，那些谴责科幻小说毫无文学价值的作家和评论家这么做是因为他们不懂。他们无法应付科幻小说，所以他们就排斥它。"[86]大下宇陀儿（Ōshita Udaru）在 20 世纪 30 年代创作了大量的科学侦探小说，他也在他的《科幻研究》（*Study of Science Fiction*，1933 年）中为科幻小说辩护。他将科幻小说分为"纯科幻小说"和"准科幻小说"，他主张，"纯科幻小说"是一种复杂的文学，"需要一种基于想象灵感的、在科学上完全合理的叙事。理论与想象的巧妙统一，是纯科幻小说的生命"。大下宇陀儿认为，纯科幻小说在文学史上没有取得好成绩的原因是创造科学理论与想象的完美统一是很难的，而且就这个方面而言，日本作家的科学能力不足。大下宇陀儿还补充说，日本媒体一直避免营销科幻小说，因为他们认为日本读者不够科学，无法理解它。相反，根据他的说法，"准科幻小说"——那些与其他类型如侦探和冒险故事重叠的作品——在日本表现得更好，因为这些类型更容易把科学作为"额外的奖励或配菜"。[87]

对于 20 世纪 20 年代末 30 年代初最受欢迎的侦探小说作家江户川乱步来说，真正的科学精神是存在于侦探小说之中的，而大下宇陀儿的观念里这种类型是"准科幻小说"。江户川乱步在 1937 年的作品中断言，侦探小说是科学精神的物质表达：

> 侦探小说的科学性通常被认为来自于它们对物理和化学知识的运用……但情节安排的逻辑（侦探的推理）也是一个至关重要的因素。这两者往往是不可分割的，但我认为侦探小说真正的科学本质在于后者。不用说，科学不仅意味着物理和化学，还意味着逻辑学、心理学和哲学。贯穿在这些自然科学和精神科学之中的是科学精神，而侦探小说的科学性恰恰应该意味着这种基本的科学精神。[88]

159

海野十三和大下宇陀儿的辩白表明，他们认为科幻小说主要是以科学为主题的小说，而此处江户川乱步的论证则说明，更重要的是它的性质，即逻辑推理。

然而，1937 年对华战争开始后，侦探小说失去了在媒体上的地位。甚至在把侦探小说发展为一个流派的《新青年》杂志中，侦探小说也迅速被军官的备忘录和讨论，以及轻松幽默的故事所取代。[89]与此同时，科幻小说通过专注于战争故事迎来了热潮。科学作家诸如海野十三、兰郁次郎（Ran Ikujirō）、南泽十七（Minamizawa Jūshichi）、山中峰太郎、木木高太郎（Kigi Takatarō）等发表了很多关于日本在想象中的战争中取得胜利的作品。这些作品与江户川所讨论的"科学精神"没有多少关系。在这些故事中，读者找不到逻辑推理。相反，这些故事用未来武器的惊奇和日本的不可战胜来让读者感到兴奋。

关于那种在战时吸引并让读者兴奋的"惊奇"，让我们来看看海野十三的《漂浮的飞行岛》①，它是战时日本最受欢迎的科幻小说之一。于 1938 年 1 月至 12 月在《少年俱乐部》杂志上连载，并于 1944 年出版平装本。[90]故事发生的舞台是中国南方中部的一个机场岛，这个岛由英国、法国、美国、荷兰、泰国和中国共同建造的。它被宣布为在南海上空飞行的飞机的紧急机场；但多亏了男主角，年轻的日本总工程师川上，读者很快发现机场其实是一艘最先进的战舰，其目的是用隐藏的炸弹摧毁日本。这个故事就像一个冒险故事，川上伪装成一名中国劳工潜入机场，执行一项秘密任务，探寻机场的真实面目，并且会在必要的情况下，赶在机场建设完成前摧毁掉它。许多挑战妨碍了他的任务，因为英国指挥官注意到日本入侵者的存在；对川上忠心耿耿的下属——水手杉田在偷偷溜进机场寻找

① 『浮かぶ飛行島』，1939 年 1 月曾由大日本雄弁会講談社出版。——译者注

川上时被英军俘虏，这让川上的任务变得更加艰巨。然而，每一次危机，都被川上用他的智慧和勇气克服了。最后，伪装的战舰被人类武器摧毁；杉田怀里抱着一枚炸弹，一边走进炸药仓库，一边尖叫："天皇陛下，万岁！"

这个故事充满了日本技术官僚所定义的"科学技术"，即由最新科学发展出来的军事技术：可以以 35 节的速度移动的机场，可以携带 15 吨炸弹的最新"汉德雷·佩奇"空中战斗机，川上用来发送密码的袖珍的短波无线电，一把"50 厘米左右大"的枪，等等。[91] 一艘巨大的日本潜艇可以在不到一分钟的时间内完全沉入水下，它隐藏的弹射器"就像弹簧一样"跳出水面，"灵活的"空中战斗机一刻也不耽误地飞了出来。[92] 故事中同样强调的是帝国士兵的高贵和纪律的形象；皇帝的士兵即使在最炎热的天气也从不脱下制服，从不违反军法，从不违抗上级的命令。工程师川上是理想的帝国军人的化身——即使在最严重的危机中也总是敏锐、勇敢和冷静。他对杉田的体贴行为以及杉田对川上真诚的忠诚是整个故事的重点。日本皇军也懂得怜悯敌人；川上不会杀死这位没有自卫手段的英国海军上将。[93] 这些画面与日本军队在南京大屠杀中对中国平民的残忍行为形成了鲜明的对比。南京大屠杀的一个月后，伴随着许多前帝国军队士兵的受到上级残暴对待的痛苦回忆，故事的第一部分发表。[94] 海野十三的故事还向读者讲述了日本殖民主义的正义性，就像故事的结尾中川上的朋友说的那样："机场最终被摧毁了。英国终将从噩梦中醒来，并意识到日本帝国在东亚拥有应有的

160

地位。"[95]《漂浮的飞行岛》就是一篇幻想日本军队、技术力量和殖民主义的小说。

据海野十三说，他写这本小说是为了鼓励日本年轻人为了国家而学习科学。在 1944 年平装本的后记中，海野十三写道："从现在开始，日本人民必须努力学习科学。即使日本能以其出色的日本精神（大和魂）和强大的经济为傲，但如果没有优秀的科学，日本也无法赢得未来的战争。我恳求你们，日本的读者们。请帮助生产科学武器，比这个故事中的漂浮机场更好的科学武器。"[96]在这里，海野十三所提倡的科学是军事科学，也就是技术官僚的科学技术。与江户川不同，海野十三不关心逻辑推理。这一点在故事中体现得很明显；例如，《漂浮的飞行岛》中的川上常常在危机中奇迹般地获救，因为正如作者解释的那样，"为国家而不顾一切，走正道的人，天将助之"。[97]对海野十三来说，科学意味着国防的强大武器和军事技术，而写《漂浮的飞行岛》这样的科幻小说是他宣传科学的爱国方式。

为战时国家推广科学经常被描述为"科学报国"，字面意思是"通过科学为国家服务"。海野十三并不是唯一一个提倡科学报国的人。许多科学家在科普文化中宣扬科学报国。例如，在 1938 年 1 月的《儿童科学》杂志上，大阪帝国大学的著名化学家小竹无二雄（Kotake Munio）要求年轻读者成为像帝国军人一样的"为国家奉献生命的科学家"，而 KS 磁钢的发明者、东北帝国大学金属材料研究所的所长本多光太郎，告诉年轻的读者要努力学习,这样他们将来就能制造出强大的武器。[98]
这些人对科学报国、科学为国的呐喊,与当时日本技术官僚所
宣扬的技术报国如出一辙(见第二章)。不仅年纪较大的青少
年在读《漂浮的飞行岛》这样的科幻小说,《儿童科学》的年
轻读者也喜欢海野十三的作品,比如《海底帝国》,在这部小
说中,主人公——日本人和德国人——共同揭露了英国人的罪
恶。[99]科幻小说,加上对最新武器的特别报道,为科普杂志的读
者提供了"惊奇"。科学报国唤起了人们心中的"惊奇感",这
激励着人们对科学日本做出贡献。

然而,在《儿童科学》中,科幻小说并不总是关于新式武
器和间谍的。木木高太郎的《绿色的日章旗》可以用一种不同
的方式让男孩和女孩对科学日本感到兴奋。这篇小说在《儿童
科学》上连载了近两年的时间(1939年1月至1940年10月),
故事发生在一个地下乌托邦国家,在中东某处,是根据某位已
故的日本老人的指导建立起来的。[100]很明显,这个被称为"科
学和亲日"的乌托邦的原型就是东北。[101]这个虚构的国家的国
旗,除了升起的太阳的颜色,和日本的国旗是完全一样的;在
这个国家中,技术官僚对东北的所有理想都完美实现了:这个
国家的一切都是机械化的,技术是外人无法想象的,不同种族
的人和睦相处,政治制度完全合理化。主人公是两个刚从小学
毕业的日本男孩,他们和来自世界各地的其他居民一样,因为
这个国家先进的科学和政治而决定生活在这里。非日本人也为
了成为这个国家的一份子而努力学习日语。种族和阶级冲突全

不存在：这个乌托邦国家没有阶级，因为财富是在共享财产制度的基础上平均分配的。两个主人公本身——一个来自非常贫穷的家庭，另一个来自非常富有的家庭——阶级和谐的象征；他们是彼此最好的朋友，并且互相帮助来拯救日本。

在这个副标题为"侦探科幻小说"的故事中，什么是科学？它是乌托邦之中诞生的奇妙的科学技术：既可作飞机又可作潜艇的战斗艇；一种名为"亮光闪烁"的新化学物质，一旦在水中融化，就能照亮敌人的潜艇；以及移动人行步道、电话会议通信、电视购物等。它也是国家理性化和系统化的政治经济学：不同社会阶层的任务，比如生产、管理和立法是根据不同的年龄组所划分和执行的——青少年负责制作和研究，20岁到40多岁的人负责管理，那些40岁到60岁的人负责立法，而年纪最老的人们则负责国家事务的"讨论"。所有的生产都由国家管理，不存在过剩或短缺；此外，政党是不存在的，因为政党政治被认为是破坏性的，而不是合作的。同样以"科学"的形式呈现的是信息处理的方式：世界上所有关于生产、消费、军事实力等所有数据都是经过细致精心的收集、依靠机器处理、通过统计呈现出来的。[102]

木木高太郎的故事在战争时期的科幻小说作品中是独一无二的。《绿色的日章旗》中的讲的科学是机械化、系统化、合理化、规范化，不像海野十三和大多数其他战时科幻作品中的科学，那些作品大多意味着勇敢和忠诚之下的日本人的军事科学技术。虽然它的副标题是"侦探科幻小说"，木木高太郎的作品并没有展示出江户川乱步认为的作为侦探小说中科学核心的"逻辑推理"。情节发展或侦探的推理中没有"逻辑推理",这是因为在木木高太郎的故事中,侦探在前两段之后就消失了。最终揭示的谜团是乌托邦的身份,而故事中所谓的科学之处在于乌托邦理想本身,而不是故事的组合方式。

通过这种乌托邦式的理想,木木高太郎明确地表达了他对战时日本的批评。主人公通过故事解释了红色日章旗和绿色日章旗国家的区别:与绿色日章旗国家的政府不同,日本政府不能妥当地控制和收集信息,日本的科学教育很薄弱且不务实,日本的自然科学研究经费不足。[103]总之,与绿色日章旗国家相比,日本还不够科学。与此同时,天皇在日本国家政治中的独特意义也在故事中得到了戏剧性的解释。批评与崇拜相结合;其目的是传达这样一个信息:为了维持日本的国家政体,日本需要先进的科学。科学报国的理想是建设帝国的、科学的日本。[104]

尽管木木高太郎和海野十三使用的是不同种类的科学,但他们的故事传达的信息是一样的:科学对于维护日本国家政体至关重要,因此,日本儿童应该认真对待科学。绿色日章旗国家和海野十三作品中所向披靡的英雄的日本军队一样,是一种乌托邦和幻想。1942年,42岁的海野十三被征召入伍,成为一名海军记者,并被派往南太平洋。据说,当他服役四个月回到家后,他对妻子说"日本的科学是劣等的(相对美国而言)",并不再幻想日本的胜利。[105]然而,海野十三没有放弃写作,描绘了整个战争期间"科学"的日本。很有可能,他继续

163

写作是因为他需要靠写作来维生，而且他的科幻小说不仅得到了国家的批准，而且销路很好。但也有可能，正是因为他意识到了日本科学的劣势，所以更有动力在未来的科学家和工程师中推广科学报国。

年轻一代的科学家和工程师也包括女孩和妇女。木木高太郎的故事明确地乌托邦将介绍为"男孩和女孩的国家"，而且女性居民和男性居民一样聪明，一样具备科学能力。[106]女主角是那个贫穷男孩的姐姐千鹤子，她是科学勇敢的日本女性的象征。书中附上的插图显示她是一个美丽、健康的女子，大约16岁。书中将她描述为"即使被抓，被从父母身边夺走，也不忘记作为日本人的骄傲的'日本女孩'"，她像川上一样勇敢和冷静，即使她被想要找到绿色日章旗国的秘密的邪恶的人绑架时亦是如此。[107]此外，她具有科学知识，能立即理解她在乌托邦中看到的新机器和新的政治经济体系。在故事的最后，千鹤子扮演了连接两个日章旗国家的桥梁。两个男孩决定留在绿旗国，而千鹤子是把乌托邦的理想带回日本，使日本变得科学的那个人。[108]

当《儿童科学》的读者阅读到这个故事时，东京涩谷的一所学校恰恰正在致力于教育出这样的日本女性。1939年4月号的《科学画报》报道过的女子科学塾是由一位名叫松井橘子①（Matsui Kitsuko）的女教师开办的。她认为"如果想要成为

① 原名为松井きつ子，无汉字表字，此处翻译时根据假名译为"松井橘子"。——译者注

一个想利用自然科学所产生的文明的利益来发展未来的生活，同时珍惜精神文化的男子的良配，那么女性也应该以科学知识为基础，掌握丰富的常识和实践技能".[109] 大约 60 名适婚年龄的年轻女性在"专家老师"的指导下学习家政、机械、驾驶和按摩技巧。拆解风扇等机械装置、冲洗照片、焊接等都是这所学校的重要教育内容，因为"想要获得科学知识，看比听更重要，做比看更重要"。松井如是解释道。[110]《科学画报》的记者也认为，这样的科学知识对管理家庭经济和为战争中的国家节省物资来说是必要的。这些年轻的女性被寄予了成为"昭和版本"的"贤妻良母"的期望，她们在科学上有能力，在经济上有智慧，在精神上是新日本男人的好伴侣。

这种新日本女性的理想在战时的日本被广泛要求。一本名为《国民科学图鉴》（*Kokumin kagaku gurafu*）科学杂志，它的第一期宣称自己是一本面向"男青年"的杂志，但许多文章显然是为女性读者写的。[111]《厨房的科学：家庭主妇与女佣的对话》等文章强调了家庭管理合理化的重要性；《我们怎样才能让女学生动手做科学？》讨论了女孩科学教育的紧迫性，这样她们才能够成为科学和经济上明智的家庭主妇；而《插花的科学》则提醒女性读者，女性的美德不应被遗忘，而应被科学地培养。[112] 在大多数通俗科学杂志中，越来越多的针对性别的报道反映了这样一个事实：随着战争的持续，被动员到战争前线的年轻男性并不是读者的主体。反过来，妇女需要接受科学化的教育，以便通过她们的科学知识进行合理的家庭管理和对下一代的科学教育，在大后方为战时国家做出贡献。

这些杂志也不只针对家庭主妇。虽然日本政府的家庭意识形态和生育政策限制了在工厂招聘适婚女性，但铆工罗西的形象在大众媒体上并不少见。[113] 20 世纪 40 年代早期，《科学画报》中突然出现的妇女在工厂里使用机器工作的形象表明，促进女性科学教育的目标既针对中产阶级家庭主妇——她们可以教育她们的女佣进行厨房的合理化；也针对工人阶级妇女——她们被招募来像男性那样操作机器。[114]

《国民科学图鉴》杂志在军方的要求下，由日刊工业新闻社出版，这同样展示了原田三夫的编辑技术是如何被军队利用的。该杂志在日本南部拥有 1 万多名订阅者，提供了空袭演习、火灾隐患、庭院蔬菜种植、家庭经济合理化、最新武器等知识。[115]军方请原田三夫担任这本杂志的顾问。原田的影响是显而易见的：该杂志收录了大量的照片和插图，并以"声音""南太平洋"和"北极"等不同的标题，用整齐排列的知识的形式展现科学。原田还为几乎每一期的杂志上撰稿发表，解释雾、月球陨石坑、热力学等自然现象的惊奇。[116]

不仅仅是通俗科学杂志，战时的科学教育也要求将日本人的"惊奇感"，"看"科学以及动手"做"科学等鼓动起来。下一节将考察 1941 年的科学教育改革，在该场改革中，文部省鼓动了这些概念，以教育出理想的日本公民。

帝国科学教育

在第四章中，20世纪30年代中期，我们看到了"知识偏重论"的兴起，以及文部省希望用伦理课程取代科学教育的愿望。我们还听到教育活动家神户伊三郎（Kanbe Isaburō）观察到，因为这样的反对，20世纪30年代中期是科学教育最贫瘠的时期。然而，在20世纪30年代的最后几年，一些事件迫使政府重新考虑这些观点，转过头来积极促进科学教育。到1938年，随着日本经济从大萧条中基本恢复，技术人员和工程师的缺乏成为一个明显的问题。在1939年5月的诺门军事件中，日军面对机械化的苏军，损失了2万多名士兵，暴露了日本军队的机械化弱点；同年9月，德国的闪电战展示了高度机械化军队的巨大而可怕的力量。[117]日本陆军和海军急于将最新的科学技术引入军队，到20世纪30年代末，军队比以往任何时候都更加意识到对普通科学教育的需求，这样下一代帝国臣民才能够掌握科学和技术。[118]在1940年近卫内阁的领导下，促进科学技术成为国家的首要任务，技术官僚争取官僚权力的运动终于开始看到了一些成果。1941年的基础科学教育改革是对同样的危机感的一个响应。

1941年3月，政府下发《国民学校令》，发起了一项全面的学校改革。小学更名为国民学校，义务教育从六年延长到八年（初等部为六年，高等部为两年），教科书被重写，以显示更多的军国主义和民族主义观点。[119]在新的体制之下，①全部课程被改编为伦理、科学、体育、工艺美术、职业学习等 5 个类别。[120]文部省出台的《国民学校教学规则案说明纲要》（*Kokumin gakkō kyōsokuan setsumei yōkō*）明确表示，科学是帝国臣民为了"学习不断发展的科学的基础知识，能够科学地管理和创造生命，有能力为发展国力做出贡献"所必需的。[121]因此，基础科学教育经历了历史学家所说的"一场激进的，甚至是革命性的改革"。[122]

改革涉及两大变化。首先，在一年级时就将科学作为"自然和数学研究"引入课程，而早期的操作是，孩子们从四年级才开始学习科学。理数科由"数学研究"和"自然研究"组成。从一年级到三年级，"自然观察"课程也被纳入"自然研究"的范畴之内。第二，理数科不是强调对课本的记忆，而是以孩子们通过观察和实验自发地探索大自然的奇迹为中心展开；因此，自然观察课程，除了教师手册，甚至连课本都没有准备。

比较一下科学教科书可以帮助我们了解发生了什么样的变化。1941 年以前使用的四年级课本有一章是这样写的："樱树长成了一棵大树。它在冬天没有叶子。随着春天天气变暖，嫩叶会从细小的树枝上长出来……樱花有五片花瓣。它有许多雄

---

① 当时出台的分类为国民科（含修身、国语、国史、地理）、理数科（含算数、理科）、体炼科（含体操、武道）、艺能科（含音乐、习字、图画、工作、裁缝、家事）以及实业科（农业、工业、商业、水产）。——译者注

蕊。它有一个雌蕊。"[123]句子是描述性的,是单调的,语气是权威的。再让我们来看看新自然教材四年级版中的"种植土豆"那一章:"让我们在地里种土豆和红薯。如果你种植去年收获的土豆和红薯,它们将会长出芽。观察发芽的地方。让我们检查一下是否有细根。"[124]这里强调的是观察和动手。孩子们被期望去思考、观察和行动。为了实现这一点,教材的语气更加好奇和友好。

然而,这种以调查为基础的风格让一些政府官员和教师感到不安。据说,一位文部省官员在阅读手稿时担心,"如果你一直重复'让我们看看'和'让我们想想',学生们会把它变成一种习惯,然后开始质疑日本的历史。那日本就完了"。[125]这里的日本历史特指的是日本帝国的神道神话,它已经融入了学校的国史课程之中。在引入科学教育改革的情况下,如何在让孩子们相信帝国神话的同时向孩子们传授理性、科学的精神,确实是一个需要持续关注的问题。虽然科学教育的必要性得到了承认,但就像文部大臣松田源治担心"知识偏重论"那样,一些教育家和政界人士担心,科学可能与国家政治不相容。这种声音的代表人是青山师范学校的校长三国谷三四郎(Mikunidani Sanshirō),他很警惕科学教育对孩子的影响。在 1938 年 12 月 *167*举行的讨论 1941 年改革的教育审议会会议上,三国谷说:

> 科学教育需要大力鼓励,但同时我认为这是一种我们
> 必须非常谨慎对待的教育……精神的思维方式显然不同于

把事物看成事物，看成没有生命的骷髅，去分析……对于
自然科学家来说，唯一的真理是从自然科学的角度证明的
真理……自然科学家有这样的想法，比如"自然科学应该
超越国家和民族等概念"或者"自然科学是绝对的"。[126]

对于像德川吉贺这样的生物学家（他是德川将军的后裔）
来说，自然科学不一定与国家政体不相容。对于三国谷，德川
自信地回答说："自然科学，尤其是生物学，迄今为止已经取得
了很大的进步。今天的自然科学……可以在不产生矛盾的前提
下为国家政体提供生物学基础……如果学校教育中的自然科学
强调其精神层面，甚至从这个角度来解释伦理，我相信我们没
有什么可担心的"。[127]双方都同意，小学需要加强自然科学课
程，但课程需要强调皇民教育的目标，也就是说，要创造出对
民族事业忠诚和献身的理想帝国臣民。问题在于如何做到这
一点。

想想1941年的国民学校令是如何解决这个问题的。第7
和9条分别概述了自然研究和数学研究的性质。第7条解释
说，学习自然和数学的目的是"教授正确理解和对待一般现象
的技能，引导儿童在日常生活中应用这些技能，培养他们的理
性和创造精神，丰富他们为发展国家力量作出贡献的基础"。
新课程将教给学生，"科学的进步是对民族进步的贡献，文化创
造是帝国的使命"，因为"国防依靠科学的进步"，而这是通过
观察、实验、调查和手工艺品制作等活动"培养一种学习数学

和自然规律的自我激励和持续的姿态"来实现的。第 9 条明确
指出,自然研究课程的设置是为了让孩子在前六年对科学产生
兴趣,并在最后两年引导他们对"工业、国防、灾害预防和家
庭管理"等具体知识的兴趣。它还说:

> 自然研究课程教导学生如何与自然交朋友并向自然学
> 习。通过培养植物和饲养动物,孩子们学会了对生物的热
> 爱。通过不断的观察和实验,他们学会了坚持研究的态度。 *168*
>
> 在强调户外观察的同时,课程还利用了标本、模型、
> 插图、电影等方式来促进孩子们的理解。
>
> 在生理学方面,明确日常卫生与国民健康的重要性,
> 并结合体育课来推广知识的应用。
>
> 除了艺术和手工艺学习,该课程还让孩子们熟悉机械
> 工具,训练他们的科学技能。
>
> 课程帮助孩子们理解自然世界的整体运作,并引导他
> 们自发欣赏自然的妙趣(myōshu)和恩惠(onkei)。[128]

法令里规定的思想与我在原田三夫的通俗科学杂志那部分
中讨论的编辑技术惊人地相似。通过强调看和做——比如"观
察""实验"和使用"标本、模型、插图、电影等",孩子们对
科学的"自发"和"自愿"兴趣得以实现。通过发明竞赛和模
型制作竞赛等活动来进行宣传的"创造精神"和"发现和发明
的愿望",既是这些杂志所强调的动手"做"科学的一部分,

同时也是帝国课程的要求。最重要的是，这里所鼓动的"惊奇感"——"妙趣"（myōshu）是一个比"惊异"（kyōi）更复杂的词，字面意思是"难以形容的，了不起的特征"。通过这种对惊奇感的鼓动，《国民学校令》要创造理想的帝国臣民，这类臣民要有理性、有创造力、有技术，这样他或她就可以为"国防"和"国家力量的崛起"做出贡献。

但还有一些原田三夫的杂志中所没有的东西，也把科学教育和理想的国民联系在了一起。《自然的观察·教师手册》就提供了另一种逻辑来解释"理性精神"为什么以及如何与国家政体相兼容。手册解释说："理性精神"（gōriteki seishin）是一种遵循道理的谦虚的精神，[129]也即"为了过上合理而有创造性的生活正确地观察、思考和处理事物，以便人们能为国家的崛起做出贡献"。[130]"道理"（dōri）这个日语词（字面意思是"方式和情理"），在批判思维的意义上意味着"理性"以外的东西，因为手册继续解释说，"换言之，理性精神是将皇国之道的实践一以贯之的国民精神的一种表现"。[131]因此，理性精神就意味着遵循"皇国之道"。正如法令第 9 条所述，培养"科学精神"的目标是让学生们从国民学校毕业的时候具备"工业、国防、防灾、家庭管理知识"，以及"机械"和"科学"技能。简而言之，《国民学校令》通过推动科学精神和遵循"皇国之道"的理性精神，调和了科学教育与帝国伦理之间的潜在冲突。

169

教授科学与国家命运之间的联系并不是调和科学与伦理问题的唯一途径。新课程对观察自然本身的强调本身就被解释为日本独有的。科学家桥田邦彦领导下的文部省对自然研究和数学研究的哲学做出如下解释：

> 在观察、思考和对待自然时，日本人的姿态有什么特点？简而言之，就是与自然和谐相处的姿态。我们国家的创世神话告诉我们，我们的祖先和山、水、植物、树木都是由神道教的神创造的，这仍然存在于我们的内心深处。而且，我国四面环海，山高水清，四季分明，自然环境优美，是其他任何国家都无法比拟的。因此，自建国以来，我们享受自然并与自然和谐相处的态度就定义了我们的国民性（kokuminsei）。
>
> 对西方人来说，学习科学似乎意味着征服自然。但是于日本人而言，这则意味着自然与人类生活相协调，没有日本人的人生观和自然观就无法做到这一点。伟大的科学家真正尊重自然、理解自然的细微之处，因为他们将自己与自然融合而成为一体。想要让国民学校的孩子们一下就达到这种精神状态是不可能的，但要教会他们日本人对待自然的态度应该不难。[132]

从这个角度来看，《国民学校令》的第 9 条主张科学教育应该教授"如何与自然交朋友"，并且鼓励学生们"学习对生物的爱"，这可以解释为日本式自然态度的培养。在这里，桥田提出的"作为实践的科学"，其影响是明显的，因为它解释

了日本的"做"科学的方式，意味着观察者和被观察者的完全
统一。[133]事实上，桥田邦彦创造了一个新的动词——"做科学"
来描述这种日式思维，"做科学"这种表达成为战时日本的流
行语。[134]

　　对于那些正在阅读《儿童科学》的青少年来说，新推出的
自然研究和数学研究似乎并不那么新鲜。[135]毕竟，《儿童科学》
和《科学画报》的核心是"欣赏大自然的奇迹和恩惠"，读者
们也一直很喜欢"观察"还有"标本、模型、插图和电影"。
杂志上用大量的照片和插图对"工业、国防、防灾、家庭管理
的知识"进行了解释。我不是在暗示原田三夫或杂志对 1941
170 年改革有任何直接影响。自 20 世纪 20 年代以来，许多科学教
育改革者都主张"惊奇感"、观察以及实践，而他们也确实通
过教育审议会积极地参与到了 1941 年教育改革之中。[136]我想指
出的是，原田三夫在他的杂志里的科学普及中所强调的那种惊
奇感、观察和实践，也被国家鼓动起来以促进战时科学发展。
在起草《国民学校令》、编纂新教科书时，文部省对这些改革
者如何在课堂上实施他们的理念进行了自己的研究，并挑选了
它认为对国家总动员有效的内容。[137]

　　1941 年的科学教育改革受到了教育活动家和评论家的好
评。从 20 世纪 10 年代开始就一直致力于数学教育改革的小仓
金之助评价说，伴随着这一教育改革，数学教育"得到了巨大
的改善"。[138]《自然的观察·教师手册》的编辑之一冈现次郎
（Oka Genjirō）在 1956 年回忆说："《自然的观察·教师手册》的

声誉非常好。即使到现在，我有时也会遇到一些人告诉我，当他们第一次读到这个手册时，他们是多么兴奋。"[139] 历史学家也对新科学课程给予了积极的评价。例如，日本科学教育史学家板仓圣宣（Itakura Kiyonobu）总结说，科学课程改革"并不是新极端民族主义国民科学特征的反映。相反，它是始于大正时期的自由主义和个人主义科学教育改革运动的实现"。[140]

　　然而，将1941年的科学教育改革定性为"极端民族主义"状态的对立面，这是对科学政治的忽视。比如说，20世纪30年代中期，日本官僚将左派和右派青年的激进化归咎于科学教育，其后文部省大臣松浦镇次郎在1940年被技术官僚桥田邦彦取而代之，后者是技术官僚在企划院的支持者、日本主义科学家，积极而坚定地主张把促进科学技术作为国家总动员的一部分。1941年科学教育改革的到来，不是因为政府终于理解了大正教育改革运动中的"自由主义"，而是因为它需要增加工业生产，需要更好的军事技术，以及能够管理合理化生活的帝国臣民。[141] 国民学校的科学教育不应被认为是自由教育改革的迟来的成功，而应被视为国家战争总动员的核心部分。为了赢得与中国和美国的战争，日本国家需要创造能够从事科学和技术的帝国臣民。为此，它鼓动了人们对科学的好奇感、观察和实践。

注释

1. "tsūzoku"（汉字写作"通俗"——译者注）这个词，通常与"教育"和/或"科学"相结合，在战前日本用来指"非学术的"或是"大众的"东西。比如说，1911 年，文部省以卫生、防灾、垃圾等为主题，成立了一个研究委员会，就将其命名为"通俗教育调查会"（Tsūzoku Kyōiku Chōsakai）。1921 年，岩波书店出版的《通俗科学》（*Tsūzoku Kagaku*）系列由十卷组成，内容包括介绍相对论、飞机、陨石等，供一般读者阅读。

2. Harada，*Omoide no nanajūnen*，150-51.

3. 同上，152-205。

4.《孩子们想听的故事》（*Kodomo no kikitagaru hanashi*）9 卷本的第 1 版于 1920 年至 1922 年间出版问世。由于该系列十分流行，20 世纪 20 年代许多卷都出了多个版本。有关原田回忆这个系列是如何出版的，参见 *Omoide no nanajūnen*，177，205。

5. 同上，223。就像其他战前日本最受欢迎的杂志一样，这份杂志的实际销量无法确定。

6. 原田三夫在自传中提到他将《儿童科学》推销给了 11—14 岁的青少年。但从读者来信中可以看出，读者的年龄上可达 17 岁。参见同上，300。

7. 参见同上，261。Harada，*Jishin no kagaku*（Tokyo：Shinkōsha, 1923）. 他还出版了许多书籍，在同一出版社的类似标题下，以紧凑、简化的方式包装科学，供大众消费，诸如 *Hoshi no kagaku*（Science of Stars，1922）；*Yama no kagaku*（Science of Mountains，1922）；以及 *Umi no kagaku*（Science of Oceans，1922）。

8. Harada，*Kagaku gahō* 1，no. 4（July 1923）：295.

9. Harada，"Kodomo ni kikaseru hanashidane," *Kagaku gahō* 1, no. 1（April 1923）：53. 还可参见 Harada，"Rika kyōiku," *Kagaku gahō* 2, no. 4（April 1924）：320。

10. Harada，"Kodomo ni kikaseru hanashidane," 54.

11. 参见 Harada，"Shin no zasshi," *Kagaku gahō* 1, no. 1（April 1923）：95。

12. Okabe，"Mono ni odoroku kokoro," *Kagaku gahō* 3, no. 5（No-

vember 1924）：496.

13. 还有很多标题都是像这样的 "……的惊奇" 的格式，这是其中的几个例子："Umi no kyōi, yama no kyōi"（July 1923），"Jintai kyōi gō"（November 1924），以及 "Seishin genshō no kyōi gō"（October 1927）。

14. Harada, "Kono zasshi no yakume," *Kodomo no kagaku* 1，no. 1（October 1924）：2.

15. 同上。

16. 与《科学画报》一样，《儿童科学》特刊的标题中也有《惊奇》（*kyōi*）。例如可参见，1932 年 10 月特别刊，《最新电力的惊奇》（*Saishin denki no kyōi‐gō*），以及 1928 年 1 月特别刊《未来文明的惊奇》（*Mirai bunmei no kyōi‐gō*）。

17. Harada, "Umi no kyōi, yama no kyōi," *Kagaku gahō* 1，no. 4（July 1923）：296.

18. Jordanova, *Sexual Visions*, esp. chap. 5.

19. 其中包括 1916 年的霍乱病预防展览会（korera byō yobō tsūzoku tenrankai）、1918 年的食品卫生与经济展览会（shokubutsu eisei keizai tenrankai）和 1922 年的运动体育展览会（undō taiiku tenrankai）。历史学家田中聪（Tanaka Satoshi）在他对日本大正和早期昭和卫生展览的研究中也强调了娱乐奇观。参见 Tanaka, *Eisei hakurankai no yokubō*.

20. 其他几期也有这种性质的照片，这些是第一期《科学画报》上的例子："Tenkai no daishōtotsu—shinsei no shutsugen," "Nyūyōku no matenrō wo kasumete jūō ni tobichigau ōgata noriai hikōki," 以及 "Afurika no yajū seikatsu wo totta mezurashiki shashin" 全部出自 *Kagaku gahō* 1，no. 1（April 1923）：3‐9。

21. 例如可参见，"Kodomo nimo dekiru musen denwa no juwa sōchi," *Kagaku gahō* 1，no. 3（June 1923）：260‐61；Hiroyama Matajirō, "Natsuno ryokō ni koredake wa kansatsu subeshi," *Kagaku gahō* 1，no. 4（July 1924）；"Kōkūkai no otona to kodomo," *Kagaku gahō* 2，no. 5（May 1924）；*Jintai kyōi‐gō*（special issue），*Kagaku gahō* 3，no. 5（November 1924）；Okabe, "Iwayuru sei no nayami," *Kagaku gahō* 5，no. 5（December 1925）：468‐78；以及 Yamamoto Issei, "Saikin tenmongaku ni okeru chinbun," *Kagaku gahō* 11，no. 3（September 1928）。

22. Yoshimi, *Hakurankai no seijigaku*, 141.

23. 这些科学杂志属于 "综合杂志"(sōgō zasshi) 的范畴，这个类型通常指《改造》、《中央公论》和《主妇之友》(Shufu no tomo) 等月刊和杂志，因为它们涵盖了社会问题、文学、电影和人文故事等各种主题。研究这些 "综合杂志" 超出了我目前的计划，但如果今后研究这一类型的话，可能会发现世界博览会和大众科学杂志的相似之处。

24. 在芝加哥举办的哥伦布世界博览会的一个吸引人之处是它的人类学村。在那里，美国印第安人、非洲部落、亚洲和中东的聚落，以及德国和凯尔特人的村庄都被认为地安排在一起，因此，最 "先进" 的德国和凯尔特人的村庄离白城（the White City）最近，而白城是文明的象征。展会建议游客们从离白城最远的地方开始游览这些村庄，以欣赏文明的进步。此后的世界博览会和日本国内的展示会都是模仿了这种风格。参见 Rydell, *All the World's a Fair*。有关东京大正博览会（*Tokyo Taishō hakurankai*）的殖民展示，还有其他的日本国内展览会，参见 Yoshimi, *Hakurankai no seijigaku*, 212-14。

25. 1928 年《科学画报》连续三张封面插图的对比就是一个例子。1928 年 7 月刊的封面是一组鹅藤壶（一种海贝），因其独特的形状而得名；接下来一个月的封面是一群穿着独特而多彩的仪式服装的新几内亚土著；9 月的封面是一张从火星上看到的土星的图片。换句话说，新几内亚土著的出现就像鹅藤壶和土星一样，是自然的一部分。

26. Yoshimi, *Hakurankai no seijigaku*, 146-52。有关阿拉伯馆和圣女贞德，同上，150。

27. 这些例外包括 Maedagawa Kōichirō, "Puroretariaato to kagaku—bungakuteki ni mite," *Kagaku gahō* 14, no. 6（June 1930）: 1115-20，这篇文章认为日本文献中缺乏科学性是德川封建主义在日本社会残留的反映，并要求向无产阶级开放科学；以及 Asō Hiroshi, "Shizen kagaku to shakai kagaku—shakaijin no mita kagakukan," *Kagaku gahō* 15, no. 5（November 1930）: 827，这篇文章主张，当今人类最迫切的任务是发展社会科学，这样自然科学的成果才能以最合理的方式为全人类的福祉服务。然而，这些文章是与反马克思主义或反苏联的观点一起发表的。比如说，在 Asō 的文章刊登的那一期中，还刊登了 Akagaki Yoshiaki 的 "Atheist Museum" 一文，该文批评苏联打压宗教、对列宁进行个人崇拜。参见

Akagaki, "Mushinron hakubutsukan," *Kagaku gahō* 15，no. 5（November 1930）：1027‒30。关于一个贫穷的男孩成为维生素专家的故事出自 Nojima Ryōichi, "Kagaku shōsetsu shokubutsu no hakken," *Kodomo no kagaku* 15，no. 1（January 1932）：126‒29；以及 Nojima, "Kagaku shōsetsu shokubutsu no hakken," *Kodomo no Kagaku* 15，no. 3（March 1932）：66‒70。

28. 参见，例如，Harada, "Waraubeki gakusha no taido," *Kagaku gahō* 2，no. 3（March 1924）：222。

29. Okabe, "Minkan no gakusha," *Kagaku gahō* 7，no. 4（October 1926）：471.

30. "Kokuhōteki misaki no kuma‒san ni kaitei no shinpi wo kiku," *Kagaku gahō* 20，no. 3（March 1933）：441‒49.

31. 有关在明治中期的日本吸引了许多学者和知识分子注意的超自然现象，为何在明治末期被认为是现代科学的不合理领域，参见 Figal, *Civilization and Monsters*；Kawamura Kunimitsu, *Genshi suru kindai kūkan*；以及 Ichiyanagi, *Saiminjutsu no Nihon kindai*。

32. Fujisawa Eihiko' 的 "Bakeru kemono：Densetsujō no jinjū konkō" 连续刊登在 *Kagaku gahō* 1，nos. 4‒6（July‒September 1923）。也可参见 Furukawa Kojō, "Yūrei no mieru wake," *Kagaku gahō* 2，no. 6（June 1924）：598‒600。

33. 此次实验名为 "*shinrei kagaku jikken*" 是与《科学知识》杂志，以及大正日本时期最受欢迎的家庭主妇杂志《主妇之友》等杂志共同举办的。这次实验以失败告终，其过程和结果在 Okabe, "Honshi kōen shinrei kagaku jikkenkai," *Kagaku gahō* 6，no. 3（March 1926）：352‒53. 中有报道。

34. Asano Wasaburō et al. , "Shinrei mondai zadankai," *Kagaku gahō* 20，no. 6（June 1929）：896‒904. 鬼神的照片是另一个热门话题；大多数文章都是为了证明这些照片是假的，但有些文章，比如 Fukurai Tomokichi 的文章，则认为这些照片是真的。例如可参见 Fukurai, "Futatabi jintsūriki no sonzai ni tsuite—Nagao fujin no tameni kabuto o nugu," *Kagaku gahō* 10，no. 2（February 1928）：322‒27，366。

35. 例如，可以参见 *Science Illustrated* 1930 年 1 月特集 *Meishin no*

kagakuteki kaibō。

36. Harada, "Hyōron mochiya wa mochiya," *Kagaku gahō* 1，no. 1（April 1923）：2.

37. 例如，可参见 "Kodomo nimo dekiru musen denwa no juwa sōchi," 260–61。有关这些业余无线电爱好者，参见 Yoshimi, *"Koe" no shihonshugi*。

38.《儿童科学》杂志还举办了一场"科学实验报告大赛"。参见 "Sōkan goshūnen kinen daikenshō, kagaku jikken kiji nyūsen happyō," *Kodomo no kagaku* 11，no. 1（January 1930）：126–27。"发明咨询室"出现在这两本杂志的每一期上。关于模型制作比赛，可参见 "Mokei no kuni tenrankai," *Kodomo no kagaku* 6，no. 6（December 1927）：34–60；"Kodomo no kagaku seisakuten," *Kodomo no kagaku* 10，no. 5（November 1929）：25–50；"Dai sankai kodomo no kagaku seisakuhinten," *Kodomo no kagaku* 14，no. 5（November 1931）：7–18；以及 "Dan yonkai mokei no kuni taikai," *Kodomo no kagaku* 18，no. 5（November 1933）：9–48。

39. *Illustrated London News*（December 19，1931），转引自博物馆通讯稿，Tokyo Kagaku Hakubutsukan, *Shizen kagaku to hakubutsukan*，March 1932：4。这里的"翻新"(Renovated) 显然是这位伦敦报纸记者的一个错误。

40. 转引自 Tokyo Kagaku Hakubutsukan, *Shizen kagaku to hakubutsukan*，March 1932：4–5。

41. 荒俣宏（Aramata Hiroshi）介绍了昭和天皇的生物研究和军队。军队里的一些人对于昭和天皇——日本国家的最高指挥官，把他的时间花在生物研究上感到不太高兴。1936 年，二二六事件发生前后的一天，天皇在北海道军事演习的途中收集浮游生物，并询问海军洋流是否发生了改变，因为他收集的浮游生物与平常有所不同。由于无法回答他的问题，海军派出了一个研究小组，发现洋流确实变了。阿玛塔说，自从这次事件之后，军方就不再抱怨天皇的研究了。参见 Aramata, *Daitōa kagaku kidan*，377。

42. 有关裕仁天皇"喜欢使用"的望远镜的照片，参见 "Sesshō no miya denka goaiyō no tentai bōenkyō," *Kagaku gahō* 7，no. 3（September 1926）：205。

43. Harada，"*Kagaku gahō* no kōei，"*Kagaku gahō* 2，no. 3（March 1924）：n. p.

44. 读者在如下的文章中详细了解了这次展览，"Ueno kōen ni shinchiku ni natta Tokyo Kagaku Hakubutsukan，"*Kodomo no kagaku* 15，no. 1（January 1932）：71 - 73。关于博物馆创立日和江户科学展览，可参见 Tokyo Kagaku Hakubutsukan，*Shizen kagaku to hakubutsukan*，November 1932：13。

45. Tokyo Kagaku Hakubutsukan，*Shizen kagaku to hakubutsukan*，November 1933：4 - 5；December 1933：21. 在为期十天的展览中，每天都会播出系列电影《映画·美国建国史》（日文译名为 *Eiga Amerika kenkokushi*，1923 年由耶鲁大学出版社出版，原名为 "*Chronicles of America*"）中的几部，由 "满洲铁路公关局" 制作的五部《"满洲国"的全貌》（*Manshūkoku no zenbō*）仅在 11 月 3 日上映，而另一部讲述一群科学家去东北考察的电影《科学战士》（*Kagaku no senshi*）则在展览的最后一天，11 月 12 日上映。

虽然博物馆通讯稿没有提供任何关于 "日本第一台电视"，这大概是由 1926 年第一个成功传递视觉图像的日本人高柳健次郎（Takayanagi Kenjirō，1899—1990 年）带来的电视播放。

46. "Aidokusha kara，"*Kodomo no kagaku* 1，no. 3（December 1924）：77.

47. 同上 2，no. 1（January 1925）：88，89。

48. 同上 2，no. 4（April 1925）：78。《日本少年》，1906 年发行首刊，由实业日本（Jitsugyō no Nihon）出版；《少年俱乐部》，自 1914 年起由讲谈社（Kōdansha）出版，这是两本 20 世纪二三十年代最受欢迎的男孩杂志。这些杂志以连载小说和由流行插画家绘制的封面吸引读者；他们不刊登关于科学的文章。许多《儿童科学》的读者似乎对这些杂志有一种竞争的感觉。一位读者要求编辑在每个月早些时候，也就是 10 号左右，在《少年俱乐部》和《日本少年》出版的时候出版《儿童科学》，这样他就不会在朋友们看其他两份杂志的时候两手空空了。"Danwashitsu，"*Kodomo no kagaku* 3，no. 2（February 1926）：83.

49. 原田三夫回忆说，随着这本杂志的流行，他每天都会收到一百多封信。这可能是他自己的夸张说法；但是，考虑到杂志最终聘请了人来专门负责整理读者来信，每个月收到的读者来信数量一定非常多。参见 Harada, *Omoide no nanajūnen*, 301。

50. "Aidokusha kara," *Kodomo no kagaku* 4, no. 2（April 1925）: 334–35.

51. "Danwashitsu," *Kodomo no kagaku* 21, no. 1（January 1935）: 114.

52. 同上 19, no. 2（February 1934）: 131。

53. "Aidokusha kara," *Kodomo no kagaku* 2, no. 1（January 1925）: 89; "Honshi ni taisuru kibō to chūmon," *Kodomo no kagaku* 2, no. 3（March 1925）: 82; 以及 "Honshi ni taisuru kibō to chūmon," *Kodomo no kagaku* 2, no. 4（April 1925）: 82.

54. "Danwashitsu," *Kodomo no kagaku* 19, no. 6（June 1934）: 118.

55. 例如，可以参见同上 14, no. 3（September 1931）: 135; 以及同上 19, no. 3（March 1934）: 130。

56. 比如，可以参见一封男孩的信，上面写着"人们错误地认为《儿童科学》是一本男孩杂志。姑娘们，坚持住！"引自同上 19, no. 2（February 1934）: 131。

57. 比如，参见同上 20, no. 2（August 1934）: 122–23; 以及 *Kodomo no Kagaku* 20, no. 6（December 1934）: 114–15。

58. "Danwashitsu," *Kodomo no kagaku* 20, no. 4（October 1934）: 118.

59. 同上 21, no. 9（September 1935）: 114。

60. 同上 18, no. 6（December 1933）: 129; 以及同上 19, no. 1（January 1934）: 135。

61. 同上 20, no. 2（August 1934）: 122; 以及同上 20, no. 4（October 1934）: 119。

62. "Aidokusha kara," *Kodomo no kagaku* 2, no. 3（March 1925）: 78–79.

63. 例如，可以参见 "Kodomo no kagakukai—chihōbukai hōkoku," *Kodomo no kagaku* 2, no. 8（August 1925）: 84。

64. Harada, "Dokusha shokun e!!" *Kodomo no kagaku* 2, no. 6（June 1925）: 83. "儿童科学小组报告"版块始于 1925 年 8 月号。

65. "Danwashitsu," *Kodomo no kagaku* 19, no. 5（May 1934）; 以及

同上 20，no. 5（November 1934）：111。

66. "Nihon chiri shashin (3) Taiwan no fūbutsu," *Kodomo no kagaku* 3，no. 1（January 1926）：40 - 41；"Manshū de hakkutsu sareru kōbutsu," *Kodomo no kagaku* 15，no. 6（June 1932）：35 - 39；"Taiwan no konseiki kōzan," *Kodomo no kagaku* 18，no. 6（December 1933）：98 - 101；"Nihon san gyorui no bunpuzu," *Kodomo no kagaku* 16，no. 2（August 1932）：3；以及 "Nihon kakushu musenkyoku bunpuzu," *Kodomo no kagaku* 16，no. 4（October 1932）：6。

67. Harada，" 'Kodomo no kagaku' no yakume," *Kodomo no kagaku* 6，no. 5（November 1927）：2。

68. 伦敦海军协议，就像 1922 年签订的华盛顿海军条约一样，使日本帝国海军处于英国和美国的从属地位。就这些协议的国内影响而言，可参见 Samuels，*"Rich Nation，Strong Army*，" 96 - 97，113 - 15。

69. "Henshūkyoku dayori," *Kodomo no kagaku* 15，no. 2（February 1932）：134；以及 "Nishikichō yori," *Kagaku gahō* 20，no. 4（April 1933）：700。

70. "Saishin heiki to shōraisen zadankai," *Kagaku gahō* 12，no. 4（April 1929）：584 - 96.

71. "Saishin heiki tokubetsu - gō"（最新兵器特别号），*Kagaku gahō* 12，no. 4（April 1929）。

72. Iwasaki Tamio，"Saishin kagakusensenjō no kyōi," *Kagaku gahō* 16，no. 5（May 1931）：788 - 810.

73. 比如说，19322 月刊标题为 "Saishin kagaku heiki - gō"（最新科学兵器号）；1935 年 5 月刊，"Sekai rekkyō kūgun - gō"（世界列强空军号）；1935 年 10 月刊，"Rikugun saikin heiki - gō"（陆军最新兵器号）；以及 1937 年 6 月刊，"Ōru kaigun - gō"（有关海军）. 1936 年 4 月刊附赠了一本关于帝国海军的独立相册。

74. Hayakawa Seiji，"Gunkan mokei shinsa no kansō," *Kodomo no kagaku* 18，no. 5（November 1933）：10 - 11；Sekitani Ken'ya，"Shōsen shinsa no kansō," *Kodomo no Kagaku* 18，no. 5（November 1933）：12 - 13；以及 "Henshūkyoku dayori," *Kodomo no kagaku* 18，no. 5（November 1933）：124.

75. 研究战前日本科幻小说的主要是非学术学者横田顺弥和会津信吾（Aizu Shingo）。参见 Yokota, *Meiji wandaa kagakukan*；Yokota, *Meiji "kūsō shōsetsu" korekushon*；以及 Yokota, *Nihon SF koten koten*。还可参见 Aizu, *Nihon kagaku shōsetsu nenpyō*；还有 *Shōnen shōsetsu taikei* 中的几卷是由横田顺弥和会津信吾编写的，其中包含了一些大正时期和昭和前期的科幻小说。

76. Tsurumi, "Senji ha isshoku dewa nai, soshite imamo," 4 - 5.

77. Saeki, "Gunji roman no kisetsu," 176.

78. 横田顺弥认为，1945 年之前有过三次"科幻热潮"：1870 年代-80 年代，凡尔纳的翻译作品热潮；1900 年代至 1910 年代，诸如押川春浪（Oshikawa Shunrō）等人的科学探险小说热潮；还有就是 1935—1945 年的军事科幻小说热潮。Yokota, *Nihon SF koten koten*, 3：208.

79. 有关整体了解美国科幻小说的历史，可参见 Cheng, "Amazing, Astounding, Wonder"。

80. 关于《科学画报》和《新青年》在日本科幻史上所扮演的角色，参见 Yokota, "'Shinseinen' to 'kagaku gahō,'" in *Nihon SF koten koten*, 2：121 - 37。横田引用了原田的话，他说"当我刚开始做《科学画报》的时候，海野十三邀请我和他一起开发科幻小说。我从美国买了所有的根斯巴克（Gernsback）的《神奇故事》，但是我的英语不够好，我放弃了。我把这本杂志全部给了我初中的朋友，小酒井不木（Kozakai Fuboku）"，这名同学后来成为一个受欢迎的科幻小说作家。转引自 Yokota, *Nihon SF koten koten*, 2：127。《科学画报》举办的"科幻小说悬赏（有奖竞赛）"(kagaku shōsetsu kenshō) 于 1927 年、1928 年和 1930 年举行。"Kenshō kagaku shōsetsu boshū," *Kagaku gahō* 9, no. 6 (December 1927)：n. p.；"Sengo ni," *Kagaku gahō* 10, no. 1（January 1928）：222；*Kagaku gahō* 11, no. 3（September 1928）：656；"Kenshō Kagaku shōsetsu boshū, kagaku chūshin no shinbungei undō," *Kagaku gahō* 15, no. 1（July1930）：n. p.

81. 有关日本马克思主义对无产阶级文学和艺术的讨论，参见 Silverberg, *Changing Song*。

82. Yajima, "'Kagaku bungaku' sonota," *Yuibutsuron kenkyū* 23（September 1934）：48 - 49, 54. 矢岛于 1933 年撰写的《科学文献》是

"岩波世界文献讲座"系列（1932—1934 年）中的一卷。

83. 评论家和学者对科幻小说的定义仍有分歧。最近讨论其定义的著作包括 Freedman, *Critical Theory and Science Fiction*；James, *Science Fiction in the Twentieth Century*；Booker, *Dystopia Literature*；Bainbridge, *Dimensions of Science Fiction*；以及 Barron, *Anatomy of Wonder*。有关最近关于科幻小说的日语讨论，Morishita, *Shikōsuru monogatari*。该书在第 16—17 页中将科幻小说的本质描述为"惊奇感"。

84. 根据爱德华·詹姆斯（Edward James）的说法，这个短语首次出现在威廉·威尔逊（William Wilson）1851 年的一本著作中，1927 年《神奇故事》杂志的编辑回信中也提到过这个词。这封信是写给但直到 1929 年后，"科幻小说"才被明确地作为一种体裁来使用。James, *Science Fiction in the Twentieth Century*, 6.

85. 从 1925 年 1 月起，《科学画报》在"科学小说"一栏刊登了一系列翻译的科幻小说，第一篇翻译的小说是埃德加·艾伦·坡（Edgar Allan Poe）的作品。从 1927 年 9 月起，开始介绍日本科幻小说；第一个出现的是《科学小说：人类之卵》(*Kagaku shōsetsu: Ningen no tamago*)，这是一部关于不久的将来的黑色喜剧，一位天才科学家让人类可以孵化蛋，而不是经历九个月的怀孕期才能生产，其作者是一个医生兼作家高田义一郎（Takada Giichirō）。参见 *Kagaku gahō* 9, no. 1 (September 1927): 143-47。

86. 其中一个难点在于，这一类型与许多其他类型重叠，如侦探小说、奇幻故事和时光机游记，这些相互作用使这一类型保持活力和难以捉摸。因此，从科幻小说相对较短但动态的历史中抽象出一个固定的定义，可能会违背历史的敏感性。例如，石川乔司（Ishikawa Takashi），日本最著名的科幻小说学者之一，他将科幻小说定义为"奇幻文学"（fushigi），基于此他认为《古事记》(*Kojiki*, 712)——日本最古老的书，是日本科幻小说的第一部作品。参见 Ishikawa, "Nihon SF-shi no kokoromi," 120-37。我觉得这种分类方法是不合适的。

87. Unno, *Chikyū tōnan* (1937)，转引自 Yokota, *Nihon SF koten koten*, 2：222。

88. 引自 Yokota, *Nihon SF koten koten*, 2：340-41。

89. Edogawa, "Tantei shōsetsu to kagaku seishin," *Kagaku Pen* 1,

no. 4 (January 1937)：19 - 20.

90. Nakajima, "'Shinseinen' sanjūnenshi," 5：351.

91. 我依据的版本是 1975 年再版的 1944 年的平装本，Unno, *Ukabu hikōtō*。

92. 同上，54，68 - 69，86，95。

93. 同上，129。

94. 同上，35，39，53，169，268 - 69。

95. 例如，可参见 Honda, *The Nanjing Massacre*；and Gibney, *Sensō*, esp. chap. 2, "Life in the Military"。

96. Unno, *Ukabu hikōtō*, 281.

97. Unno, "Sakusha no kotoba," in*Ukabu hikōtō*, 284.

98. Unno, *Ukabu hikōtō*, 143.

99. Honda, "Senji ni okeru kokorogake," 以及 Kotake, "Kuni o aisuru kagakusha," *Kodomo no kagaku* 24, no. 1（January 1938）：14 - 15, 16 - 21。

100. 海野十三的 "Kaitei tairiku" 从 1937 年 4 月（vol. 23, no. 4）到 1938 年 12 月（vol. 24, no. 12）在《儿童科学》上连载。

101. 木木高太郎是庆应大学的医学博士林髞（Hayashi Takashi）的笔名，他曾于 1932 年在列宁格勒实验医学实验室师从伊万·巴甫洛夫学习条件反射；尽管他从未参与过马克思主义政治，但他在苏联的经历或许可以解释他在《绿色的日章旗》中描绘的集权、技术官僚乌托邦。在 20 世纪 30 年代和 40 年代初，在海野十三的鼓励下，他写了许多关于科学和科幻的文章，他的笔名也是海野十三给他取的。

木木高太郎的《绿色旭日旗》于 1939 年 1 月至 1940 年 9 月首次在《儿童科学》上连载，然后在《学生科学》（*Gakusei no kagaku*）上刊登。从 1940 年 10 月起，《儿童科学》更名为《学生科学》，而新的《儿童科学》则改为面向小学高年级学生等较年轻的读者。我在杂志上用的是连载版本，但是这个故事在 1941 年也出版了平装本，现在又重刊了：*Kūsō kagaku shōsetsu shū*, 339 - 424。

102. Kigi, "Midori no nisshōki," *Kodomo no kagaku* 25, no. 10（October 1939）：52.

103. 关于以年龄为基础的制度，参见同上，51 - 52。关于 "illumi-

rie"、移动人行步道和电视购物等技术，可参见 *Kodomo no kagaku* 15, no. 7（July 1939）：48 - 52；同上 26, no. 3（March 1940）：50 - 52；以及同上 26, no. 4（April 1940）：50 - 51。关于政党的内容，参见同上 26, no. 3（March 1940）：431。关于"科学"研究方法的参考文献参见同上 25, no. 12（December 1939）：49。

104. 同上 25, no. 12（December 1939）：49；以及同上 26, no. 3（March 1940）：251。

105. 同上 26, no. 4（April 1940）：52；同上 26, no. 6（June 1940）：52；以及同上 26, no. 7（July 1940）：50 - 51。

106. Sano Hide, "Otto Unno Jūza no omoide," *Geppō* 4, 1.

107. Kigi, "Midori no nisshōki," 49.

108. *Kodomo no kagaku* 25, no. 7（July 1939）：52。

109. 千祖子的插图几乎插入了每一个章节。有关她在故事结尾所发挥的作用，参见 *Gakusei no kagaku*, October 1940：48 - 51。

110. 同上，92。

111. 同上，92。

112. "Kokumin gurafu o zen kokumin ni suisensuru," *Kokumin kagaku gurafu* 1, no. 1（December 1941）：n. p.

113. "Daidokoro no kagaku：Okusama to jochū - san mondō," *Kokumin kagaku gurafu* 1, no. 1（December 1941）：6 - 7；"Jogakusei o dou kagaku saseru?" *Kokumin kagaku gurafu* 2, no. 9（September 1942）：15 - 20；以及 "Josei no midashinami, ikebana no kagaku," *Kokumin kagaku gurafu* 3, no. 1（January 1943）：22 - 23.

114. 有关战时女性劳动力动员，参见 Miyake, "Doubling Expectations"。

115. 可以参见 "Joshi kikaikō hodōsho miru," *Kagaku gahō* 29, no. 8（August 1940）：44 - 45；Hukushima Tsuyuko, "Washi suku machi," *Kagaku gahō* 29, no. 9（1940 年 9 月）；以及 Matsuda Keiko, "Eiyōshoku kateino naka he," *Kagaku gahō* 29, no. 11（November 1940）：100 - 104。

116. 1942 年，政府组织"科学动员会"（kagaku dōinkai）邀请原田担任顾问。参见 Harada, *Omoide no nanajūnen*, 344。

117. Harada, "Kumo, kiri, tsuyu, oyobi shimo wa doushite dekiru-

ka," *Kokumin kagaku gurafu* 2, no. 11 (November 1942)：18 - 19；Harada，"Tsuki no kao," *Kokumin kagaku gurafu* 3, no. 9 (September 1943)：3；以及 Harada, "Netsu riyō no konjaku," *Kokumin kagaku gurafu* 4, no. 1 (January 1944)：10 - 11。

118. 有关发生在东北西北边境附近的诺门罕事件的详细研究，参见 Coox, *Nomonhan*。

119. 有关日本帝国军队努力发展最新的武器和国防工业，比如"零式战斗机"，参见 Samuels, "*Rich Nation, Strong Army*," chaps. 3 - 4。

120. 我在这里把"国民"(kokumin) 译为"national people"，因为新国民学校的目标是创造出忠于天皇、忠于国家的理想帝国臣民，即国家战时需要和意识形态所定义之下的人民。

121. 有关该法令的详细内容，参见 Nagahama, *Shiryō kokka to kyōiku*，10：226 - 27。

122. 伦理是"学习民族精神，建立对国家主体的信仰，提高帝国民族使命的意识"所必需的；体育是为了使人"具有积极强壮的身心和为国家服务的能力"；艺术课程是为了"获得高水平的审美感受力和艺术技巧的表达能力"；职业学习则是为了让人"在一份工作上坚持下去，并具有通过自己的职业为国家奉献的热情"。出自 *Kokumin gakkō kyōsokuan setsumei yōkō*，摘自 Nagahama, *Shiryō kokka to kyōiku*，174。

123. Nagahama, *Shiryō kokka to kyōiku*, 387.

124. 转引自同上，392。

125. 转引自 Itakura, *Nihon rika kyōikushi*，373。关于整个自然研究课程的概述，参见同上，372。

126. 转引自同上，375。

127. *Kyōiku shingikai shimon daiichigō tokubetsu iinkai kaigiroku* (1938)，出自 *NKGT*，10：228 - 29。该审议会由近卫内阁于 1937 年成立，并于 1937 年 12 月 23 日开始举行了一系列会议，讨论即将到来的教育改革。参见 *NKGT*，10：215 - 20。

128. 转引自 Itakura, *Nihon rika kyōikushi*，352。

129. Monbushō, *Kokumin gakkōrei shikō kisoku* (1941) 引自 *NKGT*，10：227。

130. Monbushō, *Shizen no kansatsu*, 3。

131. 同上，1。

132. 同上，3。

133. Shimomura, "Risūka ni tsuite," 引自 *NKGT*, 3：235。

134. 有关桥田邦彦"作为实践的科学"(*Gyō to shite no kagaku*, 1939) 的更详细的总结，参见我在第二章的讨论。

135. 例如，可参见 Hashida, *Kagaku suru kokoro*. 这本由文部省出版的著作，其内容与前面提到的他 1939 年的著作非常相似。"做科学"这一说法在现今的日本又作为国家推广科学技术的一部分重新出现了。

136. 阅读《儿童科学》的韩国儿童也接受了自然研究教育。1942年，韩国的学校也改名为国民学校，课程按照日本的五类课程进行了改革。韩国版的《自然的观察·教师手册》也与日本"内地"版的一样，唯一不同的是，韩国版增加了额外的介绍，解释了国民学校在韩国普通教育中的作用，并强调了"日韩统一"(naisen icchi) 的口号。参见 Chōsen Sōtokufu, *Shizen no kansatsu*。

137. 其中最引人注目的人物是曾在东京帝国大学任教的林博太郎 (Hayashi Hakutarō)，他是日本最早的科学教育改革者之一。文部省任命他为教育评议会会长。林博太郎对负责科学课程的文部省委员会之一的理科书编纂委员会 (rikasho hensan iinkai) 的会长樱井锭二发起过猛烈批评。林博太郎出任教育评议会会长后，教育评议会被解散，樱井也失去了影响力。参见 *NKGT*, 10：221。有关左翼教育改革家团体"教育科学研究会"(kyōiku kagaku kenkyūkai) 在 20 世纪 30 年代发起，并且自 20世纪 40 年代以来卷入全面战争体系的教育改革运动的更多细节，参见 Satō Hiromi, *Sōryokusen taisei to kyōiku kagaku*。

138. 参与自然研究和数学研究方案起草的文部省官员冈现次郎后来说，他和他的同事特别研究了长野县、韩国和中国台湾地区所使用的教科书。由于他们不受教育部的影响（长野县有自己的科学教科书，韩国和中国台湾地区有自己的由殖民政府出版的教科书），他们的科学教育更加进步。Oka, "Teigakunen rika seitei no ikisatsu," 见于 *Rika no kyōiku* (February 1956)，转引自 Hori, *Nihon no rika kyōikushi*, 3：932 - 33, 938。

139. Ogura, "Sūgaku kyōiku sasshin no tameni," in *Senjika no sūgaku*, 176.

140. 出自 Oka, *Rika no kyōiku*，转引自 Hori, *Nihon no rika*

kyōikushi，3：938 - 39。

141. Itakura，*Nihon rika kyōikushi*，368. 日本教育学家寺川智祐（Terakawa Tomosuke）也认为，1941 年至 1945 年的科学教育不同于其他极端民族主义和军国主义的科目，是基础科学教育史上的里程碑。寺川认为战时的科学和数学研究是迈向战后科学教育的积极一步。参见 Terakawa，"Waga kuni ni okeru shotōka rika kyōiku no senkan,"149，151。

142. 然而，具有讽刺意味的是，1943 年以后，由于战争形势恶化，学生们为了弥补劳动力的不足，不得不去工厂和田地，无法接受战时政府发起的国民学校教育。

结　论

战后初期的科学议题

1945 年 8 月 15 日，裕仁天皇发表了他的第一次广播讲话，宣布日本无条件向盟军投降。当天晚些时候，首相铃木贯太郎（Suzuki Kantarō）也在广播中说："从现在开始，我们需要发展科学技术，因为这是我们在这场战争中的弱点。"[1]在铃木贯太郎的广播讲话一个月后，新任文部大臣前田多门（Maeda Tamon），向全国发表了一次讲话，他说："让我们建设一个文化日本，培养出科学的思维方式。"[2]从前为战争而推动的科学技术和科学精神，现在又为了新日本的重建而得到鼓励。一夜之间，科学从战争的工具转变为日本和平时期重建的关键。

尽管日本遭遇了可以说是 20 世纪最具破坏性的科学创造——原子弹，但在 1945 年，几乎没有日本人拒绝科学。事实上，在战后不久的几年里，促进科学的声音更大了。历史学家中山茂写道："没有人说'我们不再需要科学技术，因为我们从科学技术发展的结果中遭受了巨大的损失，即原子弹'。科学经历了从战时到和平时期的转变，没有受到任何伤害，也没有受到任何人的批评。"[3]很少有科学家被指控犯有战争罪，也没有任何科学家被公开要求为他们的战时研究负责。相反，日本人在战后不久表现出对科学的欢迎态度，对科学和技术的不加批判的颂扬持续到 20 世纪 60 年代，彼时环境问题开始引起严肃关注。

173　　　许多人，就像日本首相铃木贯太郎在投降日那样，认为日本输掉了这场战争是因为它的科学技术薄弱，并主张这一点证明了战后日本大力发展科学技术的必要性。八木天线的发明者八木秀次（Yagi Hidetsugu），战时技术院的领导人，也用这个逻辑来推动战后的科学推广。八木秀次说："鉴于日本刚刚输掉了一场科学战争我们需要发展科学来建设一个和平的国家。"[4]

　　另外的一些人则认为，日本参战的决定本身就是不科学的。根据这一论点，如果日本是足够科学的，它就会做出理性的观察，即它将无法击败科学和物质上更优越的美国。例如，物理学家中谷宇吉郎（Nakatani Ukichirō）认为，日本在战争中的损失：

　　　　不仅因为它的科学的"封建性质"，也因为这个国家本身的不合理性……最突出的事实是，日本的各省大臣、将军等精英阶层根本就是不科学的。这是造成日本目前痛苦的最大原因。我并不是说，如果日本领导人更科学一些，日本就会赢得战争。不是这样的。即使这些精英精通科学，日本也赢不了这场战争。我想说的是，如果那些人更科学的话，他们甚至不会发动无望的战争。[5]

科学家和工程师们推出的新杂志《科学—技术》（*Science-Technology*）在其首刊宣言（1947 年 12 月）中也提出了类似的主张："如果明确知道不可能胜利，那谁也不会发动战争。有必要反思与军方有联系的科学技术专家是否提供了纯粹、客观的信息。"[6]

无论科学的缺乏是导致了日本战争的发动还是投降，战后初期日本的科学议题都强调了战时日本的不科学和不合理的特征。[7]没有人对战时科学技术的推广进行反思。哈里·凯利（Harry Kelly）等被占领当局聘用的科学家们为被占领的日本制定了改革日本科学界所用的科学技术政策，这是日本民主化的重要组成部分。然而，科学与民主之间的联系既不是美国占领当局提出的，也不是美国占领当局强迫而生的。日本科学家和科学促进者认为科学对重建日本来说是必要的，他们相信日本将被重建为一个民主国家。战后初期日本有关科学的议题与其对民主的要求交织在一起。

"和平与民主的科学"的最积极的推动者是民主主义科学家协会（minshushugi kagakusha kyōkai，以下简称 Minka，即"民科"），它是战后近十年内日本最大的自然和社会科学家组织。民科成立于 1946 年 1 月 12 日，旨在促进"促成民主革命的科学活动"。[8]该组织的第一任会长是小仓金之助，而且其事务局中也有很多人是原唯研成员。民科宣布，既然战争已经结束， *174* 日本最终可以，也应该会是科学的。小仓金之助在成为民科会长之后不久在报纸和期刊上发表的对日本科学的分析，与他自己在 20 世纪 30 年代初展开的分析是一样的。他仍旧认为"西方科学——包括自然科学和社会科学——是民主的"，因为它的"科学精神"来源于摧毁国家的迷信和宗教思维的斗争。小仓金之助认为，就像他在两次世界大战之间著述中说的一样，日本现代性的独有问题扭曲了日本的科学，使其成为"封建的""官僚的"和"地域性的"。他对日本科学家缺乏社会参与的批评也以类似的方式得以延续。[9]在两次世界大战期间，他敦促他们参与社会事务。在战时，他告诉他们参加国家的战争活动。现在，在战争结束后，他批评许多日本科学家对日本民主化活动漠不关心。[10]小仓在战后的著作中坚持认为，"成为一名真正民主的科学家是唯一真正的报国之道"。[11]

小仓金之助和民科主张的"科学与民主的结合"是幼稚、很成问题的。小仓不加批判地将西方等同于现代精神，将民主等同于进步科学。他对日本现代性独有问题的分析正是基于这些标准。正如历史学家广重彻指出的那样，如果把科学事业的质和量的增长解释为民主主义的结果，我们将无法解释科学在军国主义德国或战前日本的崛起。广重彻认为：

> 只要小仓将他对"独特的日本"科学的描述与理想化的西方联系在一起，他的历史分析就必然失败。从 19 世纪末到 20 世纪初，科学的民族化是所有先进工业国家普遍存在的现象，这是当时社会经济发展的必然结果。科学民族化造成的扭曲不只发生在日本。[12]

　　事实上，正如我们在第二部分中所看到的，在科学和进步民主之间画上的这种天真的等号导致了小仓对战时科学政策的支持，这是颇为讽刺的。作为一名参与过大正自由教育运动的马克思主义者，小仓金之助批评理论数学是资产阶级象牙塔的科学，主张应用数学是无产阶级的理想科学，鼓励科学家之间的合作和科学家对社会需求的参与。当技术官僚的"科学技术"政策推动了这一切时，小仓曾公开称赞过这样的国家政策。换句话说，当国家提出"科学日本"的愿景，包括对封建和资产阶级做法的批评时，小仓金之助发起了参与并因此被纳入当时国家所发起的科学推广活动之中。[13]

175

　　然而，极为重要的是，战时国家与马克思主义知识分子在批评封建主义和资本主义方面的相似之处，只是导致这种融合发生的其中一个因素。我们不应忘记，在战时，日本的审查制度、对监禁的恐惧以及监狱中的虐待——包括死亡——是真实存在的。众多"思想罪犯"因酷刑、营养不良和卫生条件差而死在监狱里。这些知识分子选择在战时的日本发表文章，是出于经济和政治上的原因，也是为了通过与国家的政治联盟来防止特别高等警察的无端逮捕。在无数回忆录和日记中可以清楚地看到，恐惧的程度、即使是朋友之间也会告密和背后中伤的现实，以及保护自己生命和家人的不顾一切的愿望。尤其是马克思主义和自由主义知识分子，他们被特别高级警察列入了黑名单，因此需要从战时国家获得"加分"来保护自己。[14]在战时的日本，马克思主义和自由主义是被压制的议题，科学是小仓金之助和三枝博音能够继续写作的唯一领域。科学给他们提供了一个有限的空间来继续他们的批判和抵抗。然而，正是因为这个原因，科学也成为将这些学者吸收到他们之前所批评的那种民族主义之中的通道。然而，对于那些拒绝参与/融合的人，当局没有表现出任何仁慈，如户坂润在监狱中的突然死亡就证明了这一点。

因此，那些参与战时科学动员的人在战后进行的科学推动活动，不能也不应该脱离他们自己的战时著作来理解，尽管没有一个科学促进者公开反思他的战时著作（小仓是少数这样做的人之一，但他的自我批评直到 1953 年才开始，那时他开始感到自己的年事渐高）。[15]

相反，他们在战后初期推动科学的形式是强调战时日本的不科学和不合理的特征，这促使他们促进科学、展开合作。在战时的日本，日本人忽视了科学的存在，战后初期对科学的颂扬让许多战时的科学报国者抹去了他们自己建立起来的科学和战争之间的联系。

我们有一个事例。东京大学航空科学研究所工程系的成员富冢清于 1947 年再版了他于 1940 年初版的《科学日本的建设》一书。在 1947 年版的序言中，他写道：

> 我删除了早期版本中所有的军国主义和日本的表达。我认为，这些表述只是为了掩盖我对国家的批评，如果你读了它，就应该明白这一点。尽管如此，我还是把它们都

删了，因为它们确实不符合今天的情感。但大部分内容都　　176
是没有任何改动的再版。事实是，我的（战时）著述在今天
仍有意义……我没有跟随当时的潮流，只是如是说出了我
所相信的是非对错。[16]

的确，富冢清并没有改变很多剩余的 1940 年的著作中内
容，他的基本论点是，日本还不够科学，因此需要促进科学。
对富冢来说，能够说他没有与战时政府合作对他个人名誉和他
的事业都很重要，因为这样他就不会被清洗。在我们的分析
中，他能够并且愿意在战后不久的日本出版几乎相同的内容的
这一事实，则有着完全不同的原因，而这才是最重要的。富冢
清在战后的版本中没有提到的一点是，他这本著作的战时版本
是在近卫内阁把促进科学技术作为国家的首要任务后立即出版
的。因此，富冢清“没有跟随当时的潮流”的说法是不正确
的。事实上，他写的是国家想要听到的。毕竟，战时国家批准
了他的书的出版。富冢清所在的研究机构——东京帝国大学航
空科学研究所，是日本航空学的中心，这是一个可能比其他领
域获得更多资金的具有战略意义的领域；与此同时，正因为如
此，富冢清见证了低效的官僚主义，军队对个人研究内容的入
侵，以及该领域令人失望的质量。他用沙文主义包装自己在战
时对科学日本的宣传，这让他能够在战时尽可能多地间接地批
评日本的地位，但这种批评完全被国家对科学的动员所同化。
在战后的再版过程中，被抹去的不仅仅是不符合战后情感的

"表述"，而是科学促进者与战争动员之间关系的合作性质。

　　把科学与反军国主义天真地联系在一起的行为，也影响了战后对战时科学教育改革以及自由教育运动的评价。例如，正如我们在第六章中看到的，历史学家认为，1941 年的科学教育改革是大正时期持续不断的"自由教育改革"的迟来的胜利。这些学者认为，大正自由主义的胜利是在民族主义的环境下取得的，也就是说，伦理、历史、阅读教科书都以国家政治的神话为基础。[17]

　　如果假设促进科学必然意味着促进民主或反军国主义，就很容易得出这一结论。1941 年的改革似乎确实大大提高了科学课程的质量，但是，科学的推广和"进步"的科学教育方法并不一定与神话国体意识形态相矛盾。事实上，进步科学教育正是通过"理想的国民是一个忠于天皇和科学技术能力强的人"这一主张而得到推广的。战时政府的新体制运动通过《科学技术新体制纲要》来促进和设计科学技术，并以全面战争动员为目的，将科学教育纳入国体意识形态之中。

　　战后将科学定位为对抗战时法西斯主义和非理性军国主义的力量，这有助于日本人继续利用战时的科学技术理想。战后初期的几年里，许多战时科学的推动者只是简单地重印了他们的战时著作，几乎很少有修改。[18]政策制定者也不例外。1941 年《科学技术新体制纲要》以及根据该纲要创建的机构在战争结束后正式废止，但相关的大多数人员仍然留在中央官僚机构。例如，在《改订 日本经济再建的基本问题》(*Kaitei Nihon keizai saiken no kihon mondai*）可以看到战时和战后之间的直接联系，这份报告于 1946 年 9 月由外务省提交。第六章《技术的振兴》(*Gijutsu no shinkō*)①，就是由仍然供职的技术官僚撰写的，这份报告也是战后日本国家的第一个技术政策。在这一章所倡导的 11 项政策中，有 9 项与 1941 年纲要所强调的政策几乎一致，例如资源的利用和创造，促进亚洲技术发展，以及日本经济的国家计划。[19]唯一的区别是删除了明确提到战争和帝国的内容。换句话说，在 1945 年之后，日本的技术官僚为了实现他们自己的科学日本愿景，继续着推行他们的科学技术政策。此外，在战后不久，技术官僚终于实现了在中央政府拥有属于自己行政领域的梦想。宫本武之辅原先隶属的内务省下辖的战时土木局于 1948 年 7 月成为一个独立的省——建设省，负责管理全国土地规划。[20] 1956 年，日本政府还成立了科学技术省，作为管理科学技术政策的独立机构。这两个行政单位正是技术官僚在战时梦寐以求的。

日本主义者关于欣赏自然和实践科学的日式独特方式的论述也在战争中毫发无损。在第六章中我们已经知道，在战争期间，文部省大臣桥田邦彦和新科学课程告诉国民，由于日本人对自然的独特态度，日本的科学不同于西方科学。这一论述在当代日本仍然是一个反复出现的议题。比如，渡边正雄对日本现代科学的研究与桥田 50 年前的观点几乎相同。[21]渡边正雄是

178

---

① 原文如此，实际上是后篇第四章第六节。——译者注

东京大学的名誉教授，直到最近，东京大学还是日本唯一一个本科生可以主修科学史的地方。关于东西方"根本"的文化差异，渡边认为：

> 学生们注意到……日本特有的东西：由来已久的对自然的热爱。这种对自然的热爱体现在，例如，风景、庭园式盆景、盆栽、插花、茶道、俳句，甚至是烹饪艺术。与西方人不同，自然对于日本人来说并不是一种传统上的调查对象，也不是为了人类的利益而剥削的对象……[22]
>
> 显然，在日本，这种情绪在仓促引进现代科学技术后迅速消退。然而，作为西方科学基础的人与自然关系的观念并没有完全取代传统的情感。[23]

渡边为支持这一论点所提出的论据是散碎的，而且多是轶事。例如他在美国的个人经历、古代日本诗歌、15 世纪的绘画和 18 世纪的禅宗和尚等。如果户坂润读过这部作品，他会把它叫作"引用精神的滥用"，就像他在 20 世纪 30 年代批评日本主义的话一样。虽然渡边说他写这本书是为了宣传日本的科学史，但他对"日本人热爱自然"的与历史无关的肯定之中是没有史实可言的。在这种"独特"的日本科学认定中，容易被忽视的是日本战时对亚洲自然和人力资源的剥削，以及日本的发展给日本和亚洲带来的各种环境问题。

将科学从我们对战时日本的记忆中抹去，导致了严重的后果。也许最糟糕的例子是日本绿十字会。1989 年，即昭和天皇去世、平成时代到来的那一年，高档平民主义杂志《天天日本》（Day's Japan）在 6 月号上刊登了一篇揭露事实的文章。这篇题为《黑色血液和白色基因》的文章揭露了战后两个受人尊敬的机构——日本最著名的血液处理机构之一，而且是日本著名的预防医学研究所的绿十字公司和日本战时生物战争项目731 部队之间令人不安的联系。731 部队是日本皇军的秘密项目，对在东北非自愿中国人进行过各种活体细菌和化学实验。《天天日本》发布的文章中包括数十张与这两所机构有关的人的照片，并显示他们都是 731 部队的同事。绿十字公司已经安置了许多前 731 部队人员；日本国立预防卫生研究所过去 *179* 的 9 位所长都来自 731 部队，他们利用了后者战时实验中获得的专业知识。731 部队的许多研究人员被大型制药、医疗公司和东京大学、京都大学、大阪大学等著名大学雇用。[24]正如战后留在中央官僚机构的技术官僚一样，这些科学家留在精英机构，没有受到指控，并为重建一个"和平、民主和文化"的日本做出了贡献。

不过，他们真的做出了这样的贡献吗？十年后的 1999 年，日本人再次回想起了绿十字公司和战时细菌战之间令人不安的关系，彼时，绿十字公司被查出，由于 20 世纪 80 年代中期的经营不善，而向血友病患者提供了感染艾滋病病毒的血液。

但是，那些在法庭上接受了审判的绿十字公司的职员，仅被判处三年以下有期徒刑或无罪，而受害者们对法庭裁决结果的抗议仍在继续。许多日本人指出，这家公司一定继承了战时细菌战项目草菅人命的心态。自然，绿十字公司和 731 部队的例子并不能支撑日本主义者所声称的"日本人对自然和生命有特殊的欣赏"。

那些相信"日本独特自然观"的人可能会对作为日本"疯狂皇军"变态行径的体现的作战计划不予一顾。但是，把这个作战计划视为日本历史上的一个特例，只会进一步抹杀战时的科学话语。正如我们在第六章中看到的那样，像本多光太郎这样备受尊敬的科学家在战时告诉日本青少年，要成为科学家，这样他们才能制造强大的武器，并通过科学服务于国家。那些参与恐怖人体实验的研究人员正是在某种程度上响应了成为科学帝国的臣民的号召。

我们如何抵制这种对战时科学话语的抹杀？为这种科学话语起一个方便大家公开讨论的名字是一个可行的办法。命名和理论化也将有助于在世界范围内给日本一个定位，以免其成为一个特例而脱离于现代历史。我建议将其命名为"科学民族主义"。

科学民族主义

读者可能不太熟悉"科学民族主义"这个词，因为它是我自己造的。不过，研究 20 世纪的人应该熟悉这种民族主义潮流。[25]我所定义的科学民族主义，会认为科学和技术是国家完整、生存和进步最紧迫和最重要的条件。这种科学民族主义呼吁为民族发展科学技术，并倡导民族和文化变革，以进一步推进这一目标。它主张建立科学的国家，因此需要设想科学是什么或应该是什么，以及国家是什么或应该是什么这些问题。

　　科学民族主义不应该被认为是一种单一的意识形态，因为定义科学和民族文化一直是一个有争议的、多方面的努力。例如，尽管日本的科学民族主义中有通用的公式化的、审查机构批准的表达，如"科学报国""技术报国"，但这种表达里包含了各种各样的、经常相互竞争的要求和批评，这些要求和批评来自对科学日本的不同看法。例如，本书就考察了参与到这种科学政治之中的三个主要团体。

　　虽然本书的重点是日本，但科学民族主义不应该被认为是日本独有的。这是 20 世纪的世界性现象。民族主义和科学的话题可能会立即让人联想到纳粹科学或苏联科学的形象。诺贝尔奖获得者菲利普·莱纳德（Philipp Lénárd）和约翰内斯·斯塔克（Johannes Stark）等纳粹物理学家在 20 世纪 30 年代推动了"雅利安物理学"，宣称其具备独特的种族/民族特征。他们攻击爱因斯坦的相对论，为经典物理学辩护，并试图将所有犹太科学家赶出这个领域，而纳粹物理学家力图成为"物理学的元首"。[26] 意识形态科学的另一个臭名昭著的例子是 20 世纪 30 年代到 60 年代苏联的李森科主义。苏联领导人将遗传学视为资产阶级伪科学而拒绝发展这个学科，处决或拘留了遗传学家，并发展了专门基于非遗传技术的农业科学。[27] 然而，把这些轶事当作科学民族主义的唯一例子，就等于认为科学民族主义只会推动"坏"科学。其他与专制国家没有联系的国家也相信民族性会在实践和结果两个层面上影响科学。

想想美国和苏联之间的太空竞赛吧。人类登上月球不仅是科学技术的胜利，也是一个极具象征意义和政治性的行为，可以让这两个国家的财富、智慧以及其政治和意识形态体系的有效性得以展示。在冷战期间，科学进步的意识形态是每个国家民族主义的组成部分。冷战也影响了美国的科学实践形态。它坚定地确立了德怀特·艾森豪威尔所称的"军事-工业-学术综合体"。[28]非西方国家也有自己版本的科学民族主义，通常伴随 *181* 着"重新发现"的本土科学和现代民族认同的融合。在中国，草药和其他传统药物已有意识地被融入其现代性之中。无独有偶，印度的印度教民族主义者最近也提出了"吠陀科学"。[29]因此，尽管日本科学民族主义声称日本科学是独一无二的，但这种说法也并没有什么独特之处。

事实上，科学民族主义应该被理解为一种特定于时间而不是空间的现象：它是一种独特的 20 世纪现象。科学民族主义的出现和识别需要几个因素的存在，这些因素在 20 世纪初一起出现：对科学和技术的坚信，民族国家作为政治单位的至高无上的地位，知识制造的集中化和国有化，以及在国际竞争场合中科学被视为国家所有的。这些竞争场合包括诺贝尔奖等国际公认的奖项、专业学会和会议，以及国家之间的战争。第一次世界大战对科学民族主义在世界上的出现具有决定性的意义。第一次世界大战以化学战争、坦克、战斗机、战略轰炸和潜艇的引入等，向世界展示了现代科学技术的破坏力。第一次世界大战进一步将科学技术的力量与一个国家的命运紧密地联系在一起。

　　科学民族主义的概念为目前正初于扩大趋势的民族主义研究增添了一个新的维度。自 20 世纪 80 年代以来，民族主义已成为历史学家、社会科学家、政治理论家和哲学家之间学术讨论的一个主要话题。讨论主要集中在民族主义的定义、分类和起源问题上，还有民族主义是建立在真正的共同历史、文化和语言之上，还是构建在现代性的基础之上。[30]但在这种民族主义的讨论中，科学的话题几乎总是缺失的。正如不认真对待民族主义就难以理解 20 世纪一样，我认为，不认真对待科学就难以理解 20 世纪的民族主义。对科学民族主义的研究可以阐明民族主义固有的矛盾和模糊性。民族主义努力阐明和强调差异。它调动语言、历史、宗教、生物、地理、政治价值观和许多其他特征，以确定一个民族的假定独特性。民族主义以其民族独特性的观念而兴盛，但往往正是这种观念使民族主义的主张变得可疑和充满争议。当民族主义试图包含科学的时候，这些矛盾和含糊会变得更加深刻。现代科学通常不被认为是某一个民族独有的东西，因为它需要从普遍性中获得自己的合理性。为了让科学实验的结果被认为是合理的，科学实验的结果应该是相同的，无论是谁在哪里做实验（只要条件成立）。科学策论也需要被世界上有科学素养的人理解，才能从根本上得到承认。因此，方程和数字是一种通用语言。科学民族主义是 *182*

矛盾的，因为科学的普遍性与民族主义的特殊性经常发生冲突。由于这种矛盾性，对科学民族主义的考察揭示了现代民族主义的一个重要组成部分——动态、紧张和政治。

作为一种民族视野，科学民族主义与在给定社会中共存的其他民族主义相互竞争和补充。例如，日本帝国时期的科学民族主义从来就不是占主导地位的民族主义；它与其他已经被命名和研究的变种共存，如官方民族主义、文化民族主义和语言民族主义。[31]在日本，科学民族主义与其他民族主义的区别在于，它是——而且可能是唯一一种——出第二次世界大战之淤泥而不染的民族主义。1945 年之后，科学民族主义的论述不但没有在战时论述的基础上做出太多修改，而且还得以蓬勃发展。可以说，在战后初期的日本，科学民族主义成为民族主义的主流。

基于前几章对特定的技术官僚、马克思主义知识分子和科普促进者的研究，我假设科学民族主义的历史为如下情形。在日本，科学民族主义出现在第一次世界大战后的大正民主时期，并在第二次世界大战期间继续发展，之后成为战后的主流意识形态。大正日本所推动的科学并没有被第二次世界大战时期的"狂热"所取代，而是为战时的科学动员奠定了基石。20世纪 20 年代通过学校、官方活动、期刊、报纸、博物馆、电影和小说发展起来的广泛而活跃的科学文化的战时部署，成为科学动员政策的基础。而战时对科学技术的动员又为战后的科学民族主义议题打下了基础。

"科学日本"通常被认为是战后日本的典型理想，是 1945

年极端民族主义军国主义被击败后出现的新口号。历史学家促
成了这种观点，而这种观点忽视了战时科学民族主义的存在。
直到20世纪80年代初，由日本马克思主义历史学家、像丸山
真男这样的现代主义历史学家和西方现代化理论家发展起来的
对现代日本的主流解读认为，20世纪30年代和40年代是日本
的至暗时代，是极端民族主义、不科学和极权主义的时代，而
1945年的战败是日本走上"健康"的现代化、民主化和科学促
进的轨道的一个重要转折点。[32]尽管随着越来越多的学者投身于
战时和战后日本之间切实和微妙的联系的研究，这种叙事失去
了很大的解释力，但是在通俗历史写作中仍然具有影响力。[183]

　　然而，我不仅仅是在重复最近学者提出的连续性论点。[33]对
科学日本的呼吁实际上是战前科学民族主义的直接延续，而不
是战后的特有现象；然而，战后的科学民族主义颇为有意地抹
去了这段历史。那些忙于为日本帝国推广科学和技术的人，和
为战后的民主而继续推广他们的科学民族主义的人，正是同一
批科学民族主义者；为了做到这一点，他们一致强调科学在战
时的日本是如何被忽视的。将战时日本定性为非理性甚至反科
学的，不仅因为战后历史学家忽视了战时日本存在的科学民族
主义，还因为那些科学推动者要确保他们的科学民族主义看上
去很新颖、很适合国家的和平重建。恰恰是由于科学民族主义
在战后日本得以存续，战时的科学民族主义才变得销声匿迹。
从这个角度来看，1945年的"转折"既不是对科学日本的新构
想的剧烈转变，也不是为了强调连续性而被否认的东西；这是

科学策论的另一个重要时刻，在这个时刻，科学民族主义者致力于定义并宣称科学以控制战后日本。

明治维新和平成维新之间

对科学民族主义的思考，在当代平成日本（1989 年至今）的背景下尤为重要。平成日本，一方面见证了一种民族主义的、不批判的日本近代历史叙事的诞生；另一方面，也大力推动了科学技术的复兴。

自 20 世纪 90 年代中期以来，新民族主义者一直在集中努力阻止对战时日本的批判性审视。其中犹以东京大学教授藤冈信胜（Fujioka Nobukatsu）领导的团体最为活跃、影响最大。这一团体通过自己组建的组织——新历史教科书编撰会和自由主义历史观研究会[34]——已经出版了课堂用历史教科书和许多面向普通读者的其他书籍。这些书中的许多都配有人气漫画家小林善范（Kobayashi Yoshinori）的插图，这极大地有助于吸引年轻读者的注意。

这一团体的保守知识分子要求秉持他们所谓的"自由主义史观"。他们认为，在战后几十年里，两种错误的叙述已经扭曲了日本的历史写作。一种是"东京审判史观"，据新民族主义者所言，这种历史主义视美国为"英雄"，而视战时日本为"祸首"。另一种是把社会主义视为英雄，把帝国主义（即日本帝国）视为祸首的"共产国际史观"。而藤冈信胜领导的团体则将这两种叙述视为"自虐"行为而拒不接受，而提出了"自由主义史观"作为第三种叙述，该团体声称，这种叙述提供了一种日本年轻一代可以引以为荣的民族历史。他们编纂的历史书，包括已经通过文部省审查的教科书，将日本帝国描绘为一个仁慈、和谐的帝国，并排除了所有关于日本战时暴行的讨论，如军队性奴制度（"慰安妇"制度）以及南京大屠杀。[35]因此，他们名字中的"自由主义"的含义应该被理解为将日本人从对国家殖民历史的悔恨和责任感中"解放"出来。

对于那些只希望看到民族主义对日本历史产生的积极影响的人来说，忽视日本的战时历史是一种常见的手段。这种手段通常将明治民族主义理想化，忽略了战争时期，而强调从明治时期到当代日本的延续。这个手段被司马辽太郎（Shiba Ryōtaro）所采用，他可以说是自 20 世纪 60 年代以来日本最受欢迎的历史小说作家。文学评论家小森阳一（Komori Yōichi）是这样解释司马辽太郎的叙述的：

> 司马辽太郎写道："宗教反西方意识形态的狂热潮流是由昭和的一群狂热的军人推行的，他们相信'昭和维新'，造成了大东亚战争，致使日本陷入了悲惨的灾难……大东亚战争是世界上最离奇的事件。为什么军人集团要发动这场从常识上看毫无希望的战争？这是因为即使明治维新的领导人也拒绝宗教反西方意识形态……这种思想在无知的军人的头脑中重生了。令人惊讶的是，它被伪装成一种'革

命思想'，驱使了军方，迫使数百万国民死亡。"司马辽太郎
完全否认了战时昭和，并将"军方"和国民对立起来。通过
这种叙述，他试图通过国民在现代日本构建连续性。[36]

"昭和维新"是发动 1936 年二二六事变的皇道派提出的口
号。司马辽太郎无法接受这些"疯狂"。昭和军人作为日本真
实的一部分，就让他的理想国民以爱国英雄的身份出现在自己
的小说中：他们是在中日战争和日俄战争中取得胜利的明治维
新革命者和军人。正如上文小森阳一所指出的那样，司马辽太
郎拒绝接受以昭和维新军人和大东亚战争的"离奇事件"所代
表的那种"日本"，同时构建了一个通过明治维新主义者和明
治军人实现的理想化"日本"。尽管这可能有点精神分裂，但
司马辽太郎的小说通过指责"疯狂"和"无知"的昭和军事领
导人，让普通的日本读者感到，他们对战时日本的任何十恶不
赦的行为都不负有责任。藤冈信胜和他的"自由主义史观"团
体巧妙地利用了这种拯救意识，针对被他们视为"自虐"的所
有对战时日本的批判性考察，发泄了不满。

　　因此，要对日本历史进行批判性分析，就不能忽视"昭和
维新日本"。同样重要的是，要证明战时的日本不能简单地概括
为少数人的"宗教"和"疯狂"民族主义。虽然科学民族主义
者、历史学家和新民族主义者强调战前日本的这种"非理性"
和"不科学"形象，但科学民族主义是战时日本的重要组成部
分，并被知识分子、政治决策者、媒体和国家广泛接受。

建立一个科学的日本，是现今日本的一个明确的国家构想。自 20 世纪 90 年代中期以来，政府尴尬地将其构想称为"建设一个科技国家"或"通过科技建设国家"（即"科学技术创造立国"，kagaku gijutsu sōzō rikkoku）。在这种国家对科学技术的推广中，人们可以看到以战争记忆为代价，将明治维新与平成时期联系起来的又一次尝试。2001 年 1 月 6 日，日本政府发起了一次重大的官僚机构重组，政府网站以坂本龙马（Sakamoto Ryōma）的形象解释此次重组。坂本龙马，正是一个明治维新者、一个司马辽太郎笔下的英雄形象。坂本龙马的人物形象用他的土佐口音说："你必须做得比明治维新更好。"[37]这次有坂本龙马形象象征着平成维新的政府改革，既通过整合旧省创造了新的省，又确立了新的目标。新成立的省其中之一是文部科学省，[38]这是文部省和科学技术厅合并的结果。

日本国家促进科学技术的新举措的范围和目标是由始于 1996 年的一个五年战略计划《科学技术基本计划》（*kagaku gijutsu kihon keikaku*）制定的。[39]目前的计划（2006—2010 年）预算为 24 万亿日元（第一个计划的预算为 17 万亿日元），承诺使日本成为"一个可以创造新知识、为世界做出贡献的国家……一个保持国际竞争力的国家……一个可以提供安全、高质量的生活的国家"。[40]为实现这一目标，两种基本策略得以出台：重点领域实行资金的战略性分配（指定的领域是生命科学、信息技术、环境科学和纳米技术）以及科学技术发展的进一步系统化。[41]为贯彻这一计划，日本政府在内阁下设了综合科

学技术会议并任命了一个特殊任务大臣，负责科学技术政策制
187 定。有了这些部门来监管五年计划，政府还希望"在 50 年内
产生 30 个科学领域的诺贝尔奖"。[42]

《科学技术基本计划》本质上是朝着科学进一步官僚化和
集中化迈进的又一步，学者们已经在 20 世纪的许多工业国家
发现了这种现象。在很多方面，这一计划是战时技术官僚为国
家利益规范和管理科学技术的努力的延续。综合科学技术会议
成员在一次圆桌讨论中所做出的评论也与战时技术官僚的评论
非常相似："毕竟，科学技术体系需要一个可靠的统帅。我希望
综合科学技术会议能扮演这个角色。我们应该从整体的角度制
定预算管理制度，避免预算被各部门无系统地重复使用。"[43]另
一位会议成员开玩笑地要求大众媒体应该被科学家记者所接
管。[44]我的意思不是说这些平成的技术官僚只是照搬战时的科学
技术计划。差异确实是存在的。新计划的战略领域有所不同，
部分原因是日本目前没有处于战争状态，部分原因是 20 世纪
后期世界的关键工业发生了变化：从重工业转向了信息和生活
技术。此外，"科学技术"一词不再完全指战时技术官僚所倡导
的那种科学技术。综合科学技术会议成员桑原洋（Kuwabara
Hiroshi）在其对基本计划的解释中强调："'科学'和'工
程'……不应该是完全相同的。'科学'和'技术'应该得到
不同的评价。"然而，在确定科学技术预算分配方式时，强调国
家利益的立场没有改变。"要想研究能够有效发展，对科学技
术的各个领域做出正确的评估是必不可少的，"桑原洋继续解

释说，"评估的目的是为了实现国家制定的科学技术政策。"[45]

在上述圆桌会议的讨论中，只有一个人质疑促进科学发展中国家利益的中心地位，正如他所说的："由国家战略来领导科学是有好处的，因为它在某种意义上推动了项目，并使科学成为一个神圣的领域。但我也意识到了它的负面影响。"虽然他没有解释他认为的负面影响，他还认为"美国的赛莱拉基因公司和苹果电脑等公司活跃在国界之外，甚至在挑战国家……真正的目的应该是创造这样一种氛围"。不过他的结论是："但因为日本落后，我们需要调动国家的力量。"[46]

平成时代的《科学技术基本计划》和"自由主义史观"都与明治维新有关，在这二者对理想日本的描绘中，昭和日本被抹杀了，但实际上两者都与昭和的战时话语惊人地相似。

通过将科学史的目的定义为"对现代的批判"，历史学家广重彻认为"对现代的批判是驱使科学历史学家研究科学史的内在冲动"。这种内在的冲动是"对当下的批判，也就是说，把当下看作是正在活动的历史的一部分，应该克服它，而不是简单地接受和肯定它"。[47]当然，这种冲动不应该只与科学史学家有关。通过恢复战时日本和科学民族主义之间的关系，我的"科学"知识文化史试图提供一种方法，来运用这种对当下的日本的批判。只要科学的推广还在继续（在我看来应该是这样），就会有"科学"的策论。我们需要继续保持批判性关注，不仅要关注促进什么样的科学，还要关注如何促进科学，用什么语言促进科学，用什么策论促进科学。

注释

1. Ōnuma, Fujii, and Katō, *Sengo Nihon kagakusha undōshi*, 2：16. 海军上将铃木贯太郎于 1945 年 4 月成为日本首相，他的内阁于 1945 年 8 月 18 日解散。

2. 转引自 Yanabu, *Ichigo no jiten：Bunka*, 6。

3. Nakayama, *Kagaku gijutsu no sengoshi*, 9.

4. 同上。

5. Nakatani, *Kagaku to shakai*, 5.

6. "Kagaku gijutsusha no hansei to honshi no shimei," *Kagaku gijutsu* 6, no. 3 (1947)：n. p.

7. 除了科学家本身，可能唯一对日本战时科学感兴趣的只有美国占领军。虽然他们最后的判断是，日本没有取得足够重大的，既可以支撑很快对美国发动另一场战争，也能吸引到美国科学家的科技成就，占领当局没收了设备，并禁止与战争有关或甚至可能与战争无关的各种项目。最著名的事件可能是理化研究所的回旋加速器被毁。回旋加速器本身无法制造原子弹，日本科学家也在战争结束前就已经放弃了制造原子弹。尽管日本科学家和他们在国外的同情者提出了请愿，但占领当局还是摧毁了该设备。

8. Watanabe Yoshimichi, "Nihon kagaku no rekishiteki kankyō to Minshushugi Kagakusha no tōmen no ninmu," 出自 *Minshushugi kagaku*, vol. 1, 转引自 Umeda, "Minshushugi Kagakusha Kyōkai sōritsu gojūnen ni yosete," *Rekishi hyōron*, no. 549 (January 1996)：74。

9. Ogura, "Minshushugi to shizen kagakusha," 出自 *Kagaku no shihyō*, 24（最初于 1946 年 1 月 27 日、28 日刊登于 *Tokyo shinbun*).

10. Ogura, "Shizen kagakusha no hansei," 出自 *Kagaku no shihyō*, 18（最初于 1946 年刊登于 *Sekai*).

11. Ogura, "Minshushugi to shizen kagakusha," 25.

12. Hiroshige, *Kagaku to rekishi*, 72.

13. 在包括小仓金之助的论述在内的日本战后科学议题之中，有一点是共通的，即"战争"指的是与美国的战争。没有对日本与中国的战争或对亚洲的殖民统治进行的反思。按照他们的逻辑，如果日本更科学一些，一切都会好起来，因为日本要么就会赢得太平洋战争，要么从一

开始就不发动战争——因此，也就是说，日本不会失去其殖民地。小仓
金之助在他对日本科学和资本主义的批判中从未提及殖民主义。尽管如
此，还是有一些民科成员，比如历史学家渡部义通（Watanabe Yoshimi-
chi）（尽管他们的批评没有包括任何关于科学的讨论），他们确实对日本
在亚洲的殖民主义直接提出了批评。参见 Ōnuma，Fujii，及 Katō，*Sengo
Nihon kagakusha undōshi*，2：17 - 18。小仓金之助对西方科学的民主性
的理想化也可以解释为什么他没有批判科学与殖民主义的联系，因为西
方列强也曾是殖民列强。公平地说，西方学术界也是直到 20 世纪 80 年
代才开始对科学与帝国主义之间的联系进行批判性探索。丹尼尔·海德
里克（Daniel Headrick）的《帝国的工具》（*Tools of Empire*）是最早的
作品之一，引起了现在已经很广泛讨论的研究议题，即主西方帝国主义
与科学技术各领域发展的关系，特别是 19 世纪和 20 世纪这一时期。

14. 小熊英二（Oguma Eiji）关于战后民族主义话语的书在第一章详
细介绍了这些经历。我同意小熊英二的观点，即战后话语不应该被简单
地分析为战后所说的话，而应该将其看作坚定地植根于战时经验的话语。
Oguma，*"Minshu" to "aikoku."*

15. 小仓金之助在战后如是哀叹自己的战时作品："我们是懦夫，没
有坚定的独立思考，向权力做出了屈服。"Ogura，"Ware kagakusha taru
o hazu,"出自 *NKGT*，6：462 - 65。

16. Tomizuka，*Kagaku Nihon no kōsō*，3；以及 *Kagaku Nihon no
kensetsu*.

17. 例如，可参见 Itakura，*Nihon rika kyōikushi*；and Terakawa，
"Waga kuni ni okeru shotōka rika kyōiku no senkan," 149，151。

18. Ogura，*Kagaku no shihyō*. 还可参见 Yajima Toshinori，*Ka-
gakuteki danpen*；Sugai，*Kagaku kotohajime*；and Takeuchi，*Hyakuman'nin
no kagaku*。

19. Ōyodo，*Gijutsu kanryō no seiji sankaku*，190 - 91.

20. 1947 年 12 月，内务省被 GHQ 解散。欲了解更多关于建设省成
立的信息，可参见 Ōyodo，*Gijutsu kanryō no seiji sankaku*，194 - 96。

21. 1947 年，东京帝国大学更名为东京大学。其他帝国大学也同时
从名字中去掉了"帝国"字样。

22. Watanabe，*Science and Cultural Exchange*，344. 也可参见 Wa-

tanabe，*Japanese and Western Science*，这一作品以同样的"日本独有的科学"概念为基础展开。后者是渡边正雄 1976 年出版的日文作品的翻译。渡边的其他主要出版物包括 *Bunka to shiteno kindai kagaku* 以及 *Kindai kagaku to kirisuto kyō*。

23. Watanabe，*Science and Cultural Exchange*，354.

24. 他们中的许多人得到了国家和国际的认可，成为公共卫生领域的主要人物，担任了厚生省预防卫生研究所卫生昆虫部部长，国立癌症研究中心总长、日本医学会会长，以及国立卫生试验所各个部门的负责人等职务。有关 731 部队，参见 Harris，*Factories of Death*；and Tsuneyoshi，*Kieta saikin butai*。有关 *Day's Japan* 的文章，参见 Harris，*Factories of Death*，132–33.

25. 王作跃在对中国科学社的历史分析中也独立使用了"科学民族主义"一词。王解释说："在这里，'科学民族主义'被用来描述中国科学家部分基于利用科学和技术的建立一个强大、统一、繁荣的中华民族，不受外国统治的希望。从这个意义上说，中国的科学民族主义与，比如说，日本科学家希望自己的科学在国际上领先的意愿，或者德国科学家希望利用自己的科学优势在第一次世界大战后挽回德国在世界上地位的意愿，是略微不同的。"参见 Wang，"Saving China through Science，"*Osiris* 17（2002）：299。

26. "雅利安物理学"是反动的，好辩的，没有什么实质内容可言；事实上，就连纳粹政府后来也不再支持莱纳德和斯塔克，而是在其核项目中使用了新的"犹太"物理学。参见 *Nazi Science*；and Beyerchen，*Scientists under Hitler*。

27. Joravsky，*The Lysenko Affair*；Graham，*Science and Philosophy in the Soviet Union*；以及 Graham，*What Have We Learned?*

28. 想要了解更多关于冷战期间科学战线的战斗，参见 Leslie，*Cold War and American Science*；以及 Wang，*American Science in an Age of Anxiety*。

29. Brownell，*Training the Body for China*；Hsu，*Innovation in Chinese Medicine*；以及 Nanda，*Prophets Facing Backward*。殖民时期的印度是如何应对西方科学权威的，参见 Prakash，*Another Reason*。最近科学民族主义的另一个例子是乌克兰政府在 20 世纪 90 年代引入高等教

育的"科学民族主义"项目。Bystrytsky，"Why 'Nationalism' Cannot Be a Science," *Political Thought*，no. 2（1994）：136-42.

30. 这场辩论的经典例子是厄内斯特·盖尔纳（Ernest Gellner）和安东尼·史密斯（Anthony Smith）两位主要的民族主义学者之间的辩论。参见 Gellner，*Nations and Nationalism*；以及 Smith，*Theories of Nationalism*。关于民族主义的学术综述，参见 Hutchinson and Smith，*Nationalism*。但有一个重要的例外，参见 Crawford，*Nationalism and Internationalism in Science*。

31. 关于日本文化民族主义，参见 Harootunian，*Overcome by Modernity*；Shirane 以及 Suzuki，*Inventing the Classics*；Sakai，*Translation and Subjectivity*；Pincus，*Authenticating Culture in Imperial Japan*；以及 Doak，*Dreams of Difference*。关于语言民族主义，请参见拙著"*Kokugo" to iu shisō*；Koyasu，" 'Kokugo' wa shishite 'Nihongo' wa umareta-ka"；Osa，*Kindai Nihon to kokugo nashonarizumu*；Kawamura Minato，*Umi o watatta Nihongo*；and Kang，*Shokuminchi shihai to Nihongo*。

32. 现代化理论家，如埃德温·赖肖尔（Edwin Reischauer）、马里乌斯·詹森（Marius Jansen）和约翰·W. 霍尔（John W. Hall）认为，日本在大正民主失败后"误入歧途"。Reischauer，"What Went Wrong?" 489-510；Jansen，"On Studying the Modernization of Japan," *Asian Cultural Studies* 3（1962）：1-11；以及 Hall，"Changing Conceptions of the Modernization of Japan," 7-41。日本马克思主义学者和现代主义学者丸山真男认为"大正民主"是无效的，因为日本从一开始就没有走上现代化的正确轨道。然而，这两个群体都庆祝战后时代的开始，认为这是一个日本可以实现真正的现代化的新时代。这一解释的代表作品包括 Ōkōchi Kazuo，"Rōdō undōshi to taishō jidai," *Tōdai shinbun*，February 7，1962；Ogura，*Kagaku no shihyō*；Shinobu，*Taishō demokurashii shi*；以及 Maruyama，*Nihon seiji shisōshi kenkyū*。尽管存在这样的希望，但也要注意到丸山和一些马克思主义知识分子对战后的日本民主化不完整性感到不满。

33. 参见 Yamanouchi，Koschmann，及 Narita，*Total War and "Modernization"*。谢尔顿·加隆（Sheldon Garon）和安德鲁·戈登也将日本的 20 世纪视为一个持续的中央集权发展过程，但与全面战争论不同的是，他们坚持认为这一发展是日本特有的。参见 Garon，*Molding Japanese Minds*；Gordon，*Evolution of Labor Relations in Japan*；以及 Gordon，*Labor and Imperial Democracy*。

34. 藤冈和他的同事们自己对组织名称的英文翻译分别为 Japanese Society for History Textbook Reform 以及 Association for the Advancement of Liberal View of History。

35. 例如，可参见 Atarashii Rekishi Kyōkasho o Tsukuru Kai，*Atarashii Nihon no rekishi ga hajimaru*，也可以参考我写的评论，"Ai wa shokuminchi wo sukuuka?" 53。

36. Komori，"Bungaku to shite no rekishi/Rekishi to shite no bungaku，"8 - 9。藤冈和他的许多同辈都承认司马辽太郎的强大影响力，所谓的司马史观吸引了许多读者加入藤冈的团体。

37. 参见 Chūō Shōchōtō Kaikaku Suishin Honbu，*Shōchō kaikaku no yonhon bashira*，一本官方的政府小册子，出自 http：//www. kantei. go. jp/jp/cyuo - syocho/pamphlet/index. html 最近访问于 2008 年 7 月。

38. 文部科学省名称的官方英文翻译是 the Ministry of Education，Culture，Sports，Science - Technology。

39. 1995 年通过的《科学技术基本法》使这些计划和各种改革成为可能。希望了解更多有关《科学技术基本法》的内容，可查阅文部科学省网站 http：//www. mext. go. jp/english/，或参考前科学技术厅编辑的 *Kagaku gijutsu kihon keikaku Kaisetsu*，（Tokyo：Ōkurashō Inshatsukyoku，1997）。

40. Naikakufu，"Kagaku Gijutsu Kihon Keikaku no gaiyō，" *Toki no ugoki* 1936（June 2001）：28 - 29。这个月刊由内阁府发行。

41. 日本科学家和学者批评了这种自上而下的科学推动方式。例如，可参见 Ueda，"Shimin no tame no kagaku to kagaku gijutsu kihonhō，" *Kagaku* 69（March 1999）：273 - 78。

42. Omi，"Sekai saikō no kagaku gijutsu suijun no jitsugen ni mukete，" *Toki no ugoki* 1936（June 2001）：16。尾身幸次是现任负责科学技术政策的特别任务大臣。

43. Maeda，"Zadankai，" *Toki no ugoki* 1936（June 2001）.

44. 同上，27。本书的读者，在阅读了考察通俗科学媒体的第六章之后，可能会觉得这个笑话十分不可思议。

45. Kuwabara，"Shireitō no kinō wo ninau sōgō kagaku gijutsu kaigi，" *Toki no ugoki* 1936（June 2001）：49.

46. Maeda Katsunosuke，"Shireitō no kinō wo ninau sōgō kagaku gijutsu kaigi，" *Toki no ugoki* 1936（June 2001）：22 - 23.

47. Hiroshige，*Kagaku to rekishi*，48 - 49.

索 引

neoclassical economics, 80
New Order for Greater East Asia, 55
New Order for Science-Technology, 7, 43,
   60, 63–68, 178, 203n85, 204n90
Newspaper Law, 102, 211n35
Newton, Isaac: Hessen on, 73–74; physics of,
   61, 73, 74; religious claims of, 73–74
New Youth (*Shinseine*), 158, 160
NGK (Nihon Gijutsu Kyōkai), 50–51, 202,
   203. *See also* Kōjin Club
Nihon Chisso Zaibatsu, 51
Nihon Denki Kōkyō (NEC), 51
Nihongi, 2
Nihon kagaku gijutsushi taikei, 190n8, 192, 198,
   200, 205, 213, 219, 227, 228, 230
Nihon shihonshugi bunseki, 94
Nihon shihonshugi hattatsushi kōza, 81, 94
Nihon shōnen (*Japanese Boy*), 153, 222n48
Nihon Sōda Zaibatsu, 51
Niimura Izuru, 129
Nishi Amane: *Hyakugaku renkan*, 195n24
Nishida Kitarō, 112, 125–26, 213n85; and
   Hashida, 214nn89,90; *The Study of
   Goodness*, 114, 115
Nishida Naojirō, 90
Nishina Yoshio, 59
Nishio Takashi, 193n1, 194n12
Nissan Zaibatsu, 51
Nitto Shūichi, 218n79; "On Contemporary
   Japanese Medicine," 138
Nobel Prize, 62, 181, 182, 187
Noguchi Shitagau, 51
Nomonhan Incident, 166, 227n118
Noro Eitarō, 94
Nōseikai, 23

Occupation authority, 174, 229n7, 230n20
Oguma Eiji, 191n19, 230n14
Ogura Kinnosuke: "Arithmetic in Class
   Society" essay series, 72–73, 74–75,
   79–80, 83–85, 104; on capitalism, 84–86;
   as chair of Association for Democratic
   Scientists, 9–10; on class, 7, 72–73,
   79–80, 83–85, 90, 92–93, 94, 97, 104;
   and *Classic Japanese Texts*, 129; on
   democracy and science, 174–75, 229n13;
   The Development of Ideology: Mathematics,
   84; "The Duty of Natural Scientists,"
   86, 116, 139; "The Duty of Natural
   Scientists during Wartime," 139–40; as

education reformer, 71, 75–77, 78, 84,
   138, 144, 171, 175, 205n22, 214n93; on
   fascism, 214n93; on feudalism, 7, 85,
   88, 90, 139, 175; *Fundamental Problems
   in Mathematics Education*, 205n22; vs.
   Hessen, 73–74; as historian of science,
   7, 71, 72–73, 83–86, 97, 136, 137, 139–40,
   207n44, 218n83; "The Historicity of
   Japanese Mathematics Education,"
   85–86; on ideology, 84–85; on Japanese
   mathematics (*wasan*), 85, 87–93; on
   Japanese modernity, 82, 86, 175; on
   Japanese science, 86–87, 92, 138, 139–40,
   175; on Japanese spirit, 139; *Kagaku no
   shihyō*, 231n32; vs. Maruyama, 82; on
   mathematics, 7, 72–73, 74–75, 83–86, 137,
   139, 140, 175, 205n14, 218n83; *Mathematics
   in Wartime*, 139; vs. Mikami, 88–93; and
   Minka, 174–75, 229n13; on proletarian
   science, 7; relationship with Hayashi,
   75–76; vs. Saigusa, 139–40; on science
   exhibits, 97, 148; on scientific spirit,
   76–78, 84, 86–87, 90, 92, 109, 116–17,
   124; *The Scientific Spirit and Mathematical
   Education*, 116–17; and *Shinkō kagaku*, 83,
   94; "The Social Nature of Arithmetic,"
   84; on social problems, 86, 87, 92, 139,
   175; on social vs. natural science, 84; vs.
   Sohn-Rethel, 207n44; vs. Tanakadate, 77–
   78; as translator, 79, 205n23; during World
   War II, 139–40, 175, 176, 218n84, 230n15;
   and Yuiken project, 7, 8, 94–95, 97, 104
Ogyū Sorai, 127, 217n49
Okabe Nagasetsu, 146, 149
Okada cabinet, 37, 110
Oka Genjirō, 171, 228n138
Oka Kunio, 95, 102, 123, 134
Omi Kōji, 232n42
Ono Ranzan, 128
Ōhara Shakai Kenyūjo, 198n81
Ōkōchi Kazuo, 231n32
Ōkōchi Masatoshi, 48, 51, 134, 202n58; on
   scientific industry, 54, 201n52
Ōmori Minoru, 135
Ōshita Udaru: on pure science fiction vs.
   quasi-science fiction, 159, 160; "Study of
   Science Fiction," 159
Ōsugi Sakae, 41
Ōta Masataka, 39
Ōtsuki Myoden, 208n55